电脑 Diannao 即学即用 系列 Jixuejiyong Xilie

文秘与办公 即学即用

王彬华 编著

电子科技大学出版社

图书在版编目（CIP）数据

文秘与办公即学即用 / 王彬华编著. —成都：电子科技大学出版社，2008.1
（电脑即学即用系列）
ISBN 978-7-81114-720-9

Ⅰ. 文… Ⅱ. 王… Ⅲ. 办公室—自动化—应用软件
Ⅳ. TP317.1

中国版本图书馆 CIP 数据核字（2007）第 192202 号

文秘与办公 即学即用

王彬华 编著

出　　版：电子科技大学出版社（成都市一环路东一段 159 号电子信息产业大厦 邮编：610051）
策划编辑：谢应成
责任编辑：黄礼玲
主　　页：www. uestcp. com.cn
电子邮箱：uestcp @ uestcp.com.cn
发　　行：新华书店经销
印　　刷：四川南方印务有限公司
成品尺寸：185 mm×230 mm　　印张 12. 5　字数 288 千字
版　　次：2008 年 1 月第一版
印　　次：2008 年 1 月第一次印刷
书　　号：ISBN 978-7-81114-720-9
定　　价：20. 00 元

《电脑即学即用系列》序

电脑作为现代办公设备必不可少的一种工具，已经广泛地应用到各个领域，正在改变着人们的生产和生活。不会使用电脑就跟不上时代，因此，如何快速地学会电脑操作技能，就成为现代社会每个人都需要解决的新问题。

为适应这种需求，各类学历教育学校以及社会培训学校都开设计算机专业方面的课程，各类学校也将非计算机专业学生的电脑知识和技能教育纳入教学计划。为此，我们组织了一批教学精英编写这套《电脑即学即用》系列，以满足学校教学和学习电脑知识人员的需要。本套教材的作者均长期从事一线教育工作，熟悉教学内容的编排，了解学生的需求和接受能力，并将丰富的授课和写作经验融入本套教材的编写中。

本套教材涵盖了计算机各个应用领域，包括操作系统使用、办公软件、互联网、网页制作、计算机组装、图形图像、二维动画、三维动画、电脑制图等。众多的图书品种可以满足不同读者、不同电脑课程设置的需要。

本套丛书全部以最流行软件为基础，详细讲解每个软件的使用方法及应用技巧，并以大量的案例贯穿于教学过程中，使读者真正熟练掌握所学软件，融会贯通。本套丛书具有以下特点：

1. 本丛书紧密结合自学与课堂教学的特点，针对广大初、中级读者电脑基础知识薄弱的现状，突出基础知识和实践指导方面的内容。

2. 版式设计简洁、大方，突出重点，对于标题、正文、注释、技巧等都设计了醒目的字体，读者阅读起来会感到轻松愉快。

3. 语言精练实用，不讲深奥的原理，只介绍学习电脑应用最需要的内容。

4. 以详细、直观的步骤讲解相关操作，方便读者阅读。本套丛书在实例的讲解上注意选材，书中的实例都具有较强的代表性。

5. 本套丛书中涉及的制作实例、素材等内容均可在 http://www.zrbook.net 网站上下载使用。

编　者

2007 年 10 月

文秘与办公即学即用 前言

电脑办公、信息化作业，已是目前文秘办公的主流方式，并将不断深入到各行各业。为了能适应社会激烈的竞争、抓住未来的就业机会，人们迫切需要在短时间内掌握使用电脑的基本技能。

基于上述考虑，结合对读者需求的调查与分析，认为办公室和文秘人员是一个庞大的读者群体，有潜力巨大的出版市场。这些人虽然特点各异，却有着非常明显的共同点，即他们求知的欲望很高，喜欢看对实践有指导作用的参考书。因此，引发了编写本书的创意。

本书共九章，重点介绍了以下内容：

第 1 章介绍了从事文秘工作的基础知识；

第 2 章介绍了 Windows XP 入门与进阶；

第 3 章介绍了中文输入法打字技能；

第 4～8 章分别介绍了 Word、Excel、PowerPoint 应用技能；

第 9 章介绍了网上办公的应用技能。

本书的主要特点：

1．层次清晰，循序渐进，实例丰富；

2．内容全面，重点突出，实用性强；

3．语言简洁，可以使读者迅速达到熟练水准；

4．本书的制作实例及素材均可通过 http://www.zrbook.net 网站下载。

本书编者是长期从事计算机教学培训的教师，具有丰富的实践经验。特别突出了所学知识的实用性和可操作性，每个知识点都以实际工作中常见的案例进行剖析讲解，图文并茂，简单易学。

由于计算机技术发展非常迅速，加上编者水平有限、时间仓促，错误和疏漏在所难免，恳请广大同行和读者批评指正。

王彬华

2007 年 10 月

文秘与办公 即 学 即 用

目 录

文秘与办公即学即用 目录

文秘与办公 即 学 即 用　目录

电脑即学即用

教你学电脑

第1章 文秘办公基础

本章要点：

- ◆ 文秘及文秘工作
- ◆ 电脑办公快速入门
- ◆ 电脑办公操作平台

电脑博士，文秘办公应了解哪些基础知识呢？

小丽，文秘办公之前，首先应了解什么是文秘及文秘工作，主要包括哪些内容？然后是对办公设备的了解及掌握，如电脑硬件设备、常用办公外设及电脑办公的操作平台等内容。

1.1 文秘及文秘工作

在学习文秘办公之前，首先应了解什么是文秘？文秘分为哪几类？所从事的工作包括哪些及文秘的工作原则等内容。

1.1.1 文秘概述

文秘是什么意思呢？
文秘一词用在不同的地方，其意思也不尽相同，接下来将对其进行讲解。

文秘是随着科学经济高速发展，信息传播急剧膨胀，社会竞争日趋激烈而产生的一门新兴现代科学管理专业。作为一种全球性的职业，文秘工作越来越趋于现代化、科学化和专业化。它在辅助各级领导进行综合管理、树立企业形象、沟通内外关系、处理信息交流等方面发挥着越来越重要的作用。文秘专业已经成为21世纪中国经济发展十大需求专业之一。

1.1.2 文秘的分类及工作

文秘分为哪几类呢？从事的工作包括哪些内容？
文秘大致可分为行政文员、办公室文员和秘书三类，所从事的工作将在本小节进行介绍。

按照其工作的范畴及工作的性质，文秘大致可分为行政文员、办公室文员及秘书三类。

• 行政文员

行政文员工作涉及面较广，事务较繁琐，对完成工作的质量、效率也有一定的要求。行政文员应该具备的基本素质和技能要求如下：

能独立操作计算机，熟练操作 Word、Excel、PowerPoint 等办公自动化软件及 Internet 邮件收发和处理技巧。熟练运用各类办公自动化设备。

同时应具备良好的记忆力以及对时间的分配和沟通协调能力，还要有较强的保密意识。具有良好的文字组织和语言表达能力，中英文打字速度快，能熟练操作五笔、智能 ABC 等汉字输入法。掌握常用英语口语，有较好的英语阅读和写作能力。

• 办公室文员

办公室文员的工作职责如下：

• 接听、转接电话；接待来访人员。

- 负责办公室的文秘、信息、机要和保密工作，做好办公室档案收集、整理工作。
- 负责总经理办公室的清洁卫生。
- 做好会议纪要。
- 负责公司公文、信件、邮件、报纸杂志的分送。
- 负责传真的收发工作。
- 负责办公室仓库的保管工作，做好物品出入库的登记。
- 做好公司宣传专栏的组稿。
- 按照公司印信管理规定，保管使用公章，并对其负责。
- 做好公司食堂费用支出、流水账登记，并对餐费做统计及餐费的收纳、保管。
- 每月环保报表的邮寄及社保的打表。
- 管理好员工人事档案材料，建立、完善员工人事档案的管理，严格借档手续。
- 社会保险的投保、申领。
- 统计每月考勤并交财务做账、留底。
- 管理办公室各种财产，合理使用并提高财产的使用效率，提倡节俭。
- 接受其他临时工作。

·秘 书

秘书是掌管文书并协助机关或部门负责人处理日常工作的人员。

1998 年 5 月，国家劳动部（现劳动和社会保障部）在其新颁布的《秘书职业技能标准》一书上将“秘书”概念定义为：专门从事办公室程序工作，协助领导处理财务及日常事务，并为领导决策及实施服务的人员。

目前我国秘书从业人员约达 2300 万人。

我国外资企业秘书分三类：

初级秘书——以接电话、发传真、收发信件等服务型为主；

中等秘书（一般性秘书）——用英文写一般信函、起草报告和准备会议等。多为大专或本科毕业；

高级秘书（经理助理）——能起草重要的合同文本，懂法律、税务知识，有应急处理能力。

1.1.3 文秘工作原则

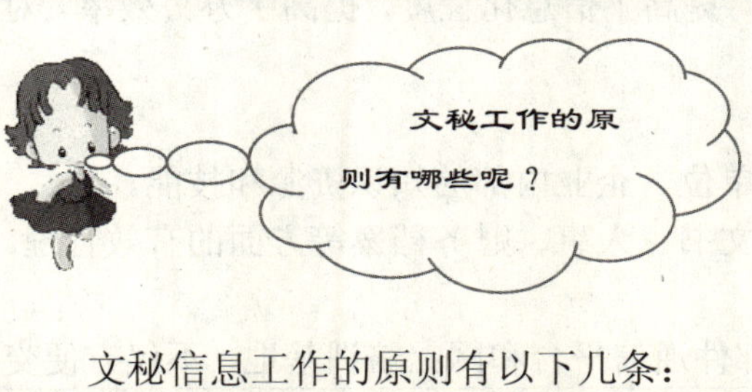
文秘工作的原
则有哪些呢？

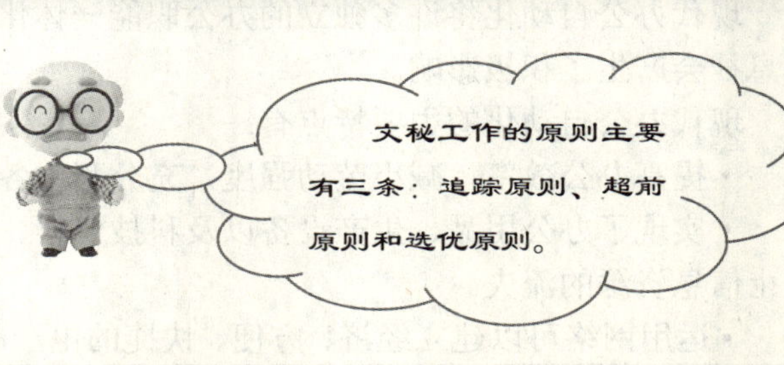
文秘工作的原则主要
有三条：追踪原则、超前
原则和选优原则。

文秘信息工作的原则有以下几条：

1. 追踪原则

决策方案在实施过程中，必然会出现主客体状况的变化，秘书人员应及时追踪反馈不断变化的信息，使决策机构和决策者准确掌握情况，及时调整、修订、完善决策方案。

2. 超前原则

秘书信息工作的超前原则是由以下两方面因素确定的：第一，任何信息总是产生、传递在事物及其状态变化之后，再快的信息也有滞后性；第二，领导必须有所预见，走在事物运动的前面。这就要求秘书抢时间、争主动，超前收取信息，向领导提供“预测性”信息。

3. 选优原则

客观上说，凡是信息都是有用的。因此，对于办公自动化程度很高的单位或部门来说，信息多多益善，因为再多的信息也可存入电子计算机，查询和使用十分方便。但对于主要依靠手工方式处理信息的单位和部门来说，不宜无限制地搞过多的信息简报、快报、摘报、内参等等，而是必须针对工作需要，利用信息分类标准，对所接触的信息，迅速加以判别，分出哪是有效信息，哪是无效信息，从而对信息选优。

1.2 电脑办公快速入门

面对知识经济时代，现代办公系统不仅仅局限于最初的汉字输入、字处理、排版编辑、查询检索等简单操作，而是更高效地与 Internet 紧密结合，及时获取信息，加快信息的传播与利用。

1.2.1 办公自动化的特点

办公自动化主
要有哪些特点呢？
办公自动化是信息时代发
展的必要产物，其特点有很多，
接下来就让我们一起来学习吧！

现代办公与传统办公相比有较大的区别。不仅在内容和对象上存在差别，更主要的是在方式和功能上的区别。

现代办公自动化将许多独立的办公职能一体化，提高了信息化程度，提高了办公效率，对信息社会产生了积极影响。

现代办公自动化的主要特点有：

- 提高办公效率，减小劳动强度，充分利用各单位、企业内部的知识资源和技能。
- 实现了办公用品、生产设备以及科技资料、文书、人事、财务档案等方面的有效管理，防止信息资源的流失。
- 运用网络可以建立经济、方便、快捷的电子邮件通信平台和网上培训基地，不仅方便交流，而且实现资源的充分运用、信息反馈的及时收集。

1.2.2 电脑办公基本功能

电脑办公可以
实现哪些功能呢？
通过电脑办公，可以
实现对文字、数据的处
理、协同工作、信息的传
递和收集及辅助管理等。

办公自动化系统逐渐发展成为现代化的网络办公系统，通过联网将单项业务系统连成一个办公系统，再通过远程网络将多个系统连成更大范围的办公自动化系统。

利用办公自动化软件还可以实现视频会议、远程教学等，在更广的范围内拓宽人们获取知识的渠道，促进知识经济的发展。

办公自动化的基本功能如下：

- 文字处理
- 数据处理
- 协同工作
- 信息传递
- 信息收集
- 辅助管理

1.3 电脑办公操作平台

实现办公自动化，需要具有办公自动化的操作平台，办公自动化操作平台主要包括硬件和软件两个方面。硬件主要包括电脑、打印机、传真机等常用办公设备；软件主要包括操作系统、常用工具软件、日常办公软件等。

1.3.1 电脑主要硬件平台

电脑主要的硬
件有哪些呢？
电脑主要的硬件包
括主机、显示器、键盘
和鼠标等。

常见的电脑硬件主要由三大部分组成：主机、显示器、键盘和鼠标。

主机是一个笼统的概念，它是指一个带有主板、CPU、内存、显卡、声卡、硬盘、电源等电脑配件的机箱。

显示器是电脑信息的输出终端，通过它可以看到程序的运行结果、影碟的播放和精彩的图片等。

键盘、鼠标是电脑的指令输入工具，通过它向电脑发出命令，指挥电脑工作。

·主 板

主板是电脑的核心，电脑中所有的关键设备都安装在主板上。主板是一块矩形的电路板，由 CPU 插座、芯片组、BIOS 芯片、高速缓存器、各种扩展插槽和接口组成。

华硕 975 主板

·CPU

CPU 也叫中央处理器，是决定电脑性能的核心部件。它不仅是整个系统的核心，也是整个电脑最高的执行单位。

它负责电脑指令的执行、数字与逻辑的运算、数据的存储与传送以及对内对外输入与输出的控制等。

Inter 双核 CPU

·内 存

内存是电脑中存储临时数据的重要设备，用来存放电脑运行时所需的程序和数据。

作为电脑的重要组成部分之一，内存的地位变得越来越重要，其容量、速度与性能是电脑整体性能的一个重要决定性因素。

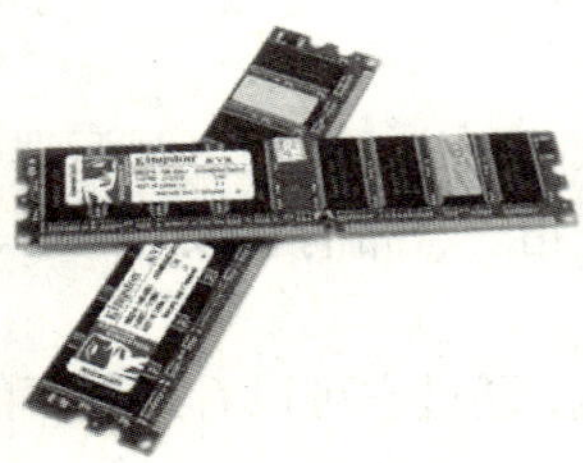

金士顿内存

• 显 卡

显卡又叫显示卡或显示适配卡，是主机最基本的组成部分之一。显卡的用途是将电脑所需要的显示信息进行转换并向显示器提供行扫描信号，控制显示器的正确显示，是连接显示器和电脑主机的重要组件，是实现“人机对话”的重要设备之一。

七彩虹 7300 显卡

• 声 卡

声卡也称为声音卡、声效卡。声卡是多媒体技术中最基本的组成部分，是实现声波与数字信号相互转换的硬件。

声卡的基本功能是把来自话筒、磁带、光盘的原始声音信号加以转换，输出到耳机、音箱、扩音机、录音机等声响设备，或通过音乐设备数字接口（MIDI）使乐器发出美妙的声音。

声 卡

• 网 卡

网卡也叫网络适配器，简称 NIC，网卡是局域网中最基本的部件之一，它是连接电脑与网络的硬件设备。

网 卡

· 硬盘、软驱与光驱

硬盘、软驱与光驱都是数据存放的场所。

硬盘是电脑中最重要的存储设备，是用来存储安装的软件、电影、游戏、音乐等的一个数据容器。早期的硬盘能够存储的数据非常少，只有几兆字节。经过不断地更新技术，现在的硬盘容量达到了几百吉字节以上。

软驱是一种可携带式数据存储器，曾经为人们提供了很大的方便，如用软盘复制资料、文件、游戏，用软驱启动系统等。

无论是安装操作系统，还是安装应用软件或者游戏，大多是利用光驱进行的，虽然网络也可以实现光驱的部分作用，但是在大容量数据面前就显得力不从心了。

光驱在电脑的多媒体化方面也有着举足轻重的作用。随着近几年人们对于影音质量以及高容量存储要求的不断提高，各种以 DVD 光盘作为存储介质的音像制品越来越多，因此 DVD 是光驱发展的必然趋势。

硬 盘

· 电 源

电源是电脑的动力源泉，是电脑正常运行的枢纽，它负责将普通市电转换为电脑主机可以直接使用的电源。它的好坏直接决定电脑是否能够正常工作。

电脑除了部分显示器可以直接由外来电源供电外，其余所有部件均靠机箱内部的电源供电，电源输出直流电的好坏，直接影响部件的质量、寿命及性能等。

电 源

·机 箱

机箱是用来放置电脑各个配件的金属箱，它不仅为电脑的核心运转提供了一个安全稳定的工作环境，而且有效地屏蔽了大多数电磁辐射，保护了用户的身体健康。

机 箱

·显示器

显示器是电脑的重要输出设备。它可以把输入的内容和经过处理的数据显示在屏幕上。显示器的种类和外观多种多样，目前使用较多的是 CRT 纯平显示器和液晶显示器。

CRT 纯平显示器

液晶显示器

·键盘与鼠标

键盘是电脑系统中最基本的输入设备，用户给电脑下达的各种命令、程序和数据都可以通过键盘输入到电脑中。

鼠标是用于确定光标在屏幕上的位置，在应用软件的支持下，鼠标可以快速、方便地完成某种特定的功能。

目前常见的鼠标接口有串口、PS/2 接口和 USB 接口 3 种类型。

键盘和鼠标

1.3.2 常见外部设备平台

常见的办公外部设备有哪些呢？
随着科技不断进步，办公设备也越来越多，常用的办公外部设备有打印机、传真机、扫描仪等。

电脑的外部设备主要包括音箱、打印机、扫描仪、传真机、多功能一体机、光盘刻录机、摄像头、数码相机和数码摄像机等。

• 打印机

打印机是用来输出文件的外部设备。它可以输出文字、图像等信息到打印纸上。

现在为配合家用数码相机的使用，市面上也出现了能直接打印照片的打印机。

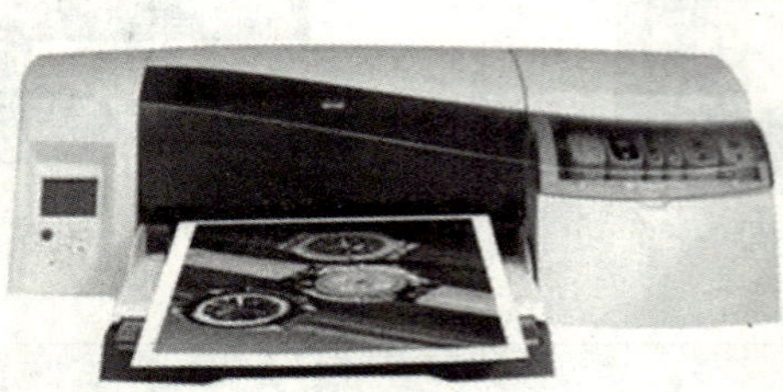

HP 打印机

• 扫描仪

扫描仪是一种高精度的光电一体化的高科技产品，它是将各种形式的图像信息通过扫描输入电脑的重要工具。

通常将扫描仪用于信息含量较大的电脑图像的输入。

从最直接的图片、照片、胶片到各类图纸以及各类文稿资料都可以用扫描仪输入到电脑中，进而实现对这些图像信息的处理、使用、存储及输出等操作。

扫描仪

·传真机

传真机是现代企业及家庭必备的通信工具之一，特别是对一些从事贸易的单位来说，经常会用它收发合同、报价及产品资料，甚至复印文稿、复印身份证和扫描图案等。

传真机

·多功能一体机

国外大多把多功能一体机定义为 MFC，即具有扫描、传真、复印和打印功能为一体的产品总称。多功能一体机在国内出现是在 20 世纪 80 年代中后期。

作为一种功能集成的产品，更确切地讲，多功能一体机是一种综合办公解决工具，在完成常见办公功能的同时，它的优势是优化了功能组合，发挥了功能集成。

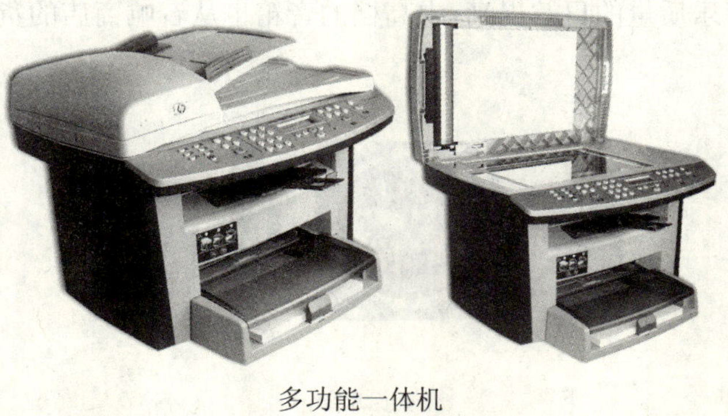

多功能一体机

• 光盘刻录机

光盘刻录机的外观和普通光驱差不多，如要区别它们，可以看表面的标识。

光盘刻录机的用途一般为刻制光盘，当然也具备了普通光驱的功能。

三星 DVD 刻录光驱

• 手写语音输入设备

手写输入笔是一种直接用手写方式向电脑输入汉字，并通过汉字识别软件将其转变成文本文件的一种电脑外设产品。

也有集手写和语音输入为一体的输入设备。手写语音输入系统主要包括硬件和软件两大部分，硬件主要由手写笔和手写板以及麦克风组成，软件部分包括手写应用软件和一些配套软件。

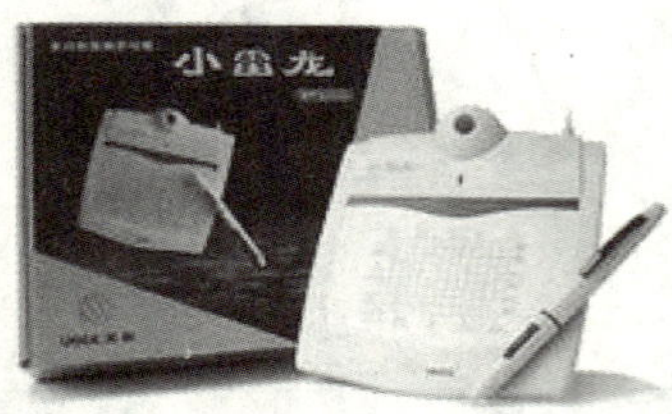

手写语音输入设备

• 音 箱

音箱用于对声音信号进行声音还原。重现声源声音的准确性（即保真度）是衡量音箱性能的第一标准。

随着声卡输出音乐质量的日益提高，中高档的音箱也从音响商店的货架上摆放到了许多人的电脑旁。

漫步者音箱

• 摄像头

摄像头主要用来进行视频图像的采集。在网络技术快速发展的今天，摄像头的强大作用不可低估。有了它，无论是视频电话、视频会议还是视频聊天都可方便实现。

摄像头

• 数码相机

数码相机也叫数字式相机，英文全称为 Digital Camera，简称 DC。其外观造型与传统相机几乎相同。

数码相机是集光学、机械、电子于一体的数码产品，它集成了影像信息的转换、存储和传输等部件，具有数字化存取模式、与电脑交互处理和实时拍摄等特点。

数码相机有别于传统相机，它不需要胶卷，具有即拍即现即处理等优势，大有取代传统相机之势，用数码相机拍摄的照片可以永久保存在电脑里，并且可以配合使用 Photoshop 等软件对照片进行处理。

数码相机

• 数码摄像机

数码摄像机（DV）在办公数码产品中已经应用得十分广泛了。

目前，国内市场上的数码摄像机产品很多，如索尼、三星、佳能等。

数码摄像机

1.3.3 电脑办公软件平台

常用的电脑办公软件有哪些呢？
常用的电脑办公软件主要分为系统软件和应用软件，如 Windows 操作系统、Office 办公软件等。

软件是指电脑运行所需要的各种程序和数据及相关资料，软件是电脑的重要组成部分。

从电脑系统的角度来划分，软件可分为系统软件和应用软件。

・操作系统

操作系统是电脑的核心系统软件。是一组直接控制和管理电脑硬件和软件资源，使电脑高效、协调、自动地工作，方便用户充分、有效地利用资源的程序。

目前个人电脑采用的操作系统大部分都是 Windows 系列操作系统。如 Windows 98/2000/XP 等，它们都是微软公司的产品。

・应用软件

应用软件是用户利用电脑提供的系统软件为解决各种实际问题而编制的电脑程序。

应用软件是面向应用领域、面向用户的软件，主要包括科学计算软件包、字处理软件、辅助工具软件、图形软件和其他工具软件等。

电脑即学即用

教你学电脑

第2章 Windows XP入门与进阶

本 章 要 点：

- Windows XP 的启动与退出
- Windows XP 的桌面组成
- 窗口的基本操作
- Windows XP 菜单操作
- Windows XP 个性化设置
- 管理 Windows XP 用户账户

电脑博士，如何使用 Windows XP 操作和管理电脑呢？

小丽，Windows XP 是目前最流行的操作系统，其操作界面美观、运行稳定、网络功能非常完善。本章将教你一些常用的操作和管理方法。

2.1 Windows XP 的启动与退出

在学习办公系统前，首先要学会操作系统的使用，本书以 Windows XP 来进行讲解，先来学习如何启动与退出 Windows XP。

2.1.1 启动 Windows XP

如何启动
Windows XP 呢？
在启动 Windows XP 之前，
首先应在电脑中安装 Windows
XP 操作系统，然后才能启动。

在安装好 Windows XP 操作系统的电脑中，启动 Windows XP 的具体操作步骤如下：

（1）按下主机上的电源按钮（Power），电脑通电后，首先进行自检，然后开始启动 Windows XP 操作系统。

（2）进入 Windows XP 的登录界面，左边是 Windows XP 徽标，右边是安装时已经建立好的所有用户账户，单击用户名即可登录。如果用户对账户设置了密码，那么必须输入正确的密码后才可进入。

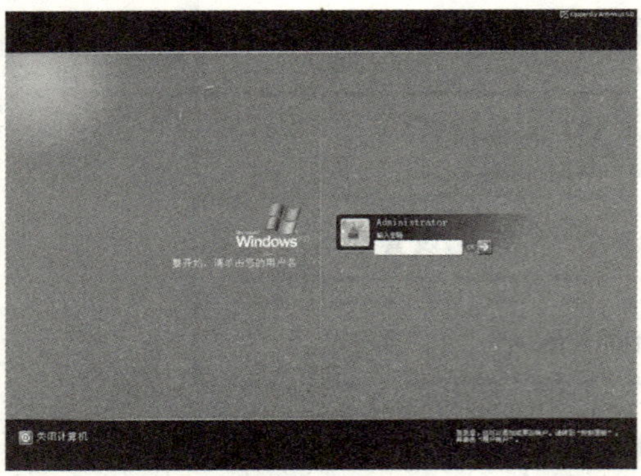
Windows
Administrator
关闭计算机

Windows XP 登录界面

2.1.2 退出 Windows XP

如何退出
Windows XP 呢？
退出 Windows XP 的
方法有很多，接下来就让
我们一起来学习！

一般配置较新的电脑在关闭操作系统后会自动切断电源，部分电脑在出现可安全关闭电脑提示后需手动关闭电源。

• 正常退出 Windows XP

退出 Windows XP 的具体操作步骤如下：

（1）关闭并保存所有已经打开的文件夹和应用程序。单击屏幕左下角的“开始”按钮，将弹出“开始”菜单。

（2）选择“关闭计算机”命令，将弹出“关闭计算机”对话框。

该对话框中有 3 个选项，即“待机”、“关闭”和“重新启动”，其含义如下：

•待机：计算机转入待机状态，整个计算机将切换到低电量状态，计算机内存中的所有信息将保存到硬盘上。此状态下的设备，如显示器和键盘将会关闭，而且计算机使用更少的电能。想重新使用计算机时，它将快速退出待机状态，并将桌面恢复到待机前的状态。

•关闭：保存更改后的全部 Windows 设置，并将当前存储在内存中的全部信息写入硬盘中，最后关闭计算机电源。

•重新启动：保存更改后的全部 Windows 设置，并将当前存储在内存中的全部信息写入硬盘中，然后重新启动计算机并进入到 Windows XP 系统中。

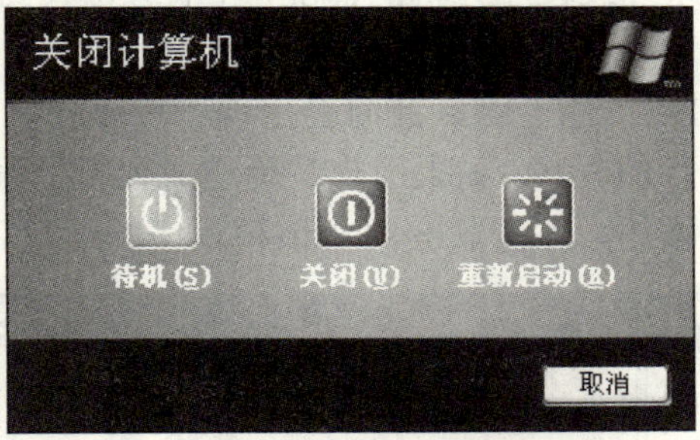

“关闭计算机”对话框

（3）在此单击“关闭”按钮，即可退出 Windows XP 操作系统并安全关闭电脑。

• 注销和切换用户

Windows XP 既支持单机下不同用户以各自身份登录使用 Windows XP，又支持网络中不同的用户通过登录本机使用网络，因此，安装 Windows XP 操作系统后，可注销和切换用户。

（1）注销用户

在“开始”菜单下选择“注销……”命令，弹出“注销 Windows”对话框，单击“注销”按钮。

注销当前用户之后，系统退出原用户的状态，该用户正在运行的程序将关闭，返回到登录对话框，用户可以重新选择用户登录。

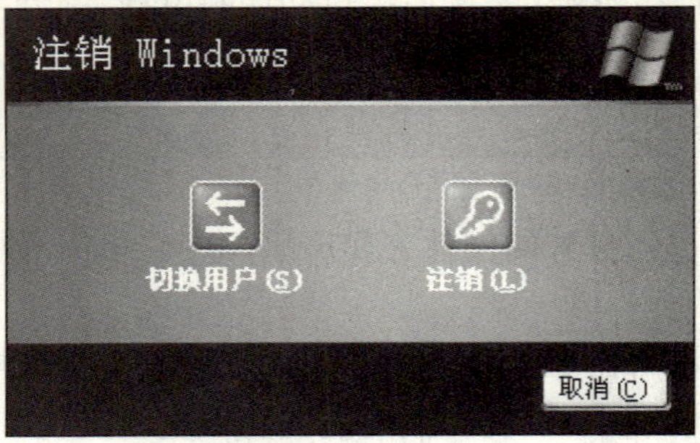

“注销 Windows”对话框

（2）切换用户

在“开始”菜单下选择“注销……”命令，在弹出的“注销 Windows”对话框中，单击“切换用户”按钮，系统即可切换用户，重新以别的用户账户登录，此时当前用户正在运行的程序将继续运行。

· 异常情况退出

在某些情况下，会遇到系统或程序死机的情况，不管按哪个键或单击鼠标，系统都没有反应，有时甚至会出现黑屏现象，这就是俗称的“死机”。

在键盘上按“Ctrl+Alt+Del”组合键，此时会出现“Windows 任务管理器”对话框，在其对话框中列出了所有正在运行的程序。如果用户认为造成死机的程序在列表中，单击相应的程序，然后单击“结束任务”按钮，系统就会终止该种程序的运行，系统有可能恢复正常。

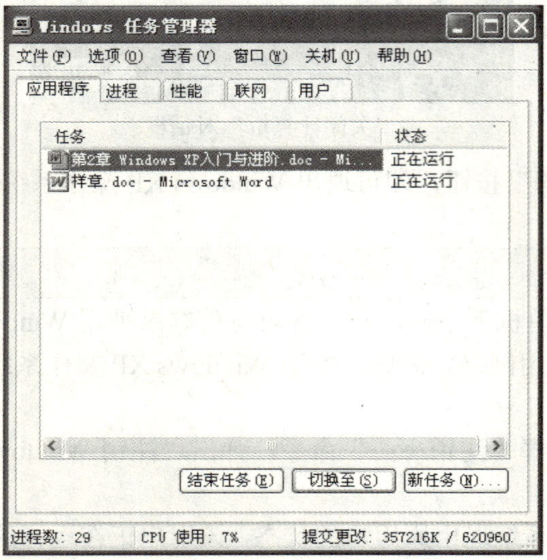

“Windows 任务管理器”对话框

2.2 Windows XP 的桌面组成

桌面就是在安装好 Windows XP 后，用户启动电脑登录到系统后看到的整个屏幕界面。

2.2.1 认识 Windows XP 桌面

Windows XP 的桌面由哪几部分组成呢？
Windows XP 桌面由任务栏和一些图标组成。

登录 Windows XP 后，呈现在用户面前的整个屏幕区域称为“系统桌面”。Windows XP 的桌面如同办公桌一样，存放有不同的文件和文件夹。在屏幕底部有一条狭窄条带，称为任务栏。通常，桌面由任务栏和一些图标组成。有些图标是由系统提供的，有些是由用户设定或应用程序自动添加的。

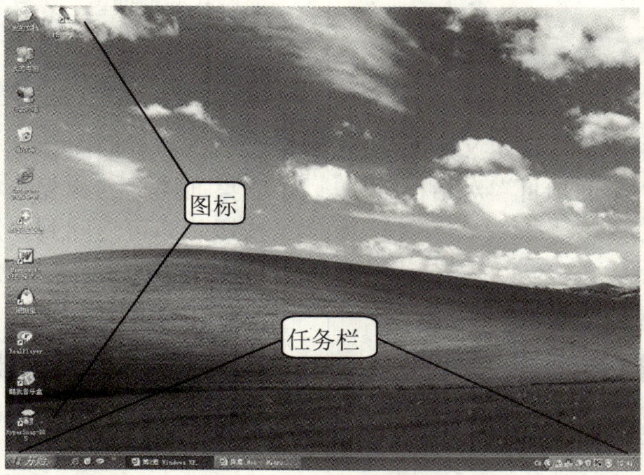
图标
任务栏

Windows XP 桌面

2.2.2 桌面图标

桌面图标是用来做什么的呢？
图标是代表常用的程序、文档、文件夹或打印机等，通过它可以实现快捷操作。

• 显示常见图标

使用过 Windows 98/2000 的用户可能都记得原来的系统桌面上有好几个图标，如“我的电脑”、“网上邻居”、“我的文档”等。在 Windows XP 中，为了使桌面整洁美观，这些图标都被隐藏起来了。通过下面的步骤，可以把这些图标在桌面显示出来。

1 在桌面的任意位置右击，从弹出的快捷菜单中选择“属性”命令。

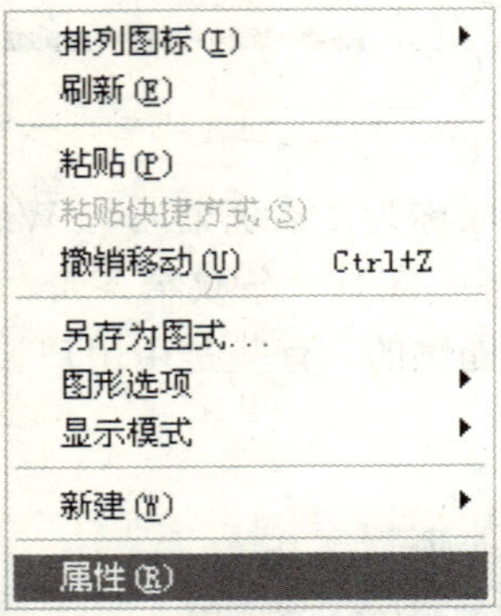

2 在弹出的“显示属性”对话框中单击“桌面”选项卡。

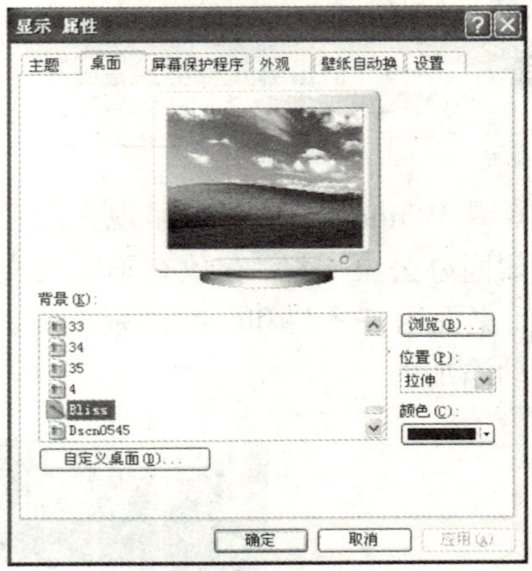

3 在该选项卡中单击“自定义桌面”按钮，系统将弹出“桌面项目”对话框。

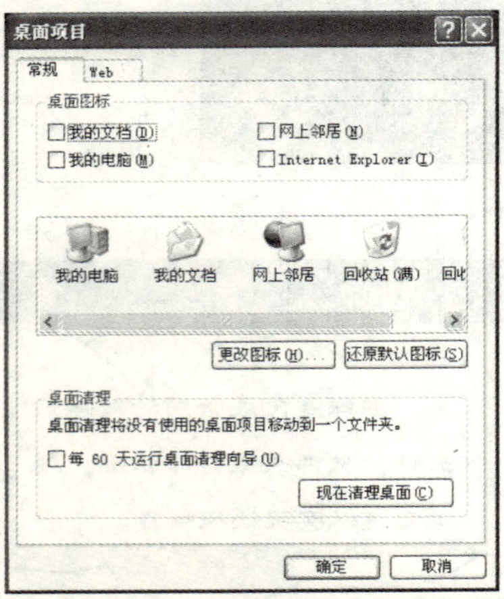

4 在“桌面图标”栏中，选中需要显示的桌面图标名称复选框，然后按“确定”按钮，即可返回到“显示属性”对话框。再次按“确定”按钮，相应的桌面图标就显示在桌面上了。

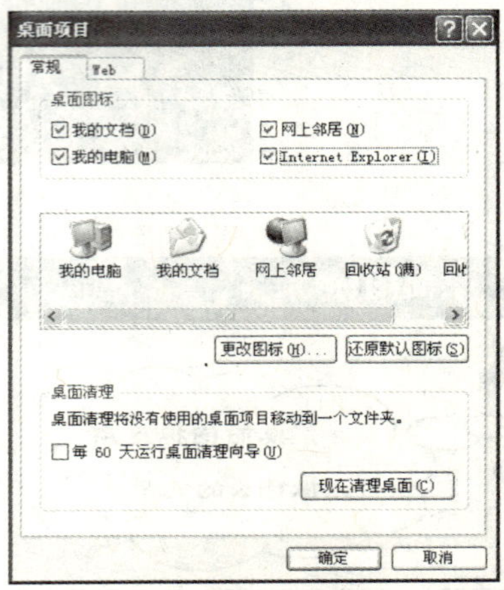

• 常见图标的功能

通过桌面上的图标，用户可以方便地访问计算机中的数据、文件，还可以访问局域网上的其他计算机和 Internet 上的内容。将鼠标放在图标上会显示出文字内容，标识其名称和相关信息。

双击图标可快速打开与其连接的对应项，系统中的所有文件夹用统一的图形 🗀 表示，在浏览计算机资源时经常见到这样的图标，不论在任何地方只要双击该图标，就会打开下一层文件列表。

Windows XP 桌面图标及功能如表 2-1 所示。

表 2-1　Windows XP 桌面图标及功能一览表

	包含了用户正在使用的计算机资源，是快速浏览和使用资源的途径之一。双击桌面上“我的电脑”图标后，在打开的窗口中能看到用不同的图标表示的计算机的资源，如磁盘驱动器、控制面板和打印机等。
	打开“网上邻居”窗口可以浏览和使用联网计算机中的资源。使用网络上的资源时，用户需要具有该计算机的使用权。
	当删除硬盘上的某个应用程序或文件、文件夹时，它们被移到“回收站”文件夹中。可以借助“回收站”将被删除的对象“还原”；当从“回收站”中清除文件后硬盘空间被释放，文件不可再恢复。 注意：回收站只保存硬盘上被删除的文件，因此不能使用回收站恢复软盘上、网络中被删除的文件或文件夹。
	这是一个特殊的文件夹。能帮助在两台计算机上组织和保存文件；直接连接或通过网络连接的计算机之间可以使用“我的文档”传递和同步更新文件。
桌面其他图标	通常是应用程序的快捷方式图标（带有↗标记）和文件夹。快捷方式图标是代表应用程序、磁盘驱动器、Web 页、打印机等对象的链接指向。

• 创建桌面图标

桌面上的图标实际上就是打开各种文件或者程序的快捷方式，用户可以在桌面上创建自己经常使用的程序或者文件的图标，这样使用时直接在桌面上双击即可快速启动该项目。

创建常用应用程序的桌面图标的具体操作步骤如下：

1 使用鼠标在单击空白处右击，在弹出的快捷菜单中将鼠标指向“新建”命令。

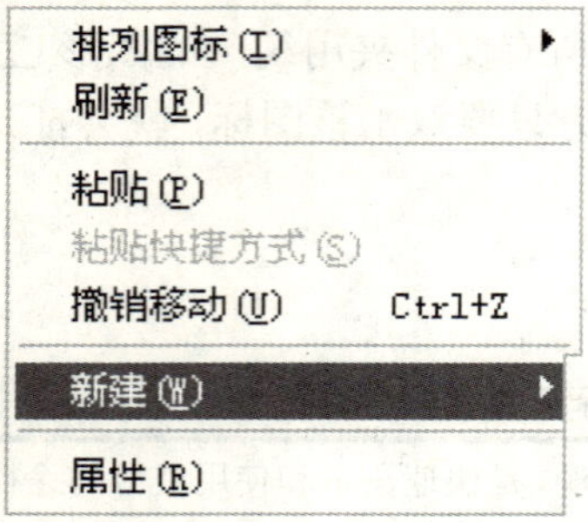

2 此时将弹出其子菜单，用户可以创建各种形式的图标，比如文件夹、Office 办公软件、文本文档等。

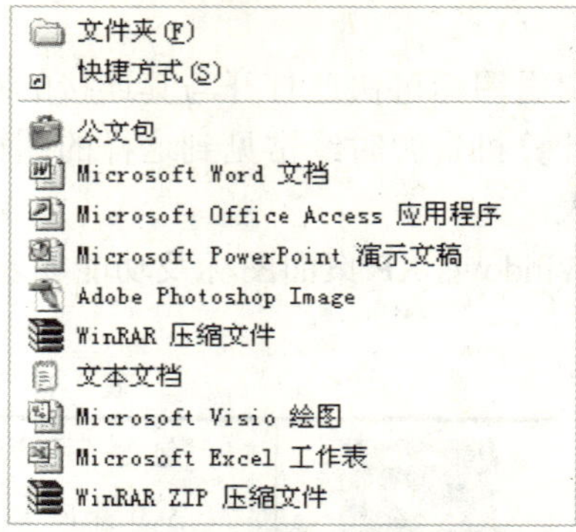

• 排列图标

一般来说，桌面图标可以放在桌面上任意位置，不过通常会显得有些杂乱，因此在 Windows XP 下，默认的桌面图标或自定义的快捷方式是按“对齐到网络”进行排列的，在桌面上右击，然后在弹出的快捷菜单上指向“排列图标”项，系统将弹出其子菜单。用户可以看到“对齐到网络”选项处于选中状态，这时无论如何移动图标，它们都会显示在虚拟网络的交叉点上；也可以选择桌面快捷方式的“自动排列”方式，则无论鼠标把快捷方式图标拖放到什么位置，快捷方式图标都会整齐地从左到右竖行排列。

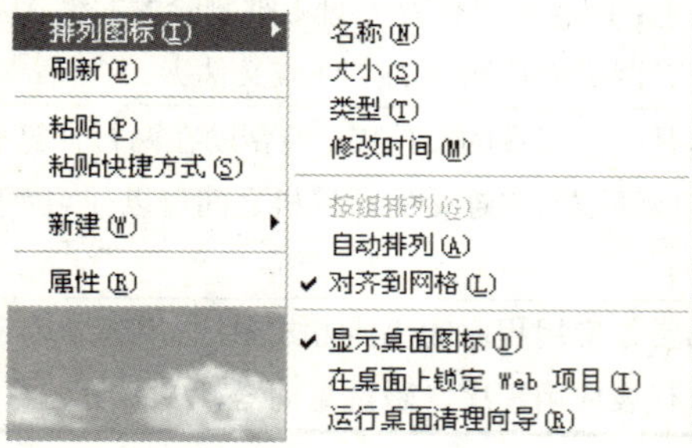

“排列图标”子菜单

在“排列图标”子菜单中还可以设置图标按名称、类型、大小、修改时间等方式进行排列。

• 图标的删除

第一次启动 Windows XP 时，用户会看到右下角有一个“回收站”图标。当桌面上的图标失去使用价值时，就需要删除。在所要删除的图标上单击鼠标右键，在弹出的快捷菜单中选择“删除”命令，将会弹出“删除”确认窗口，在该窗口中单击“是”按钮，将把所选择的图标删除。

2.2.3 任务栏

任务栏位于屏幕的底端，它是桌面的重要对象。任务栏主要由“开始”按钮、快速启动栏、应用程序列表、任务指示区等项目组成。

任务栏

•“开始”菜单

“开始”菜单位于屏幕的左下角，单击“开始”按钮便可以打开“开始”菜单，并由此开始 Windows XP 的操作与使用。

单击“”按钮，系统将打开“开始”菜单，在该菜单中包含了系统常用的菜单命令、程序组、应用程序项以及它的子菜单。

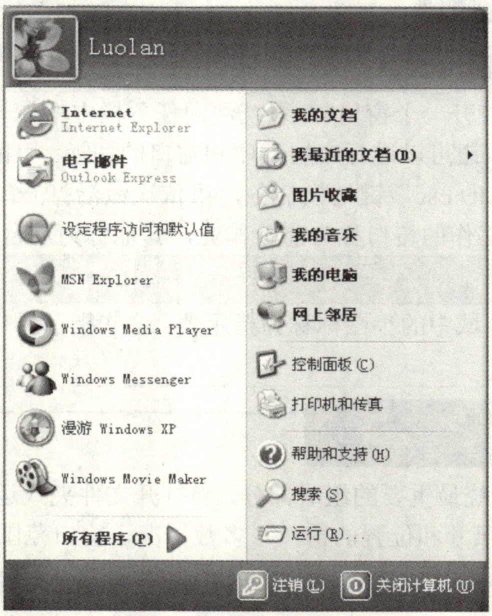

开始菜单

每个“应用程序项”为一个菜单命令，单击菜单命令可快速地启动相应的应用程序。在 Windows XP 中，“开始”菜单提供了更多的自定义选项，它显示了登录的用户，还自动将使用最频繁的应用程序快捷方式添加到菜单中。默认的电子邮件和 Web 浏览器也为用户提供了方便。用户还可将所需的任何程序添加到“开始”菜单中。

• 快速启动栏

这是由系统安装时自动生成的图标区域。无论打开多少窗口，用鼠标单击图标可快速返回到桌面上。当鼠标指针指向某个快捷按钮时，系统将显示出该按钮的功能及相关信息以便用户选择。单击某图标将启动对应的应用程序。

当然，也可把自己经常用到的应用程序添加到快速启动栏中，具体操作方法如下：

1 首先在桌面上单击选中需添加的应用程序图标，在此选中“Microsoft Office Word 2003”。

2 然后将鼠标指针移动到该图标上并按住左键不放，将其拖动到“快速启动栏”中，当快速启动栏上出现一条黑色的线时释放鼠标即可。

• 应用程序或窗口的最小化按钮

当启动一个新程序和打开一个窗口时，系统便向任务栏中增加一个应用程序或一个窗口的最小化按钮。通过此处的按钮可以进行应用程序和窗口的切换。用鼠标单击任务栏上对应的按钮或按“Alt+Tab”键、“Alt+Esc”键切换任务，可依次激活打开的各个窗口，使之成为当前工作窗口。通常，把当前工作的窗口称为前台作业，其他称为后台作业。

• 任务栏指示区

也称为系统提示区，区域中的小图标称为指示器。这些指示器代表一些常驻内存的小工具程序，如时间、日期等。

2.3 窗口的基本操作

窗口是 Windows 系统最重要的组成部分。当打开文件夹或运行某个应用程序时，系统都为其提供了一个适当尺寸和位置的窗口。多数情况，窗口范围小于整个桌面。

窗口分为文件夹窗口、应用程序窗口和文档窗口三类。无论是哪一类窗口，其组成元素基本相同。

2.3.1 窗口的基本元素

WindowsXP 窗口主要包括哪些元素呢？
Windows XP 窗口主要包括标题栏、菜单栏、工具栏、地址栏、状态栏、窗口工作区。

Windows XP 支持多任务程序操作，用户不仅可以打开单一窗口，也可以同时打开多个任务窗口，如下图所示。

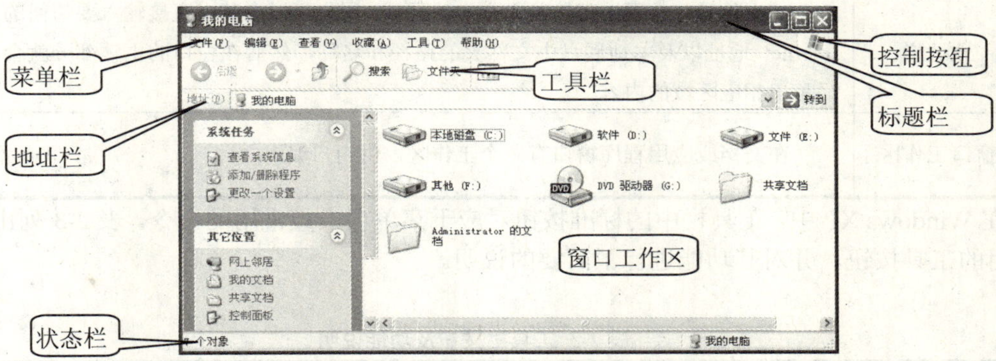
我的电脑
菜单栏
控制按钮
工具栏
标题栏
地址栏
窗口工作区
状态栏

Windows XP 窗口

窗口操作是系统的最基本特征之一，是人机对话的重要手段。因此，用户必须掌握窗口的基本操作方法。

当需要打开一个窗口时，可以通过以下两种方式来实现。

- 选择要打开的窗口图标，双击打开。
- 在选择的图标上右击，在弹出的快捷菜单中选择“打开”命令打开窗口。

在 Windows XP 中，窗口如下图所示，其含义如表 2-2 所示。

表 2-2 窗口的基本元素及功能说明

基本元素	功 能 说 明
控制按钮	对窗口进行最大化（还原）、最小化或关闭等基本操作
标题栏	显示应用程序、文档或文件夹的名称。当前工作窗口的标题栏颜色会比较深，而其他窗口的标题栏呈灰色

续 表

菜单栏	菜单栏集合了应用程序所有的命令，按类别划分为多个菜单项。每个菜单项包含了一系列菜单命令
工具栏	工具栏是一些公共命令按钮和对话框按钮，可以理解为图形化的菜单。将工具栏集成在窗口上是系统的重要特征
状态栏	状态栏位于窗口的下方，显示当前状态或一些帮助信息。随着用户当前的操作给出相应的提示信息
滚动条	当无法在一个窗口内显示全部内容时，Windows 提供垂直和水平方向的滚动条。用鼠标可以滚动窗口信息
地址栏	其主体是一个可以直接输入文本的区域，用户可以在其中直接输入要访问的 Internet 地址以及本地硬盘中文件夹的路径和名称，然后在窗口的主体部分就会显示出相应区域的内容
窗口工作区	在文档或应用程序窗口有一个工作区，供用户编辑文档

在 Windows XP 中，工具栏中的标准按钮对应于菜单项中最常用的命令。表 2-3 列出了一些常用的工具按钮，并对其功能进行了简要的说明。

表 2-3 工具栏按钮及功能说明

工具按钮	功 能 说 明
	退到浏览的上一个位置处，这个位置既可以是本地计算机中的位置，也可以是 Internet 网址（也可以按下后退按钮右边的下拉箭头，从列表中选择项目，跳跃式后退）
	前进到当前位置的下一个浏览位置（这个位置必须是曾被浏览过的）。可以是本地计算机中的位置，也可以是 Internet 网址（也可以按下前进按钮右边的下拉箭头，从列表中选择项目，跳跃式前进）
	跳到比当前位置高一级的文件夹位置。文件夹比它包含的子文件夹（不包括嵌套子文件夹）高一级。驱动器比它包含的文件夹（不包括嵌套子文件夹）高一级。“我的电脑”比驱动器高一级。桌面比“我的电脑”高一级
	此按钮用于选择资源管理器右边窗口视图的显示方式，可以有大图标、小图标、列表、详细信息和缩略图等显示方式。从下拉列表中可选择需要的显示方式

技巧：利用标题栏也可以达到快速改变窗口大小的目的。双击标题栏，会将一个正常大小的窗口变为最大化，再次双击最大化窗口的标题栏，则会恢复到窗口原先的大小。

2.3.2 窗口的基本操作

窗口的基本操作包括哪些内容呢？
窗口的基本操作主要包括移动窗口、改变窗口大小、关闭窗口、窗口内容的滚动、排列窗口、窗口的切换等操作。

Windows 是一个多任务多窗口系统，可同时打开多个窗口、运行多个应用程序，而当前处于活动的窗口只有一个。

·移动窗口

在 Windows XP 操作过程中，用户有时需要移动窗口在屏幕上的显示位置。

将鼠标指针指向需要移动的窗口的标题栏，按住左键不放拖动即可将窗口移动到需要的位置（最大化的窗口不能移动）。

还可以在窗口的标题栏任意处右击，系统将弹出一下拉菜单，在其菜单中选择移动命令，此时鼠标指针将变成一个十字形的箭头，然后拖动鼠标即可移动窗口。

·改变窗口大小和关闭窗口

在进行窗口的操作中，有时需要将窗口变为最大化状态或最小化状态。当窗口不是最大时可以改变窗口的高度和宽度，也可按比例缩放。

要改变窗口的高度和宽度，将指针移到窗口的顶部、底部、左边、右边，当指针变成双向箭头时按住鼠标左键拖动，当窗口改变到所需要的大小时，松开鼠标即可。

要按比例缩放窗口，可以将指针移至窗口的四角，当指针变成双向箭头时，按住鼠标左键拖动即可。

每一个窗口都可以 3 种方式出现在屏幕上，一种是由单一图标表示的最小化形式，一种是整个屏幕的最大化形式，第三种是允许窗口移动并可以改变大小和形状的恢复形式。通过窗口右上角的最大化（还原）、最小化按钮可以在 3 种形式之间切换，或者用鼠标右击标题栏上任意位置，系统将弹出一下拉菜单，单击该菜单中的相应命令也可实现窗口 3 种形式的切换。

窗口的右上角三个常用按钮的功能如下：

最小化按钮 ——单击该按钮，将窗口缩小成图标放到任务栏上。

最大化按钮 ——单击该按钮，将窗口放大到最大尺寸。

还原按钮 ——当窗口最大化后，“最大化”按钮就变成了“还原”按钮。单击“还原”按钮，窗口将还原成原来的大小。

关闭按钮 ——单击该按钮将关闭窗口，同时也将该窗口对应的应用程序关闭。

技巧：

· 在任务栏上单击窗口或应用程序的最小化按钮可将该窗口或应用程序最小化，再单击该图标即可还原窗口或应用程序。

· 通过双击窗口标题栏上的蓝色区域，也可以最大化或还原窗口。也可以单击标题栏上的标题图标（或右键单击标题栏任一处），在弹出菜单中也可以选择“关闭”、“最小化”、“最大化”（或“还原”）命令。

· 如果打开的窗口是应用程序，可以通过单击“文件”菜单中的“退出”命令来关闭窗口。用键盘也可以完成操作，如按 Alt+空格键，然后使用光标键在弹出的菜单中选择命令即可。

· 要最小化桌面上所有打开的窗口，可以单击快速启动工具栏上的 图标；也可以通过右击任务栏的空白处，在弹出的快捷菜单中选择“显示桌面”命令来执行该操作；还可以按键盘上的 +D 键来实现“最小化所有窗口”操作。

· 窗口内容的滚动

当窗口内容较多，窗口不能同时显示所有内容时，窗口的右边会出现一个垂直滚动条，或在窗口下边会出现一个水平滚动条，通过移动滚动条可以移动显示窗口中的内容。

· 排列窗口

当用户在对窗口进行操作时打开了多个窗口，活动窗口只有一个。活动窗口的标题栏呈高亮度显示，其他窗口的标题栏呈浅灰色显示。如果要使其中某个窗口成为活动窗口，只要用鼠标单击该窗口的任意处即可。

在 Windows XP 中为用户提供了 3 种排列的方案可供选择。如果需要将全部窗口处于全显示状态，用鼠标右键单击任务栏中的任意空白处，从弹出的快捷菜单中可选择窗口的排列方式。该菜单中提供了 3 种窗口排列方式：层叠窗口、横向平铺窗口、纵向平铺窗口。其含义如下：

层叠窗口：把窗口按先后顺序依次排列在桌面上，当用户在任务栏快捷菜单中选择“层叠窗口”命令后，系统将把所在打开的窗口层叠显示在桌面上，其中每个窗口的标题栏和左侧边缘都是可见的，用户可以任意切换各个窗口之间的顺序。

横向平铺窗口：各个窗口并排显示，在保证每个窗口大小相同的情况下，使得窗口尽可能往水平方向伸展。

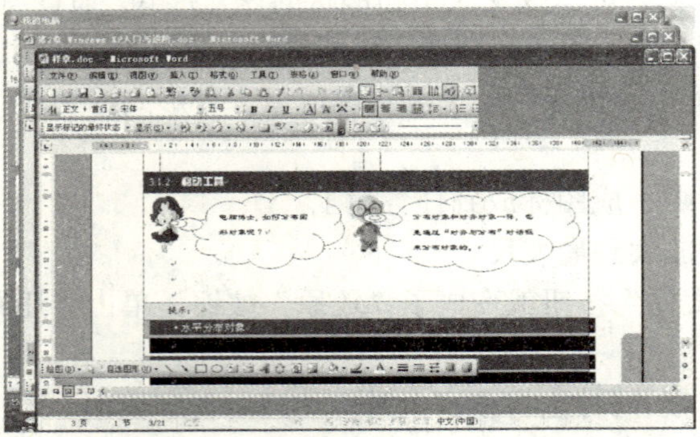

层叠窗口

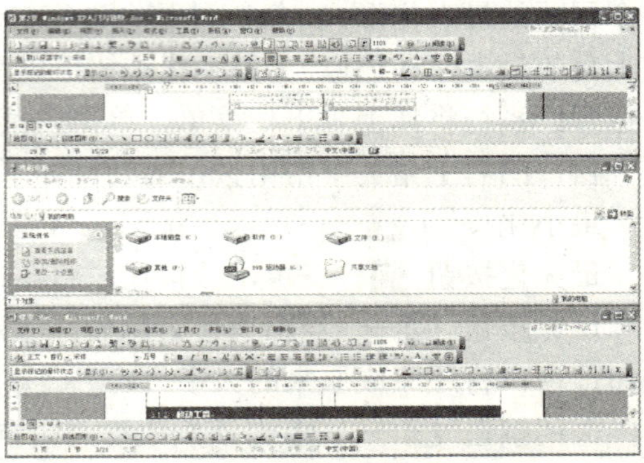

横向平铺窗口

纵向平铺窗口：在排列的过程中，使窗口尽可能向垂直方向伸展（在保证每个窗口都显示在桌面上的情况下才能看到效果）。

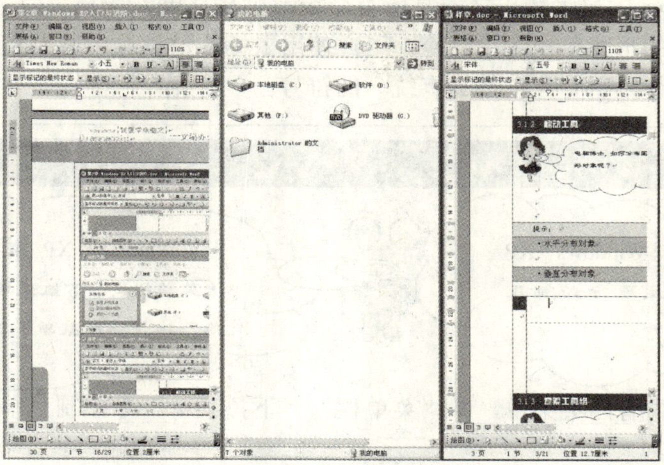

纵向平铺窗口

选择了某项排列方式后，在任务栏快捷菜单中会出现相应的撤销该选项的命令，例如，执行了“横向平铺窗口”命令后，任务栏的快捷菜单会增加一项“撤销平铺”命令，当用户执行此命令后，窗口恢复原状。

• 截取窗口

在某些时候，用户希望能把某个窗口内容复制到另一些文档或图像中去，这时可以按下 Alt+Print Screen 键（如只按 Print Screen 键，则把整个屏幕复制到剪贴板中），就可以把当前活动窗口的内容复制到剪贴板中去了。在处理文档或图像时粘贴进去就可以了。

• 窗口的切换

当用户打开多个窗口时，难免会经常在几个窗口之间进行切换。最简单的切换方法是单击任务栏上对应的窗口按钮。也可以用键盘上的 Alt+Esc 键或 Alt+Tab 键来切换窗口。

用 Alt+Tab 键时，Alt 键保持按下状态，Tab 键一按一放，就可以从左向右依次选择活动窗口。按住 Alt+Shift 键不放再按 Tab 键，则按照相反的顺序选择窗口。

用 Alt+Tab 键切换窗口

2.4 Windows XP 菜单操作

使用 Windows 的最大特点之一是所有命令都可从菜单中选择，而无需记住大量命令。Windows 以菜单的形式给出各个命令，用户使用鼠标或键盘选中某个菜单选项，相当于输入并执行该项命令，所有菜单都具有统一的符号。

2.4.1 菜单的类别

Windows XP 菜单主要分为哪几类呢？
Windows XP 菜单主要分为“菜单栏”、“下拉菜单”、“控制菜单”和“快捷菜单”四类。

Windows 系统中有四类菜单，即“菜单栏”、“下拉菜单”、“控制菜单”和“快捷菜单”。其含义如下：

菜单栏：位于应用程序或窗口标题栏下方。

下拉菜单：菜单栏中菜单项的级联，每个下拉菜单中都有一系列菜单命令。

控制菜单：由单击窗口的控制按钮产生的，每个窗口的控制菜单基本相同。

快捷菜单：在任意位置或选中某个对象后单击鼠标右键出现的菜单称为快捷菜单，随当前对象的改变而改变。

2.4.2 菜单项的使用

如何使用菜单命令？
在 Windows XP 中单击选中菜单命令即可对选中的对象进行操作和管理。

菜单是由一系列命令组成的，随着操作的对象而呈不同的状态。完成相关任务的一些命令分为一组，不同命令组用一条凹线分开。

灰色命令：在某种情况下，有的菜单命令呈灰色。表示该命令当前不可执行，随着操作激活不同的命令，可使之变为有效命令。

命令的选中标记：菜单命令带有“ √”符号为选中标记，表示此命令被选中。相当一个开关，单击会在选中和非选中之间进行转换。

热键：菜单栏的菜单命令后带下划线的字母是为键盘操作而设置的，这些带下划线的字母称为热键。在键盘上按“Alt + 带下划线的字母”键，就可打开相应的下拉菜单。在弹出的菜单中，直接输入“下拉菜单”中带下划线的字母，就可执行相应的命令。

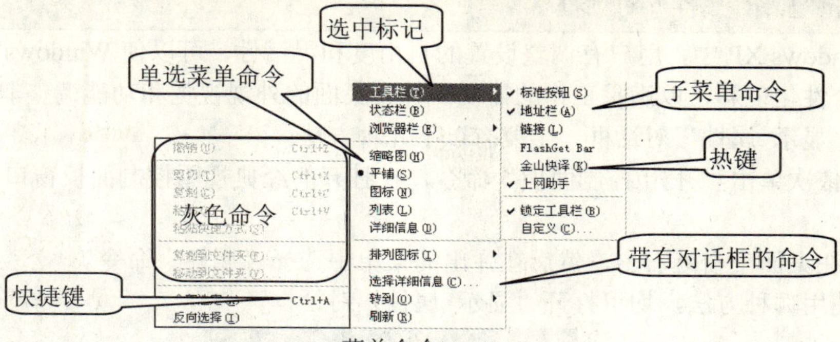

菜单命令

快捷键：在某些菜单命令的右边有一组组合键(如“Crtl+A”)，称为命令的快捷键，不用激活菜单栏、也不用打开下拉菜单，直接输入快捷键就可执行菜单中的命令。

带有对话框的命令：菜单命令的后面带有“…”，表示该菜单命令是一个带有对话框的命令。单击该命令将弹出一对话框。

子菜单命令：菜单命令的后面带有“▸”，表示此命令是子菜单命令，用鼠标指向它会打开下一级菜单。

单选菜单命令：带有“ · ”的命令表示该命令为“单选”命令，用于一组功能互相抵触的命令，只能选择其中之一作为系统当前状态。

2.5 Windows XP 个性化设置

舒适方便的工作环境能提高工作效率，电脑操作界面也是一样。

柔和的背景画面、体贴的操作设计，无论外观还是内在，Windows XP 都深深地烙上人性化的印记。同时还可以根据个人的喜好将电脑打造得更具个性。

2.5.1 设置 Windows XP 界面风格

桌面是用户对系统进行操作的一种媒介，是操作系统的外观。Windows XP 的工作桌面将计算机内的各部分硬件和软件、计算机的外部设备有机地联系在一起，通过 Windows 桌面，可以完成计算机的管理和设置、网络的连接和通信、文件和文件夹的管理等各项操作。

• 打开“显示 属性”对话框

在 Windows XP 中，用户有调整设置的自由度和灵活性。可以使 Windows XP 操作系统具有完全的个性化色彩，以满足工作的需要。并且桌面的外观视觉和功能调整非常容易。

打开“显示 属性”对话框，主要有以下几种方法：

（1）依次单击“开始/控制面板”命令，在打开的经典视图控制面板窗口中双击“显示”图标。

（2）在桌面空白处右击，然后在弹出的菜单中选择“属性”命令。

无论使用哪种方法，均可打开“显示 属性”对话框。

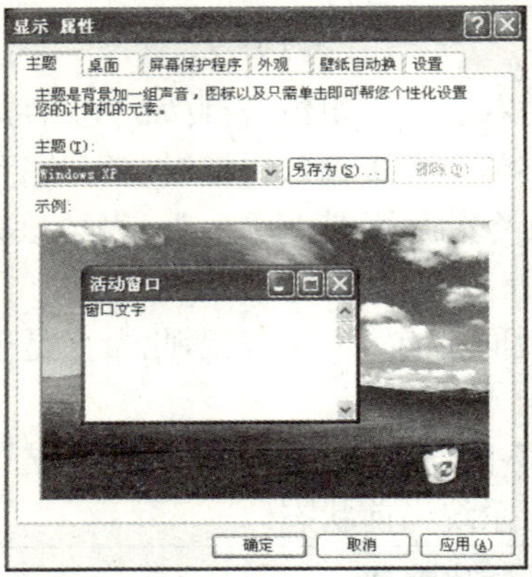

该对话框共有六个选项卡，即“主题”、“桌面”、“屏幕保护程序”、“外观”、“壁纸自动换”和“设置”。其含义如下：

主题：用来对桌面进行个性化设置。

桌面：背景又称为墙纸，即桌面的背景。“桌面”选项卡是用来选择墙纸、设置颜色的，Windows XP 在背景列表框中提供了许多精美的墙纸供用户选择，如果用户对这些图案都不满意，可以单击“浏览”按钮选择自己喜欢的图片作为墙纸，选择后，在预览框中可以看到该图案的效果。

屏幕保护程序：用来设置和预览屏幕保护程序，还可以设置显示器的节能属性。

外观：该选项卡用于调整窗口外观，即桌面上各种元素的外观（如：单个窗口的颜色和字体的大小）。该选项卡上方可预览系统预设窗口的配色方案效果，下方有“窗口和按钮”、“色彩方案”、“字体大小”等栏目供用户选择和修改。

壁纸自动换：在该选项卡中可以指定任意一个包含需要作为桌面背景图片的文件夹为壁纸自动换的图片，按照一定的时间频率进行自动更换桌面壁纸。

设置：用于设置显示器的颜色质量和显示分辨率等属性。颜色的最大数目和屏幕最大分辨率由显示器和显示器适配卡决定。在 Windows XP 中可以通过“显示属性”窗口中的“设置”选项卡来设置显示的颜色数、屏幕区域、适配器、监视器和硬件性能等。

• 更改桌面主题

桌面主题是图标、字体、颜色、声音和其他窗口元素的预定义集合，它使用户的桌面具有统一、与众不同的外观。在 Windows XP 中，可以切换主题、创建主题（通过更改某个主题，然后以新的名称保存）或者恢复传统的 Windows 经典主题。

使用“桌面主题”提供的一些方案，可迅速更改桌面的外观。所有的桌面项目都围绕一个特定的主题进行安排。

1 在桌面空白处单击鼠标右键，在弹出的快捷菜单中单击“属性”命令。

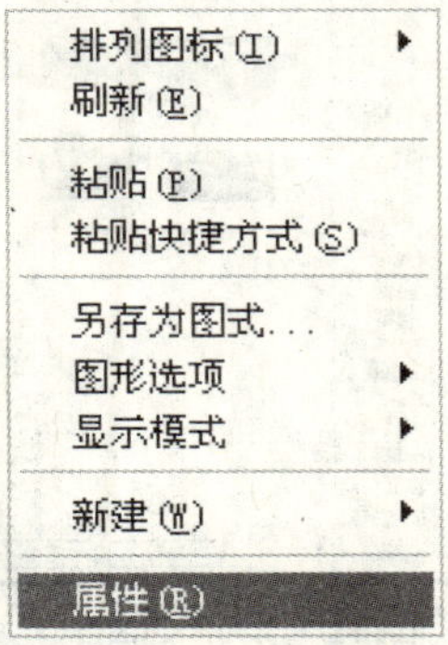

2 在“主题”选项卡的“主题”下拉列表框中选择其他主题。在“示例”中将显示新主题应用后的预览效果。

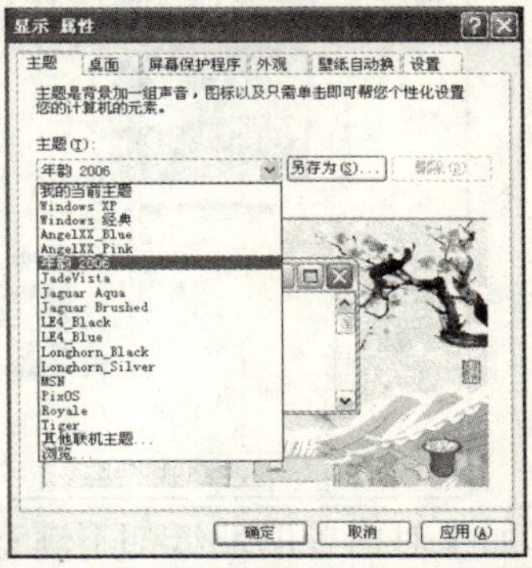

3 如果对“主题”下拉列表框中的所有主题都不满意，可在“主题”下拉列表框中单击“浏览”选项，然后从弹出的对话框中查找自己喜欢的桌面主题。Windows XP 的其他主题默认放置在“C:\WINDOWS\Resources”下。

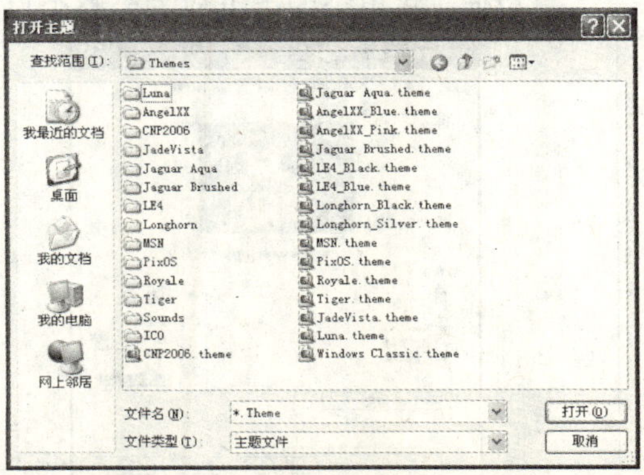

4 单击“另存为”按钮，可以将修改后的主题另存为新的主题。对设置的主题满意后，单击“应用”或“确定”按钮，即可将选定的主题应用到当前系统。

• 更改桌面背景

桌面的背景也可以称为“墙纸”，这是早期 Windows 系统中的称呼，因为其比喻得非常形象，一直沿用到现在。墙纸是可在桌面上显示的图片或图像，在 Windows 系统中的墙纸是用来装饰桌面的。墙纸文件可以是图像文件或 HTML 文件。可以将多数图形文件，如位图(.bmp)、GIF(.gif)和 JPEG(.jpg)图像用作墙纸。

1 在“显示 属性”对话框中单击“桌面”选项卡，显示“桌面”选项面板。

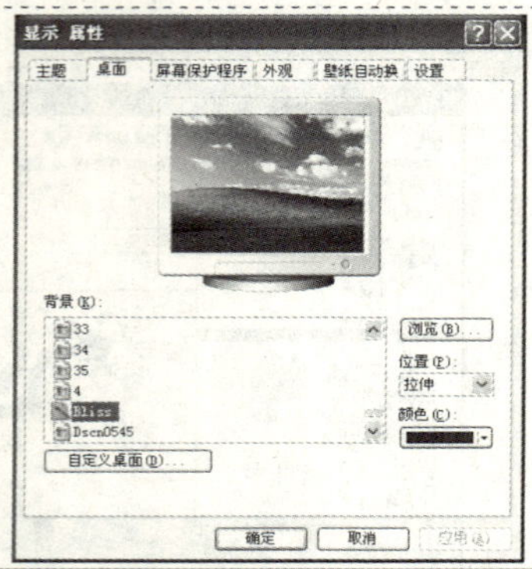

2 在“背景”下拉列表框中列出了 Windows XP 内置的墙纸，选择后，在预览框中可以看到该图案的效果。

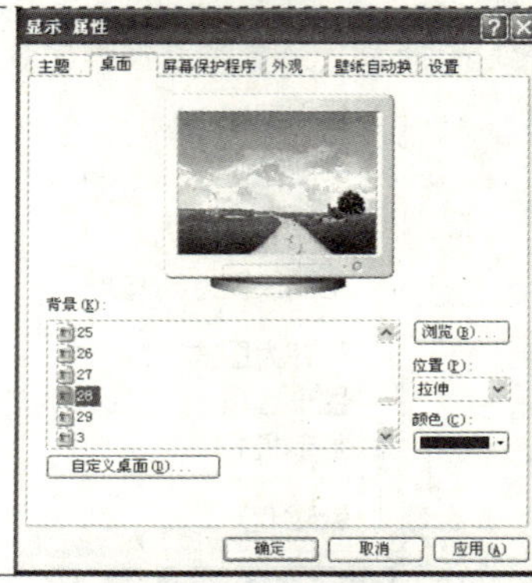

3 如果对内置的墙纸都不满意，单击“浏览”按钮，弹出“浏览”对话框，从中选择自己喜欢的图像文件作为桌面墙纸，然后单击“打开”按钮。

4 在“位置”列表框中，选择墙纸的排列方式，在此选择“拉伸”，如下图所示。墙纸的排列方式有 3 种，即“居中”、“平铺”和“拉伸”。其含义如下：

居中：将单个墙纸贴在屏幕中央。

平铺：用多个相同的墙纸贴满整个桌面。

拉伸：将单个的墙纸放大至整个桌面。

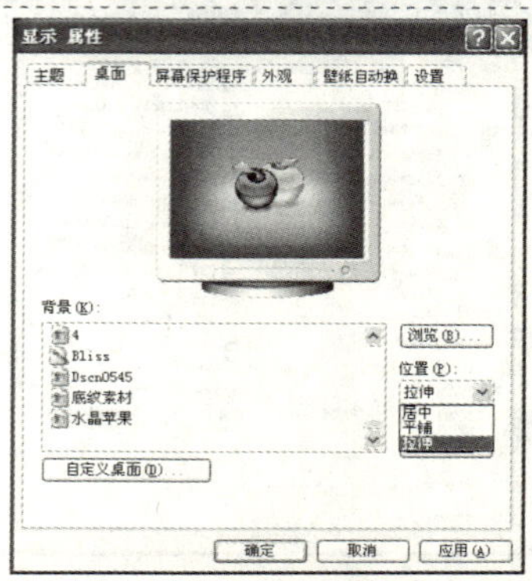

5 在“颜色”列表中可选择用于桌面的颜色，或者可以自定义新的颜色。如果未选择墙纸，该颜色将覆盖整个桌面。如果选择了墙纸，并且在“位置”栏中选择了“居中”，则该颜色将填充墙纸周围的空间。

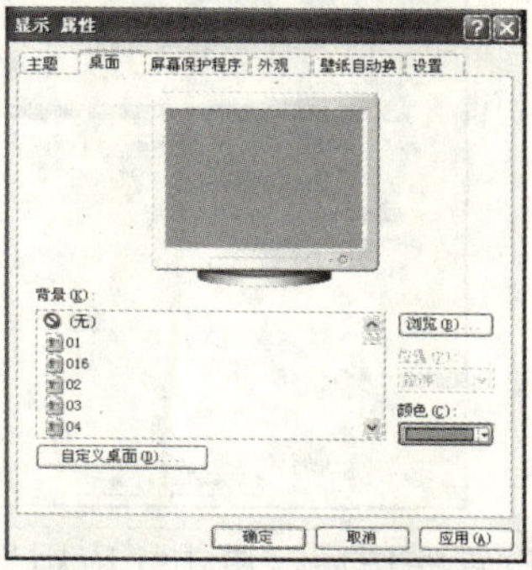

6 单击“自定义桌面(D)...”按钮，将弹出“桌面项目”对话框，可对桌面图标进行设置、选择、清理等操作。设置完毕后，单击“确定”按钮，返回到“显示 属性”对话框中，再次单击“应用”或“确定”按钮即可完成桌面背景的设置。下图所示为完成第4步操作后的效果。

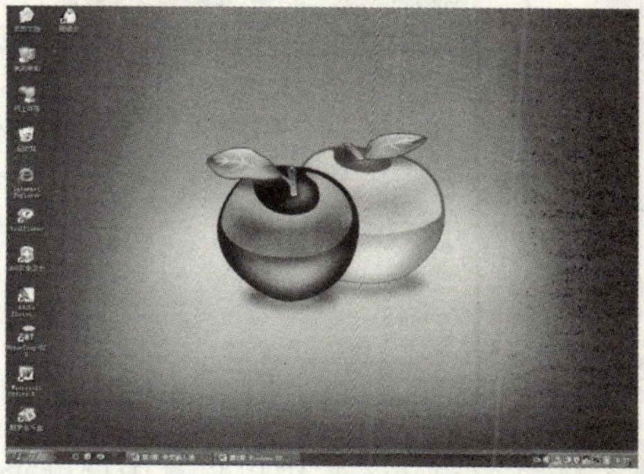

• 设置屏幕保护程序

在实际使用中，彩色屏幕的内容一直固定不变，间隔时间较长后可能会造成屏幕的损坏。因此，在一段时间内不用电脑，可设置屏幕保护程序自动启动，以动态的画面显示屏幕。

屏幕保护程序是在较长时间内不做任何操作时保护屏幕的实用程序。屏幕保护程序有两个作用，一是防止屏幕长期显示同一个画图，造成显像管老化；二是显示一些运行的图像或文字，隐藏计算机屏幕上信息。

1 打开“显示 属性”对话框，单击“屏幕保护程序”选项卡，

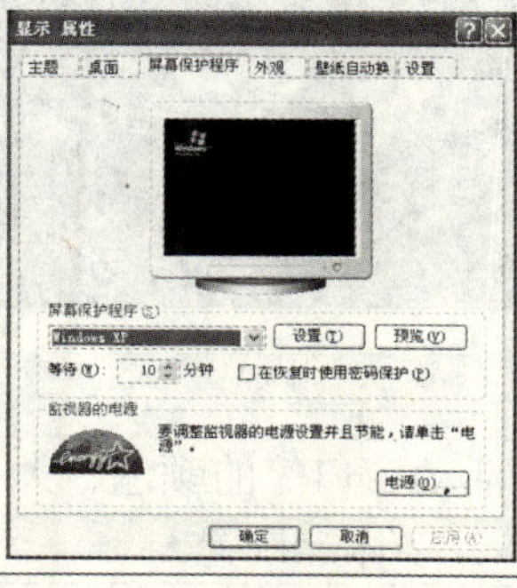

2 单击“屏幕保护程序”右侧的下拉箭头，在弹出的列表框中选择程序，在此选择“三维花盒”，在预览框中可对选择的程序进行预览。

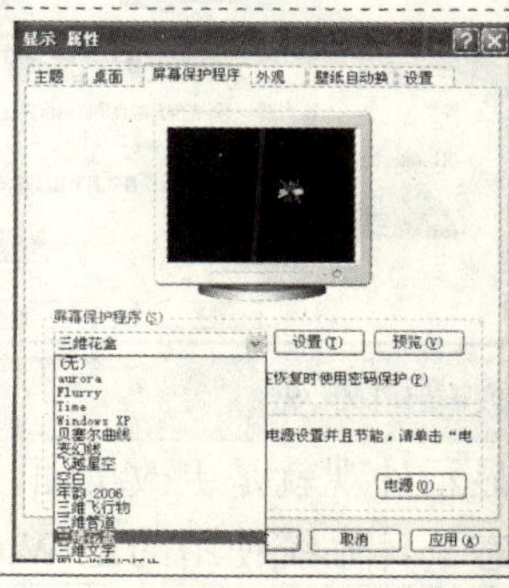

3 单击“设置”按钮，将弹出“三维花盒设置”对话框，在该对话框中可对三维花盒程序进行一系列的设置，设置完毕后，单击“确定”按钮即可返回到“显示 属性”对话框。单击“预览”按钮，即可全屏预览设置的屏幕保护程序。

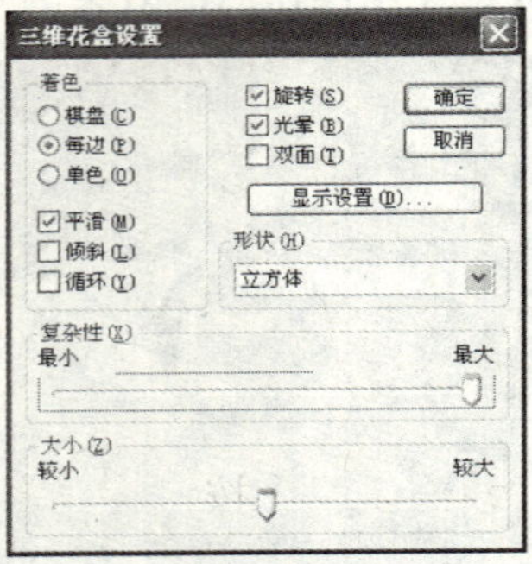

4 单击“监视器的电源”区域中的“电源”按钮，弹出“电源选项 属性”对话框，在该对话框中可对“监视器的电源”进行各项设置，设置完毕后，单击“确定”按钮返回到“显示 属性”对话框。

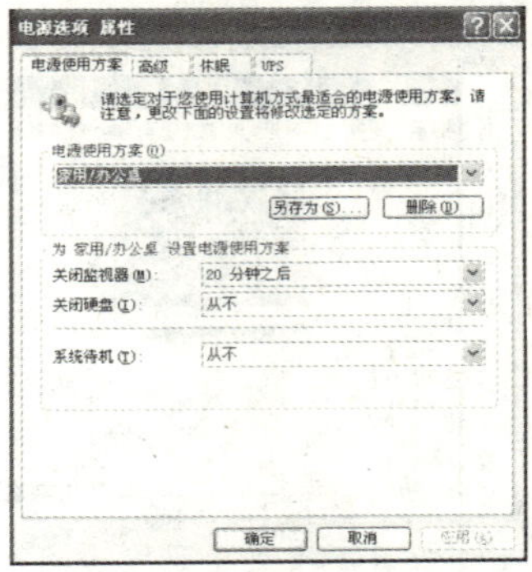

5 在“等待”栏中可设置出现屏幕保护程序的时间；勾选“在恢复时使用密码保护”复选框，当用户从屏幕保护程序恢复时，系统将出现登录密码输入框，输入了正确的密码才能重新进入系统，该密码就是登录到 Windows XP 的用户密码。

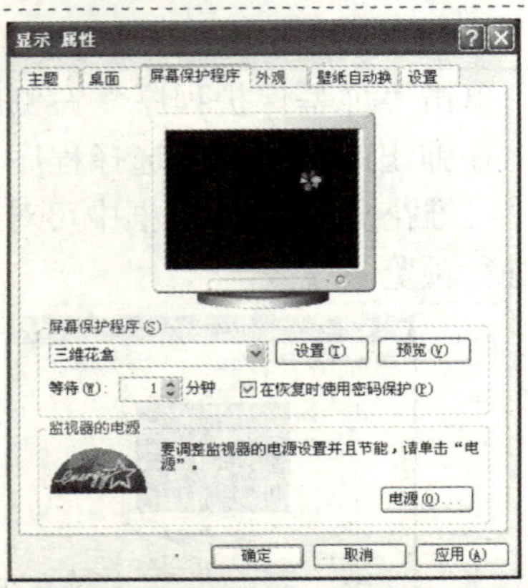

6 设置完毕后，单击“应用”和“确定”按钮，新的屏幕保护程序将应用到当前系统中。

• 更改桌面外观

更改显示外观就是更改桌面、消息框、活动窗口和非活动窗口等的颜色、大小、字体等。在默认状态下，系统使用的是 Windows 标准的颜色、大小、字体等设置。

1 在“显示 属性”对话框，单击“外观”选项卡，切换到“外观”选项面板。

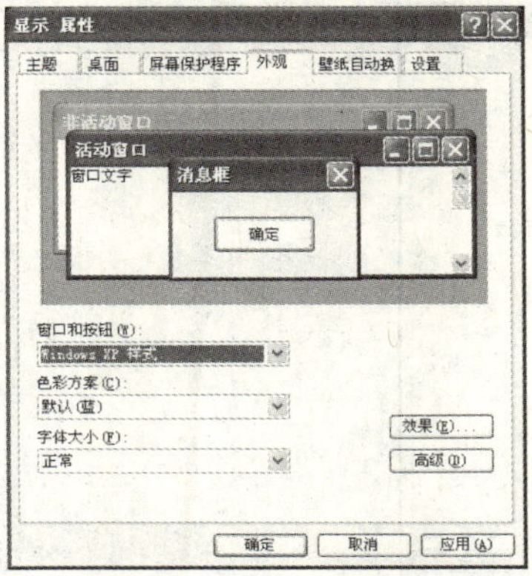

2 在该选项卡的“窗口和按钮”下拉列表中有“Windows 样式”和“Windows 经典”等多种样式选项。

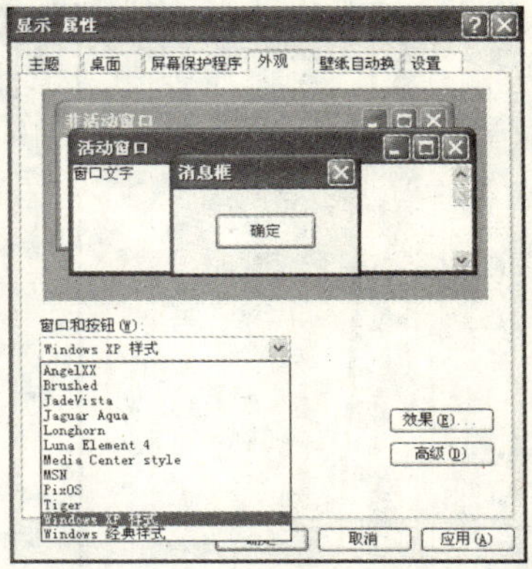

3 单击“效果”按钮，将弹出“效果”对话框，在该对话框中可进行显示效果的设置，设置完毕后，单击“确定”按钮返回到“外观”选项卡。

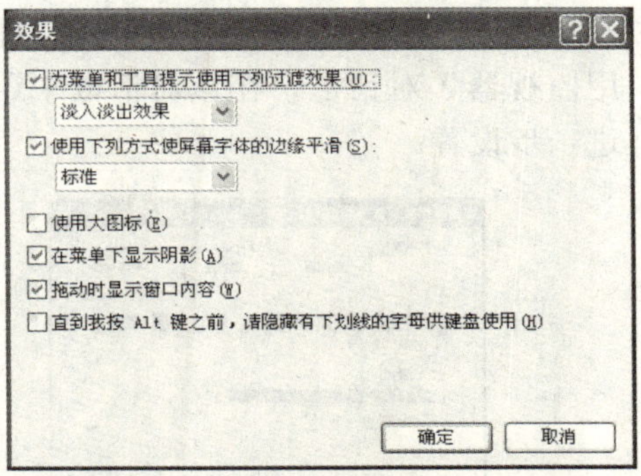

4 单击“高级”按钮，将弹出“高级外观”对话框，在该对话框的“项目”下拉列表中提供了所有可进行更改设置的选项，用户可单击显示框中需要更改的项目，设置完毕后，单击“确定”按钮返回到“外观”选项卡，再次单击“应用”和“确定”按钮即可应用设置。

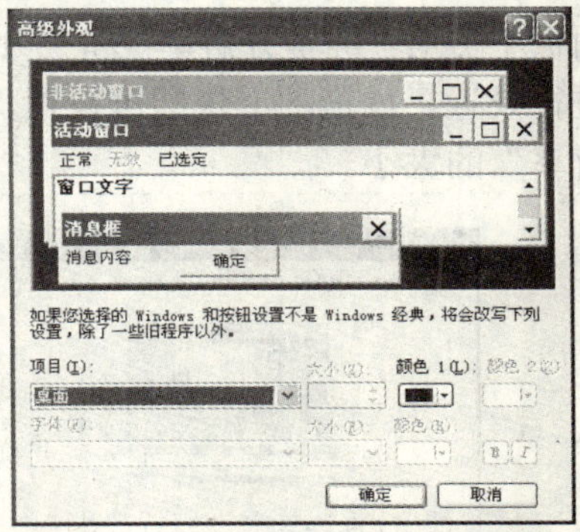

• 壁纸自动换

在 Windows XP 中可以设置自动更改壁纸，从而使用户的桌面更加美观大方。

在“显示 属性”对话框中，单击“壁纸自动换”选项卡，将切换到壁纸自动换选项面板，勾选“开启桌面壁纸自动换”复选框，其下方的选项呈亮色，即可进行设置，单击“浏览”按钮，在打开的对话框中选择一个包含需要作为桌面背景图片的文件夹为壁纸自动换的图片，在频率设置框中设置一定的时间频率进行自动更换桌面壁纸，设置完毕后，单击“应用”和“确定”按钮即可。

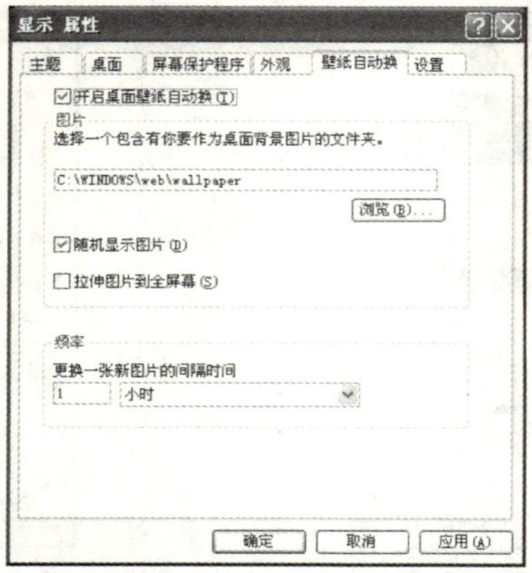

“显示 属性——壁纸自动换”对话框

• 设 置

系统分辨率是指显示器将屏幕中的一行和一列分别割成多少点。分辨率越高，屏幕的点就越多，可显示的内容也越多；反之，分辨率越低，可显示的内容就越少。在 Windows XP 中，可对系统的显示分辨率进行设置。

1 打开“显示 属性”对话框，单击“设置”选项卡，切换到“设置”面板。在此面板中可对“屏幕分辨率”和“颜色质量”进行设置。如拖动滑块即可设置“屏幕分辨率”的大小。

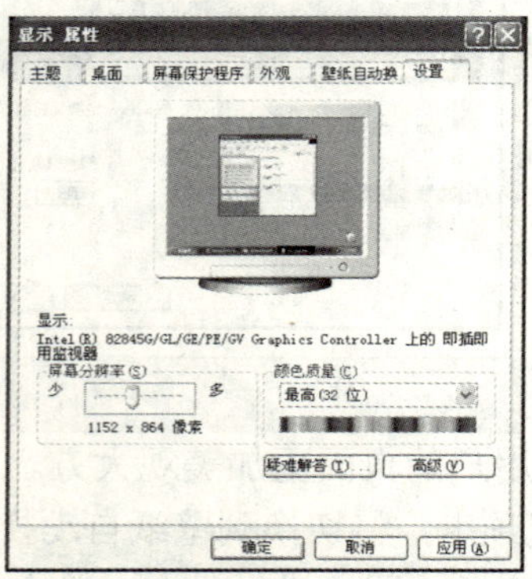

2 单击“颜色质量”下面的下拉箭头，在弹出的列表框中可选择需要的“颜色质量”。单击“高级”按钮，将弹出“即插即用监视器”对话框，在该对话框中还可以进一步设置。

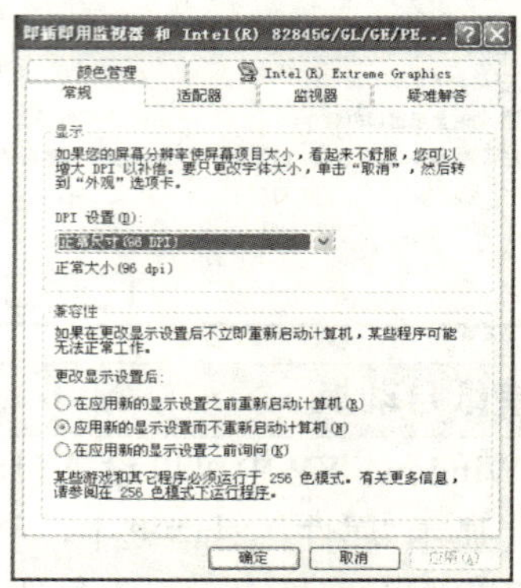

3 单击“适配器”选项卡，即可显示当前的“适配器类型”，单击“属性”按钮，在弹出的面板中将显示适配器的详细属性。

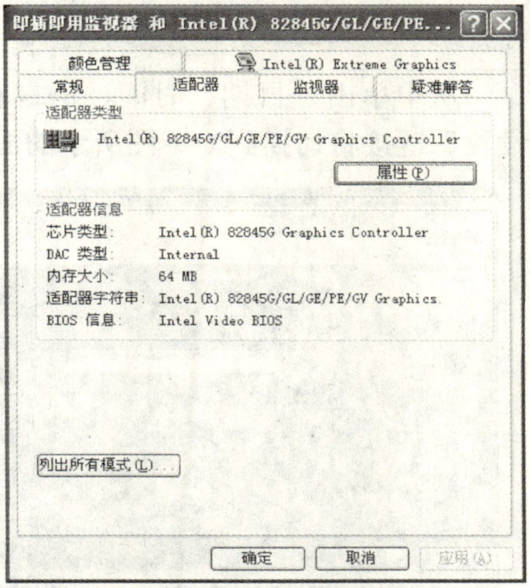

4 单击“监视器”选项卡，在“监视器设置”栏中可设置屏幕的刷新频率。

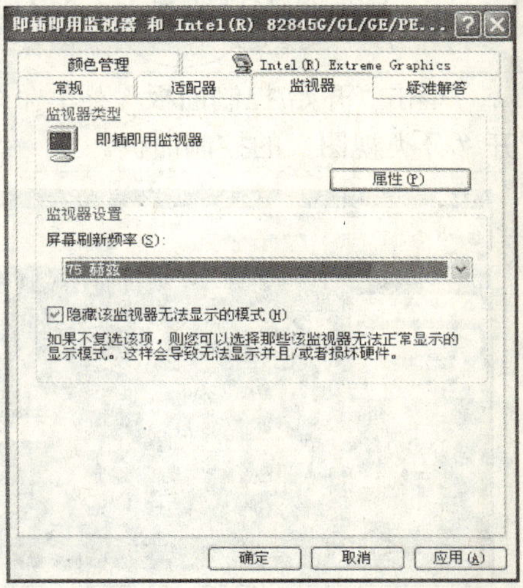

5 单击“疑难解答”选项卡，选择“启用写入合并”复选框，拖动滑块可以调整“硬件加速”功能的强弱。

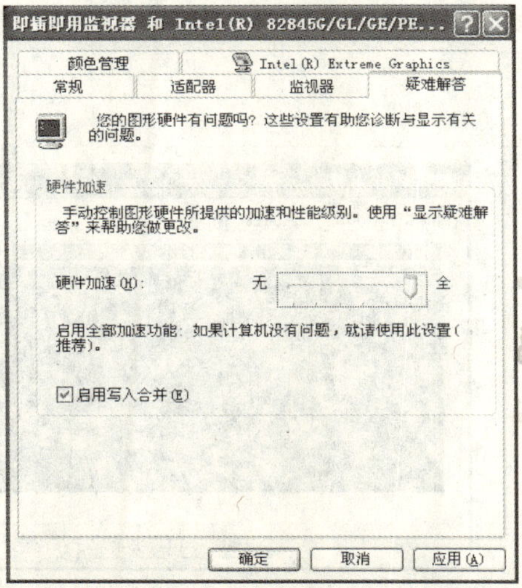

6 单击“颜色管理”选项卡，从中可对默认的颜色配置文件进行设置。

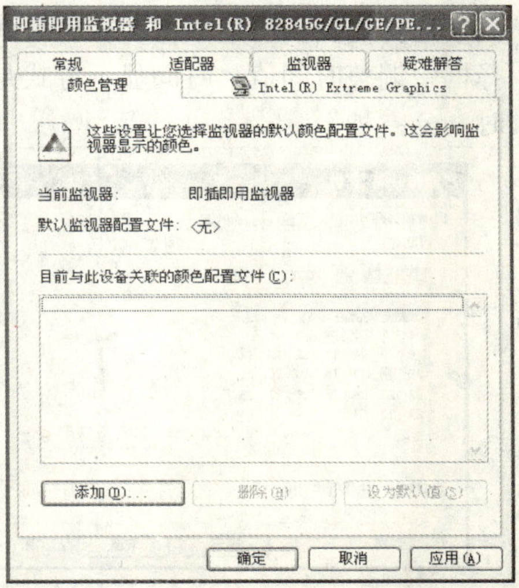

2.5.2 设置系统的日期和时间

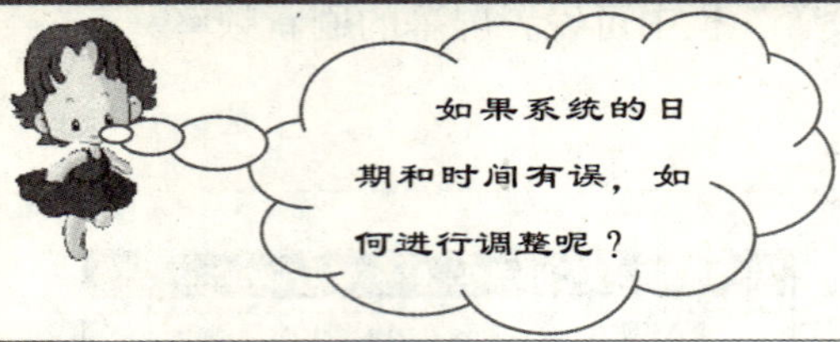

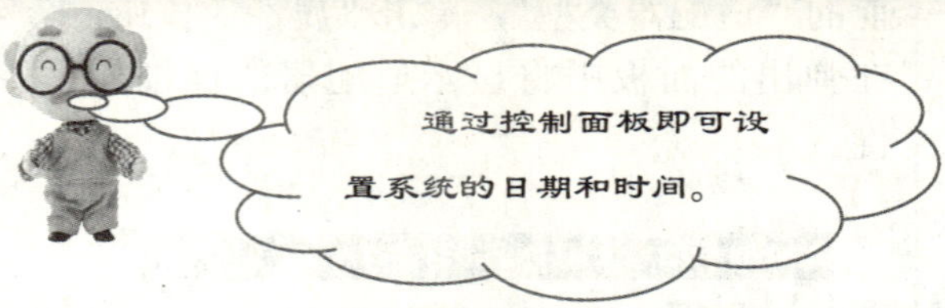

1 单击“开始/控制面板”菜单命令，打开“分类视图”的控制面板。

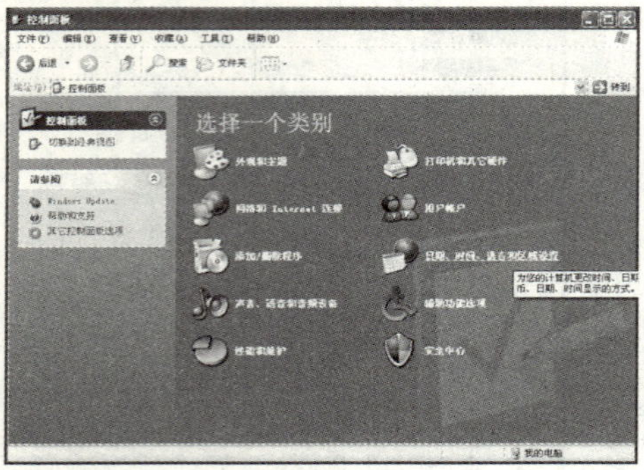

2 从中单击“日期、时间、语言和区域设置”链接将切换到如下图所示的面板。

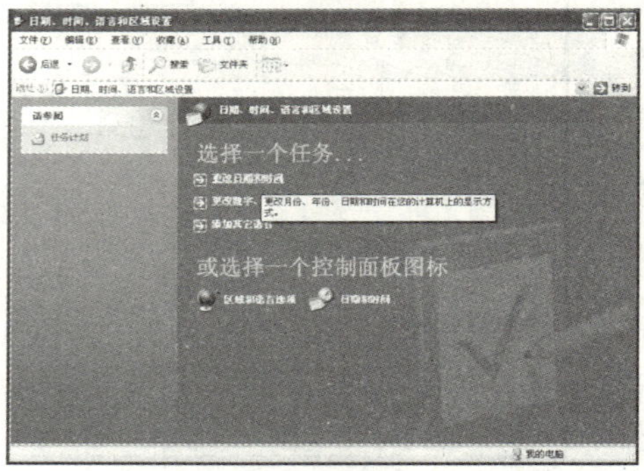

3 单击“更改日期和时间”链接，将弹出“日期和时间 属性”对话框，在“时间和日期”选项卡中的“日期（D）”栏中选择当前的月份和年代；在“日历”列表框中选择需要的日期数值；在“时间”选择框中调整时间值，时间显示方式是“小时：分：秒”。

4 单击“时区”选项卡，从中可选择用户所在的时区；单击“Internet 时间”选项卡，从中可设置与某服务器上的时间同步更新，设置完毕后，单击“确定”按钮即可。

2.5.3 鼠标和键盘的设置

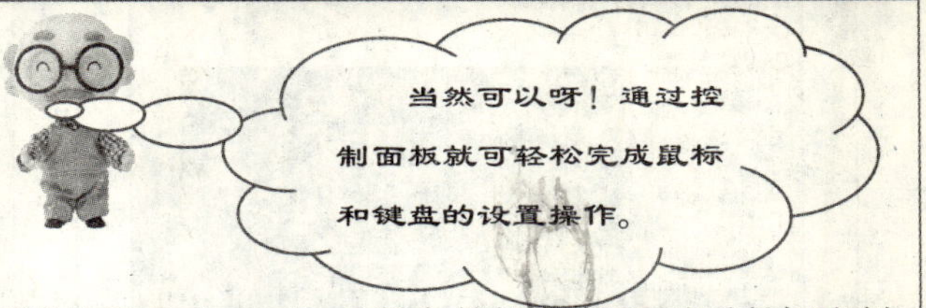

鼠标和键盘是操作电脑过程中使用最频繁的设备之一，几乎所有的操作都要用到鼠标和键盘。在安装 Windows XP 时系统已自动对鼠标和键盘进行了设置，但这种默认的设置可能并不符合用户个人的使用习惯，这时用户可以按个人的喜好对鼠标和键盘进行一些调整。

·鼠标的设置

在 Windows 中可以根据自己的左手习惯或右手习惯来设置鼠标按钮；设置鼠标的双击速度；设置鼠标指针的移动速度；设置鼠标指针的形状；设置鼠标指针的拖动轨迹。

1 单击“开始/控制面板”即可打开“分类视图”的控制面板，从中单击“打印机和其他硬件”链接。

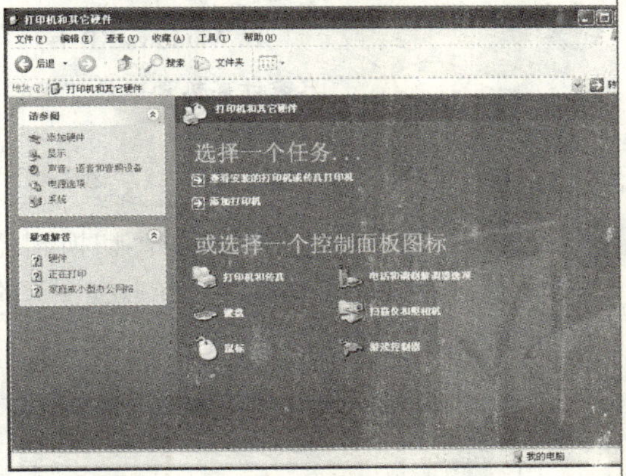

2 从中单击“鼠标”链接，将打开“鼠标 属性”对话框，该对话框中有五个选项卡，在各选项卡中根据自己的需要进行适当的设置后，单击“确定”按钮即可。

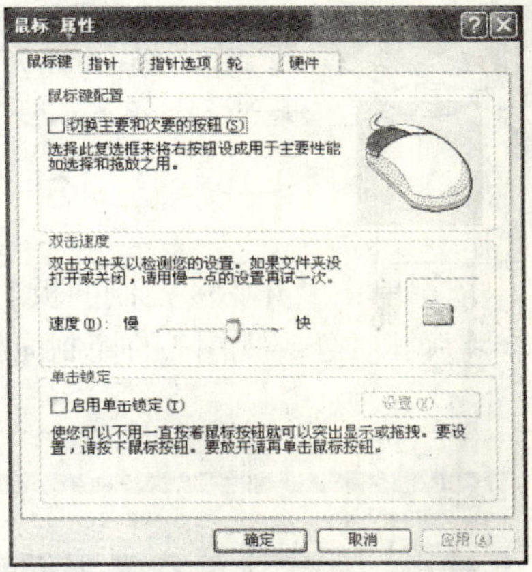

·键盘的设置

键盘设置的操作步骤：

1 单击“开始/控制面板”即可打开“分类视图”的控制面板，从中单击“打印机和其他硬件”链接。

2 从中单击“键盘”链接，将打开“键盘 属性”对话框，根据选项内容选择设置，设置完毕后单击“确定”按钮即可。

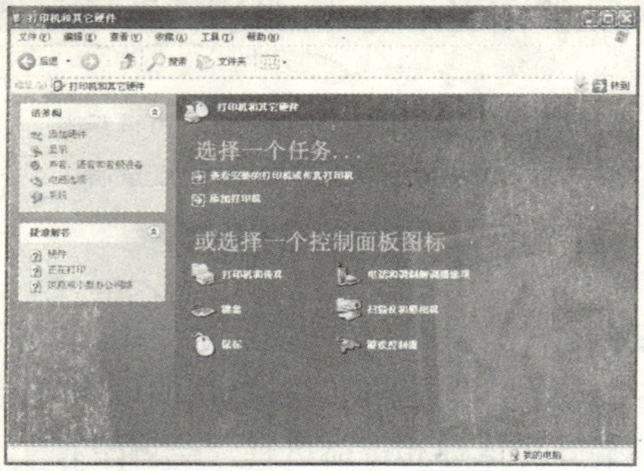

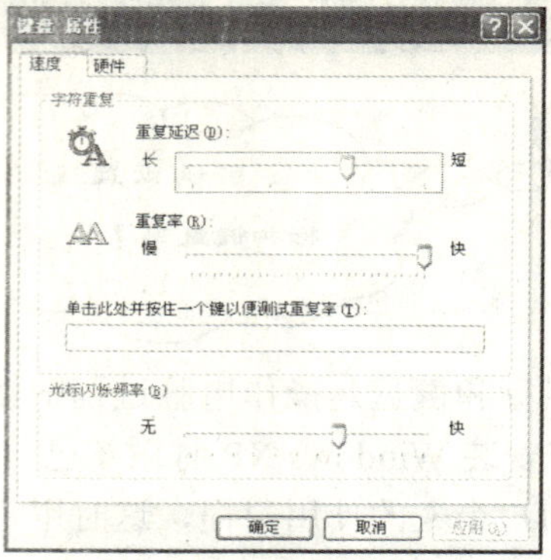

2.6 管理 Windows XP 用户账户

Windows XP 可以设置多个用户账户，这样多个用户使用同一台电脑时，可以保留各自对 Windows XP 环境所作的设置，使用户能相对独立地拥有个性化的工作和娱乐空间。在 Windows XP 中的用户账户类型有 3 种：计算机管理员账户、受限账户和来宾账户。

2.6.1 创建账户

是不是任何用户
都可以创建账户呀？

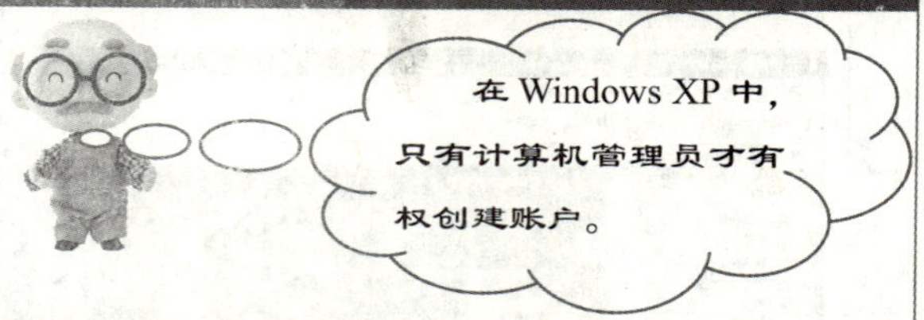
在 Windows XP 中，
只有计算机管理员才有
权创建账户。

1 依次单击“开始 / 控制面板”菜单命令，将弹出“分类视图”的控制面板窗口。

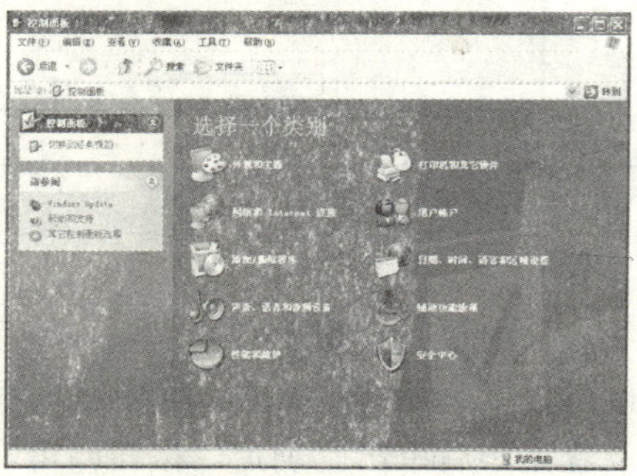

2 单击窗口左边区域中的“切换到经典视图”链接，即可切换到“经典视图”的控制面板窗口。

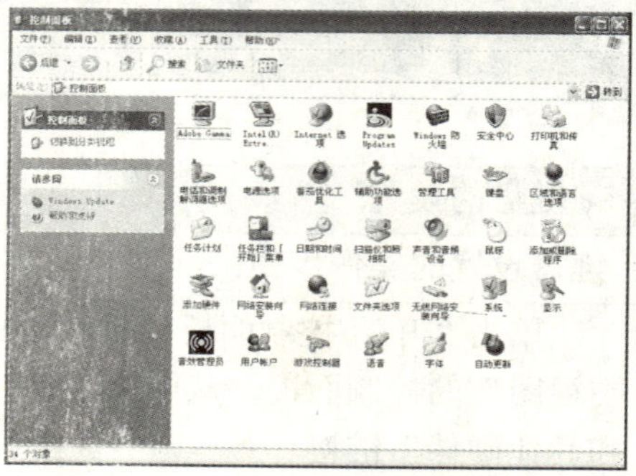

3 在“分类视图”的控制面板窗口中单击“用户账户”链接，弹出“用户账户”面板。

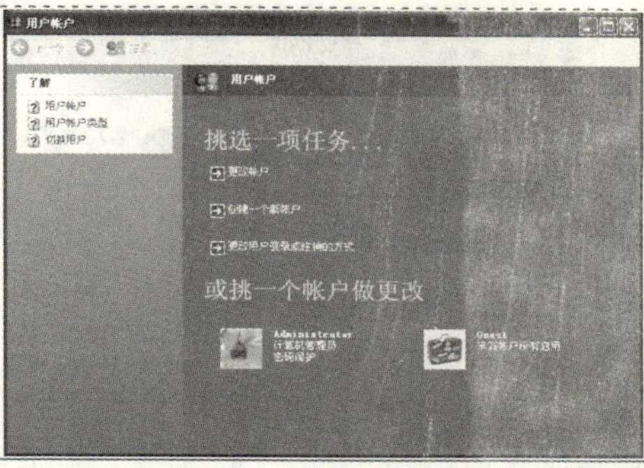

4 单击“创建一个新账户”按钮，将弹出下图所示的面板，在“为新账户键入一个名称”下面的文本框中键入“luolan”。

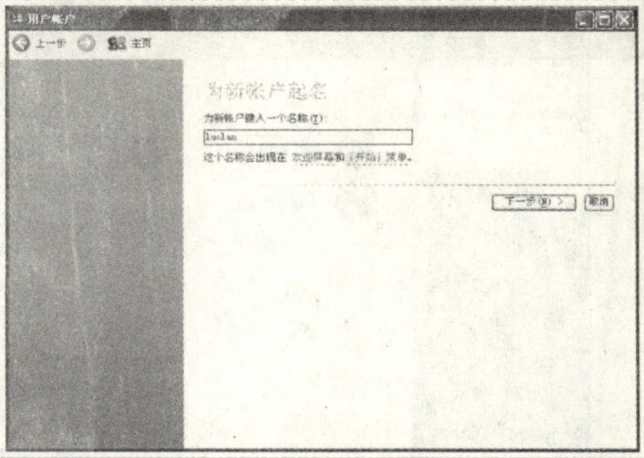

5 单击“下一步”按钮，在该面板中可根据需要选择“账户”类型。

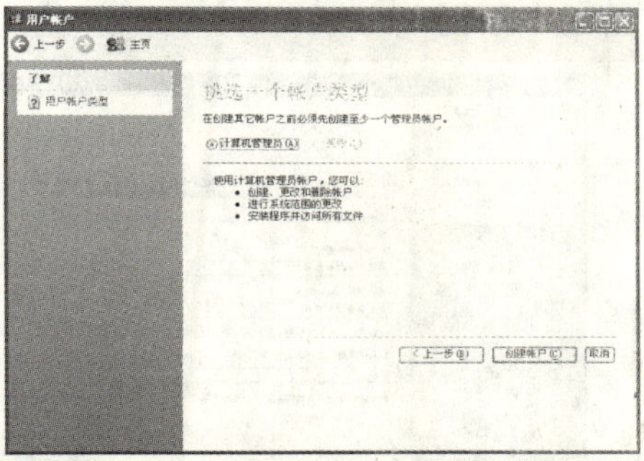

6 单击“创建账户”按钮即可创建一个名为“luolan”的新账户。

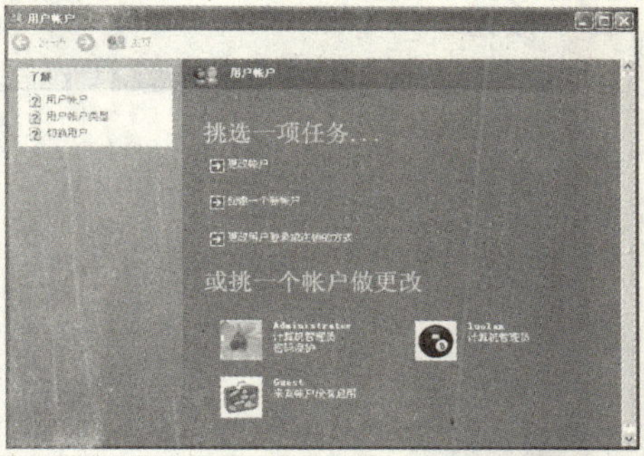

提示：

在一台计算机上可以创建多个“计算机管理员”账户和“受限”账户。在启动后的“账户”选择界面中，将显示这些“账户”，而最初的名为“Administrator”的计算机管理员账户不会显示在“账户”选择界面中，只有进入“安全模式”才会显示“Administrator”计算机管理员账户。

2.6.2 更改账户

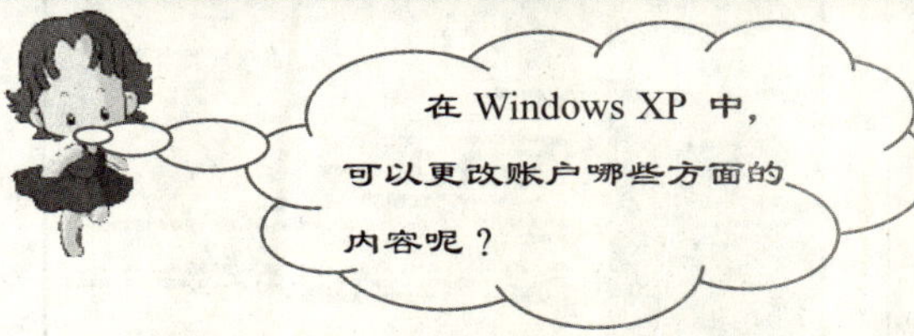

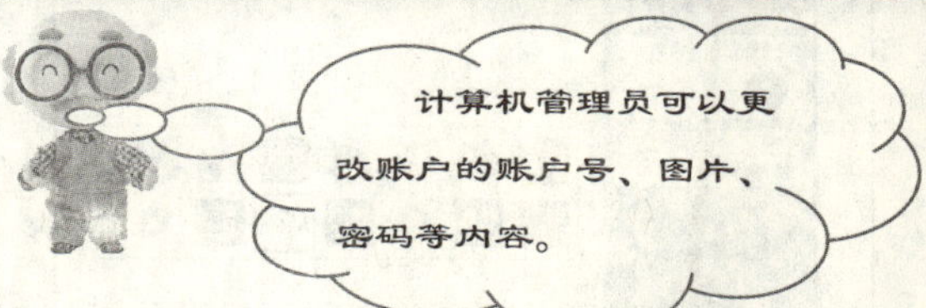

“计算机管理员”账户可以更改其他账户的“账户名”、“图片”、“密码”和“删除账户”等操作。同时，“计算机管理员”账户还可以更改或删除其他“计算机管理员”账户，这样就很容易丢失文件，因此，在一台计算机中最好只设置一个或两个“计算机管理员”账户。

1 在“分类视图”的控制面板窗口中单击“用户账户”链接，弹出“用户账户”面板，从中单击“更改账户”链接。

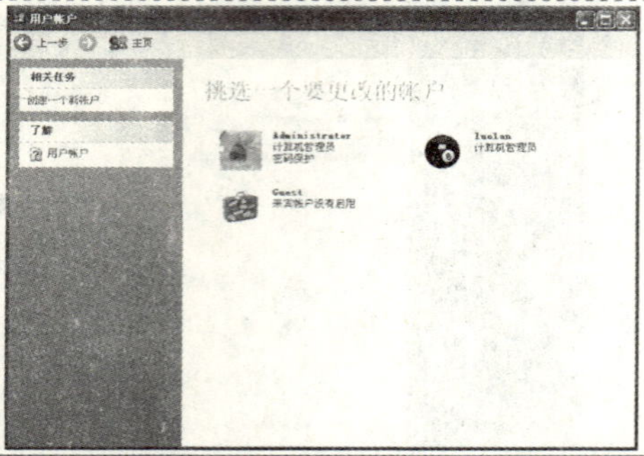

2 在弹出的面板中单击计算机管理员账户“luolan”。

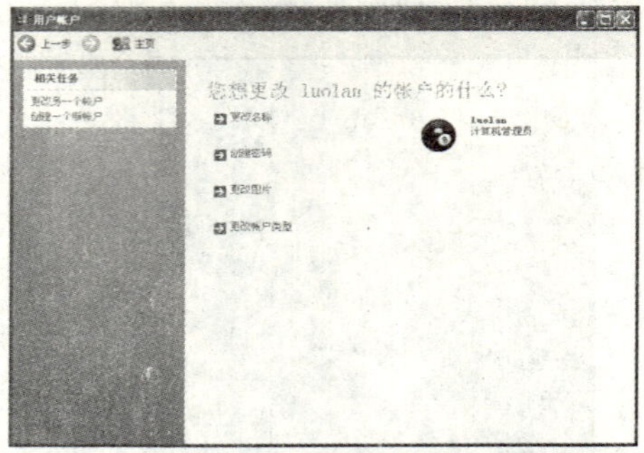

3 单击“更改名称”链接，在弹出的面板中键入“luominlan”，并单击“改变名称”按钮。

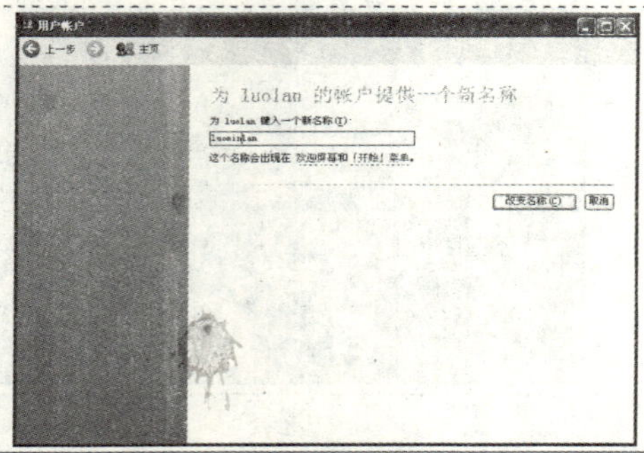

4 单击“创建密码”链接，在弹出的面板中键入密码及密码提示，并单击“创建密码”按钮。

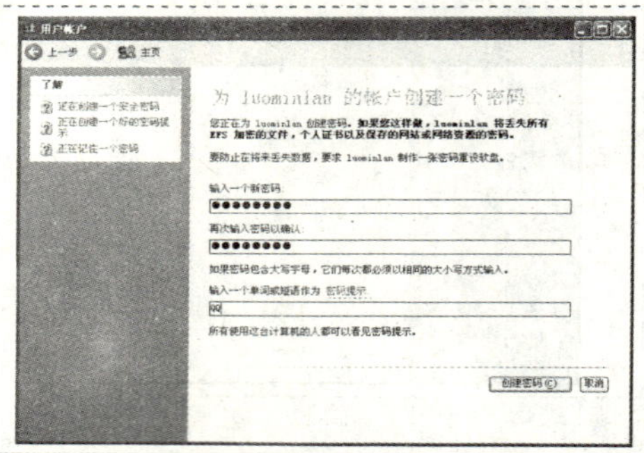

5 单击“更改图片”链接，在弹出的面板中选择一个图片，并单击“更改图片”按钮。

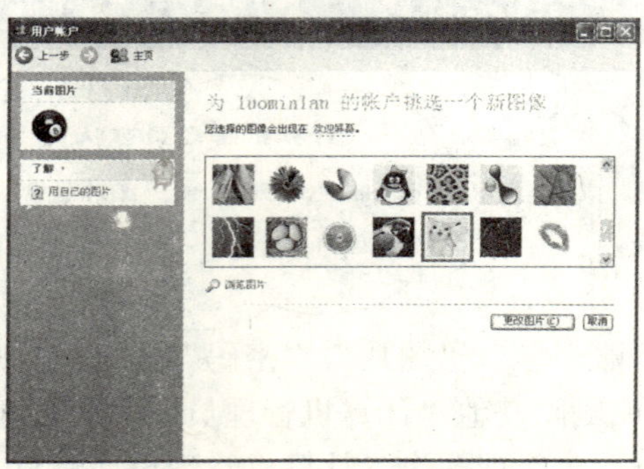

6 单击“更改账户类型”链接，在弹出的面板中选择需要更改的账户类型，并单击“更改账户类型”按钮。

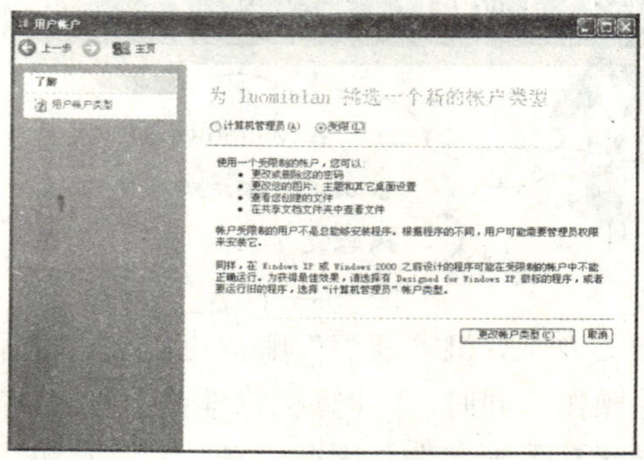

7 单击“删除账户”按钮，在弹出的面板中根据需要选择“保存文件”或“删除文件”，如单击“删除文件”按钮，即可删除“luominlan”账户的所有文件。

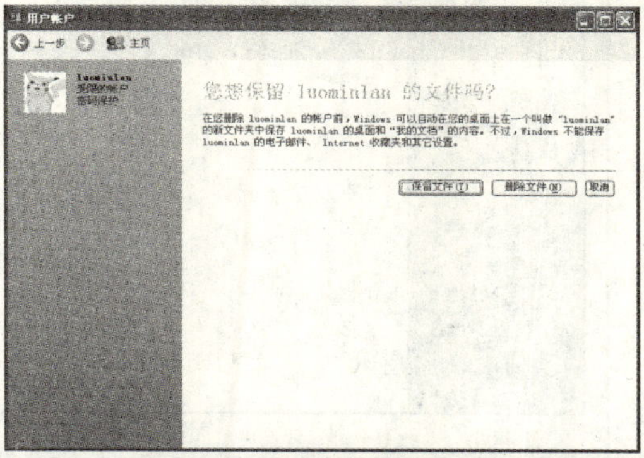

提示：

在更改账户类型前，必须指定此计算机上另一用户作为管理员账户，也就是说必须保证计算机中至少有一个管理员账户。

2.6.3 来宾账户

计算机管理员不可能为每一个临时使用计算机的用户都创建一个账户，为了方便其他人对计算机的使用，可以启用来宾账户。

1 进入“用户账户”主页。

2 单击“Guest”图标，在弹出的面板中单击“启用来宾账户”按钮。

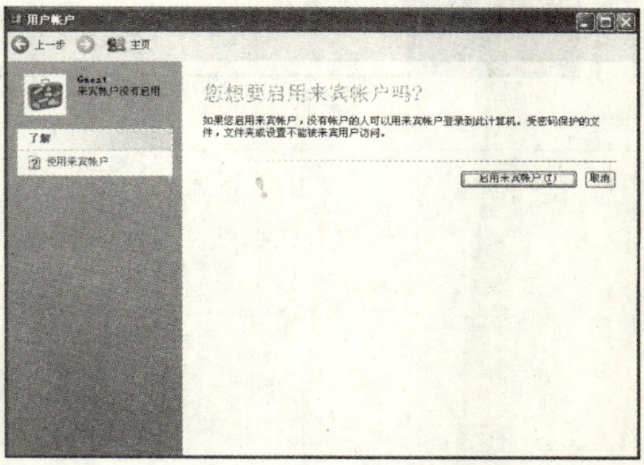

3 启用来宾账户后其图标呈亮色显示。

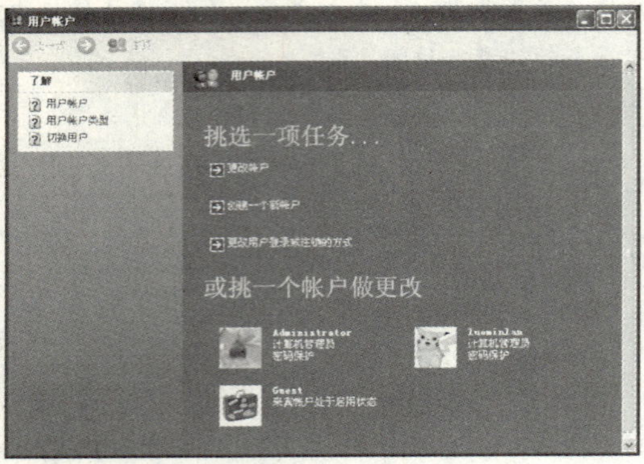

4 单击“Guest”账户，在弹出的面板中单击“更改图片”按钮。

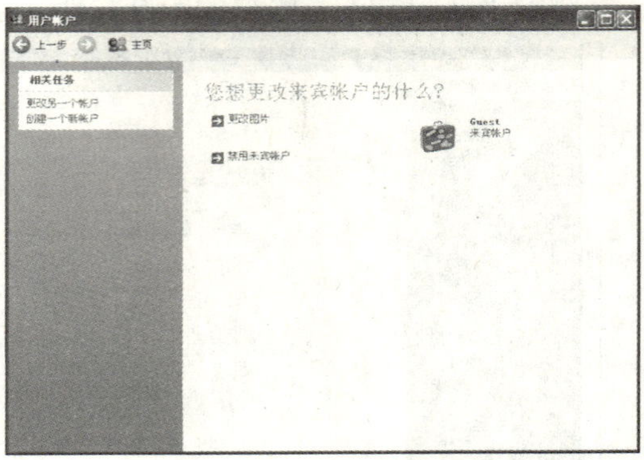

5 选择一个图片，并单击“更改图片”按钮。

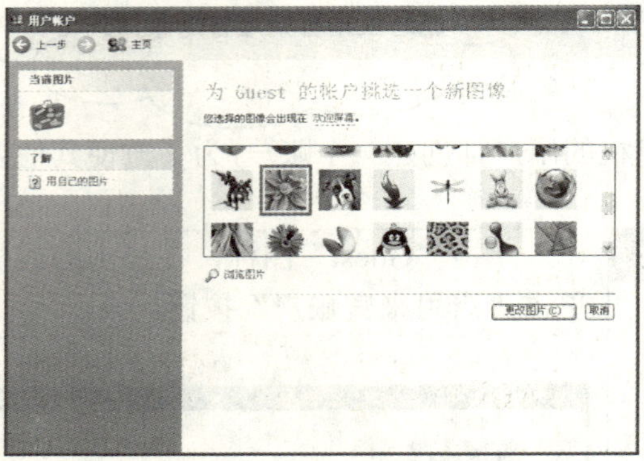

6 返回到“用户账户”主页，即可看到“Guest”账户的图片更改后的效果。

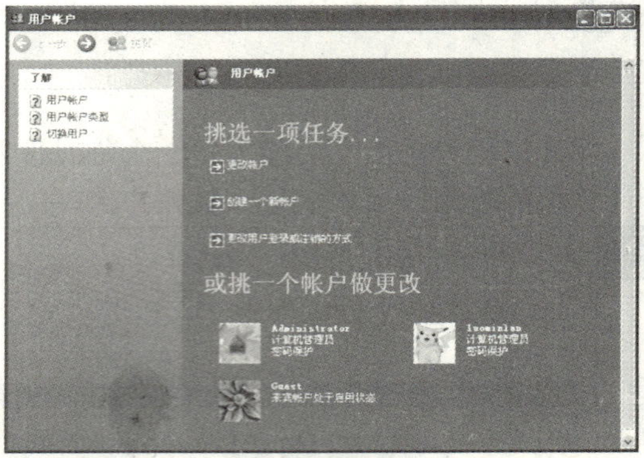

电脑即学即用

教你学电脑

第3章 中文输入法

本 章 要 点:

- ◆ 认识键盘的键位分布
- ◆ 键盘的使用方法
- ◆ 输入法基础
- ◆ 智能 ABC 输入法
- ◆ 五笔字型输入法

电脑博士，如何对对象进行组织和排列呢？

小丽，电脑的一个基本功能是进行文档处理等办公自动化操作，这就要求进行文字的输入。在本章将对几种常见的中文输入法进行介绍。

3.1 认识键盘的键位分布

键盘是电脑的重要输入设备之一，它负责字符的输入。数据都可通过键盘输入到电脑中。通过键盘还可以控制电脑的运行，如热启动、命令中断、命令暂停等操作。

键盘是由一组按键开关组成的。键盘是电脑应用中最基本的输入设备，用户给电脑下达各种命令、程序和数据都需要通过键盘输入到电脑中。

3.1.1 认识键盘

键盘分为哪几个区域呢？
根据功能键盘可分为主键盘区、功能键区、编辑键区和数字键区 4 个区域。

键盘有 101 键、103 键、104 键、107 键和 108 键等规格，现在流行的微机键盘是 104 和 107 键盘。在本书中以 107 键盘进行讲解，键盘由不同功能的按键组成，根据其功能可分为主键盘区、功能键区、编辑键区和数字键区 4 个区域。

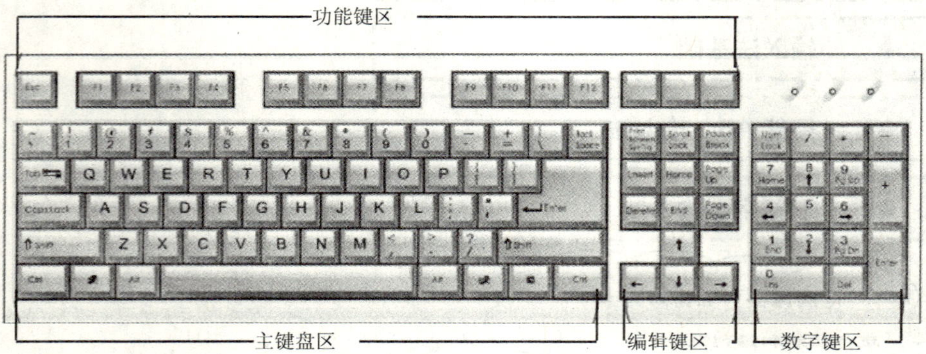
功能键区
主键盘区
编辑键区
数字键区

键盘结构

3.1.2 键盘的键位分布

键盘各区域的作用是什么呢？
通过键盘各区域可管理计算机，接下来将学习各区域的作用。

1 **主键盘区**：主键盘区主要用于常用命令的输入，是使用频率最高的区域，包括字符键（26 个英文字母键、10 个数字键、标点符号键）和控制键。

2 **功能键区**：功能键位于键盘的上方，主要功能是完成一些特殊的任务和工作。

3 **编辑键区**：编辑键区的主要功能是移动光标，在文字编辑时经常用到。

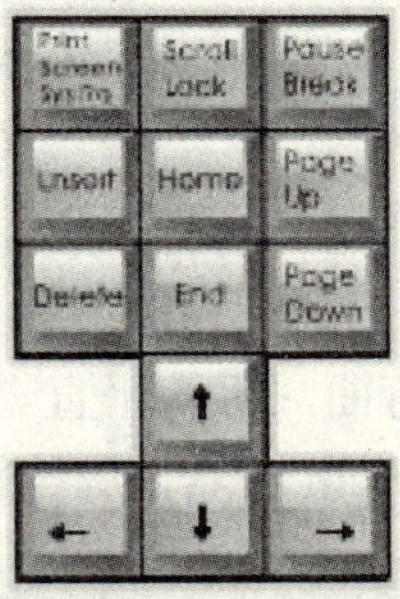

4 **数字键区**：数字键区又称为小键盘区，主要用于快速输入数字和进行光标移动控制。当要使用数字键区输入数字时，应先按下 Num Lock（数字锁定）键，将数字键区锁定为数字状态；若需再转换成光标移动控制状态，再按一下此键即可。

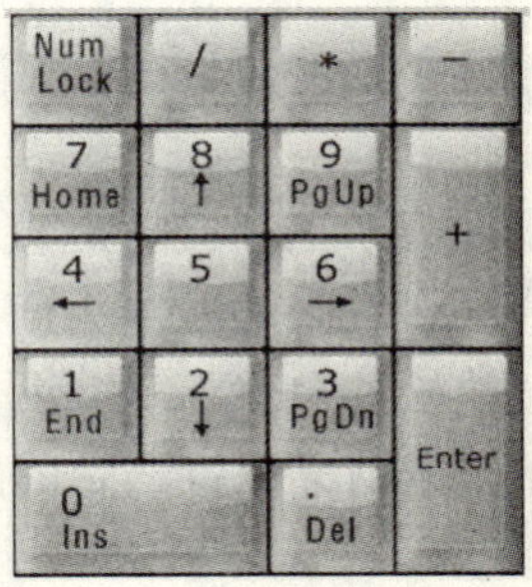

3.2 键盘的使用方法

要熟练操作键盘，需掌握各个手指的键位分工，培养按键的感觉，这样才能加快字符输入的速度，为学好电脑打下基础。

3.2.1 正确的打字姿势

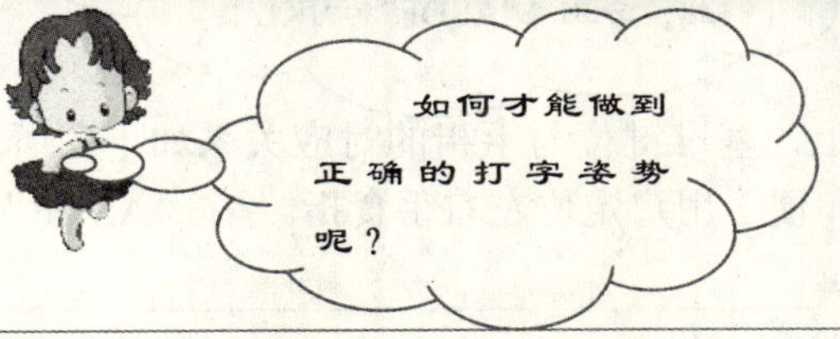

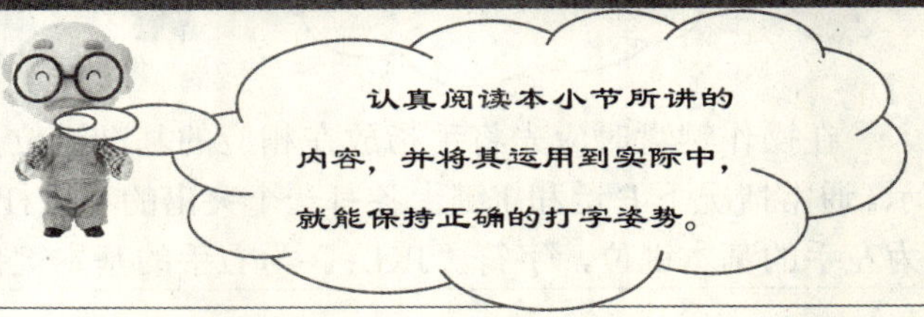

在进行键盘打字操作时，对操作者的坐姿要求是身坐正，脚放平，胸与键盘的距离约为20cm。

正确的坐姿

正确的打字姿势可以提高打字速度，减少疲劳程度。要做到正确的打字姿势，需注意以下几点：

- 平坐在椅子上，腰背挺直，上身保持挺直，身体正对键盘。两脚平放在地上，脚放平，两脚适当分开，双脚的距离为肩宽。
- 两臂放松并自然下垂，两肘轻贴于腋边，肘关节垂直弯曲，手腕平直。
- 身体与电脑桌保持一定的距离，眼睛应距显示器屏幕30cm左右，胸与键盘的距离应保持约20cm。
- 录入文字时，文稿应放在键盘左边，手指稍弯曲并放在键盘的基准键位上，左右手的拇指轻放在空格键上。

3.2.2 手指的基准键位

手指的基准键
位有哪些呢？
键盘中有8个基准键位，
每个基准键位都对应一根手
指，分别是“ASDF”和“JKL”。

在操作键盘时应先将手指放在相应的基准键位上，基准键位与手指的对应关系如下图所示。通常情况下F键和J键上各有一个突出的小横杠，便于用户定位左右手食指。字符“ASDF”为左手的基本键位，字符“JKL；”为右手的基本键位。

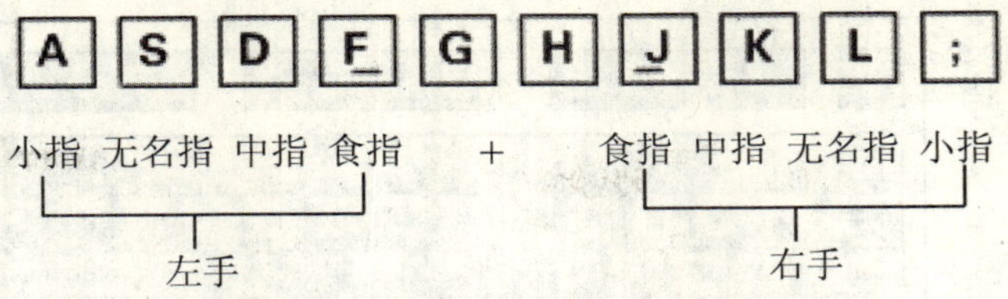
A S D F G H J K L ;
小指 无名指 中指 食指
+
食指 中指 无名指 小指
左手
右手

键盘基本键位

准备开始打字时，应该把左手食指放在 F 键上，中指放在 D 键上，无名指放在 S 键上，小指放在 A 键上；右手食指放在 J 键上，中指放在 K 键，无名指放在 L 键上，小指放在“；”键上。同时双手大拇指放在空格键上。每当击键结束时，手指要返回到基本键位置。

手指位置

3.2.3 手指的键位分工

手指的键位分工是什么意思呢？
手指的键位分工就是把键盘上的键位合理地分配给 10 个手指，使每个手指在键盘上都有明确的“管辖区域”。

若要在计算机上输入信息又准又快，就要养成良好的姿势，熟练地掌握打字指法。双手十指要充分地利用起来，每个手指在键盘都有明确的分工。

手指的键位分工就是把键盘上的键位合理地分配给 10 个手指，使每个手指在键盘上都有明确的“管辖区域”。除拇指外，其余 8 个手指各有一定的活动范围，把字符键位划分成 8 个区域，每个手指负责一个区域字符的输入，键盘上各主要键位与手指的分配关系如下图所示。

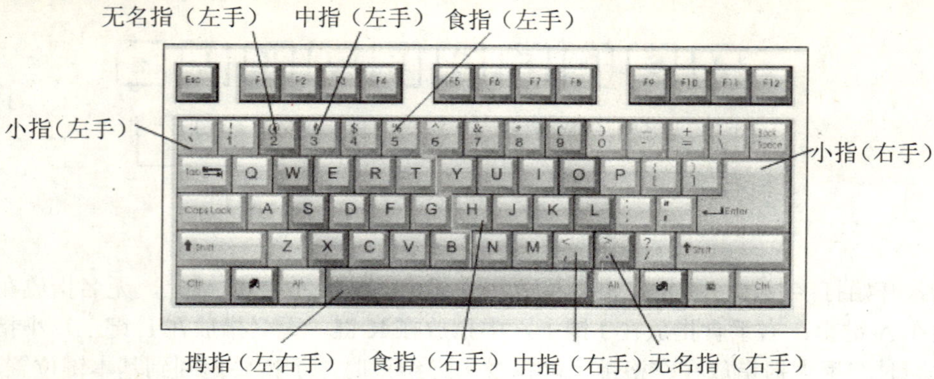
无名指（左手）
中指（左手）
食指（左手）
小指（左手）
小指（右手）
拇指（左右手）
食指（右手）
中指（右手）
无名指（右手）

手指的键位分工

3.2.4 击键的方法

如何才能做到正确地击键呢？
通过本小节的学习，你将会了解到如何正确地击打键盘，从而准确、快速地输入信息。

掌握了手指的键位分工后，就可以开始进行击键练习了，在击键过程中应掌握以下几条规则，以便于准确、快速地输入。

- 手腕平直，胳臂应尽可能保持不动。
- 按照正确的手指键位分工进行击键。
- 击键时以手指指尖垂直向键位用力，并迅速返回相应的基准键位。
- 当一只手击键时，另一只手应尽量在基准键位上保持不动。
- 击键不可用力过猛，不要长时间地按住一个键不放。

3.2.5 养成盲打的习惯

如何才能养成盲打的习惯呢？
接下来将向你介绍一些快速学会盲打的技巧，将这些技巧合理的运用即可养成盲打的习惯。

要做到击键快速准确，我们要勤于练习并养成盲打习惯。盲打就是不看键盘进行字符的输入，对于初学者来说，盲打可能很难。下面给初学者提供一些快速学会盲打的技巧。

- 首先熟悉键盘上各键位的分布情况，用户可通过记忆 26 个字母的方法来熟悉键位分布，从键盘字母键的最上方一排开始，以 5 个字母为一组进行记忆。

• 练习输入 26 个英文字母 A~Z，重复输入，很快就能记住各字母的分布情况。

• 善于利用基准键位，在按完某个键后，左、右食指习惯性地触摸 F、J 键上的小横杠，这样即使不看键盘，也能准确定位手指。

3.3 输入法基础

文字的输入是电脑操作的一项基本技能，向电脑输入指令、上网聊天、写日记等都离不开它，要输入文字就得靠输入法来完成，Windows XP 提供了多种输入法，只要用户会汉语拼音就能输入汉字到电脑中，并且很容易掌握。

3.3.1 输入法概述

汉字输入法分
为哪几类呢？
目前，汉字输入方法
可分为两大类：键盘输入
法和非键盘输入法。

电脑的一个基本功能就是进行文档处理等办公自动化操作，这就要求进行文字的输入。电脑使用者要将汉字输入到电脑，就要使用汉字输入法，目前，汉字输入方法可分为两大类：键盘输入法和非键盘输入法。

1．键盘输入法

键盘输入法，就是利用键盘，根据一定的编码规则来输入汉字的一种方法。

英文字母只有 26 个，它们对应着键盘上的 26 个字母，所以，对于英文而言是不存在什么输入法的。汉字的字数有几万个，它们和键盘是没有任何对应关系的，但为了向电脑中输入汉字，我们必须将汉字拆成更小的部件，并将这些部件与键盘上的键产生某种联系，才能使我们通过键盘按照某种规律输入汉字，这就是汉字编码。

目前，汉字编码方案已经有数百种，其中在电脑上已经运行的就有几十种，作为一种图形文字，汉字是由字的音、形、义来共同表达的，汉字输入的编码方法，基本上都是采用将音、形、义与特定的键相联系，再根据不同汉字进行组合来完成汉字的输入的。中文输入法大致可分为以下几类：

（1）对应码：这种输入方法以各种编码表作为输入依据，因为每个汉字只有一个编码，所以重码率几乎为零，效率高，可以高速盲打，但缺点是需要的记忆量极大，而且没有什么太多的规律可言。常见的流水码有区位码、电报码、内码等，一个编码对应一个汉字。

（2）音码：这类输入法是按照拼音规定来进行汉字输入的，不需要特殊记忆，符合人的思维习惯，只要会拼音就可以输入汉字。例如，全拼双音、双拼双音、全拼、双拼、智能 ABC 等。

（3）形码：形码是按汉字的字形（笔画、部首）来进行编码的。汉字是由许多相对独立的基本部分组成的，例如，“好”字是由“女”和“子”组成，“助”字是由“且”和“力”组成，这里的“女”“子”“且”“力”在汉字编码中称为字根或字元。最常用的形码有五笔字型、表形码、码根码等。

（4）音形码：音形码吸取了音码和形码的优点，将二者混合使用。常见的音形码有郑码、钱码、丁码等。

（5）混合输入法：为了提高输入效率，某些汉字系统结合了一些智能化的功能，同时采用音、形、义多途径输入。以万能五笔为例，它包含五笔、拼音、中译英、英译中等多种输入法。

2．非键盘输入法

无论多好的键盘输入法，都需要使用者经过一段时间的练习才可能达到基本要求的速度，至少用户的指法必须很熟练才行，对于并不是专业电脑使用者来说，多少会有些困难。所以，现在有许多人想另辟蹊径，不通过键盘而通过其他途径，省略了这个练习过程，让所有的人都能轻易地输入汉字。我们把这些输入法统称为非键盘输入法。

非键盘输入方式无非是手写、听、听写、读听写等方式。但由于组合不同、品牌不同，分为下面几类：手写笔、语音识别、手写加语音识别、手写语音识别加 OCR 扫描阅读器。

（1）手写输入法

手写输入法是一种笔式环境下的手写中文识别输入法，符合中国人用笔写字的习惯，只要在手写板上按平常的习惯写字，电脑就能将其识别显示出来。

（2）语音输入法

语音输入法，顾名思义，是将声音通过话筒转换成文字的一种输入方法。语音识别以 IBM 推出的 ViaVoice 为代表，国内则推出 Dutty ++语音识别系统、天信语音识别系统等。

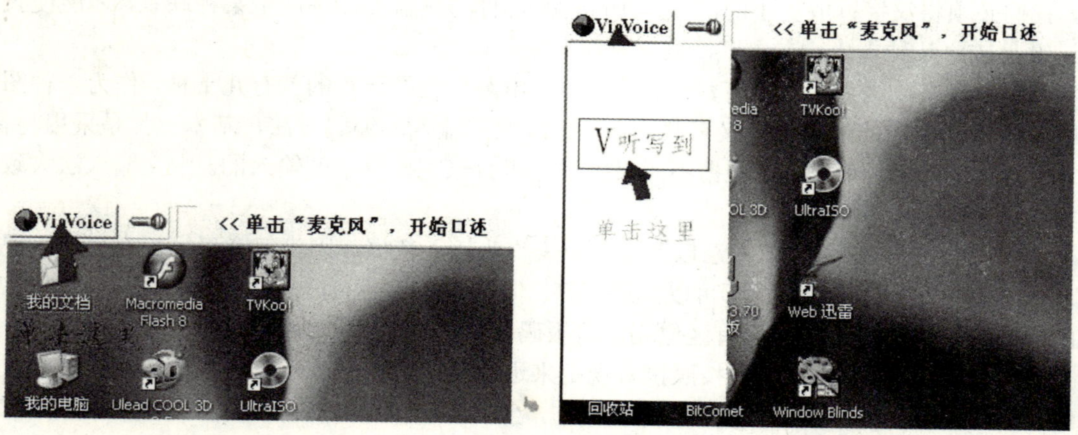

IBM 语音输入

（3）OCR 简介

OCR，叫做光学字符识别技术，它要求首先把要输入的文稿通过扫描仪转化为图形才能识别，所以，扫描仪是必需的，而且原稿的印刷质量越高，识别的准确率就越高，一般最好是印刷体的文字，比如图书、杂志等，如果原稿的纸张较薄，那么有可能在扫描时纸张背面的图形、文字也透射过来，干扰最后的识别效果。

（4）混合输入法

手写加语音识别的输入法有汉王听写、蒙恬听写王系统等，慧笔、紫光笔等也添加了这种功能。语音手写识别加 OCR 的输入法有汉王“读写听”、清华“录入之星”中的 B 型和 C 型等。

3.3.2 输入法的基本操作

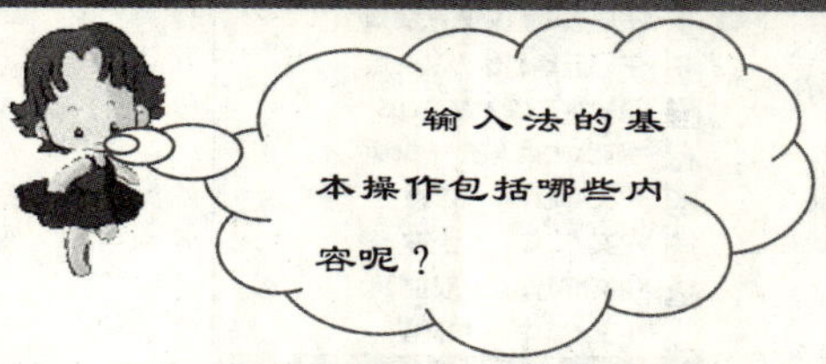
输入法的基本操作包括哪些内容呢？

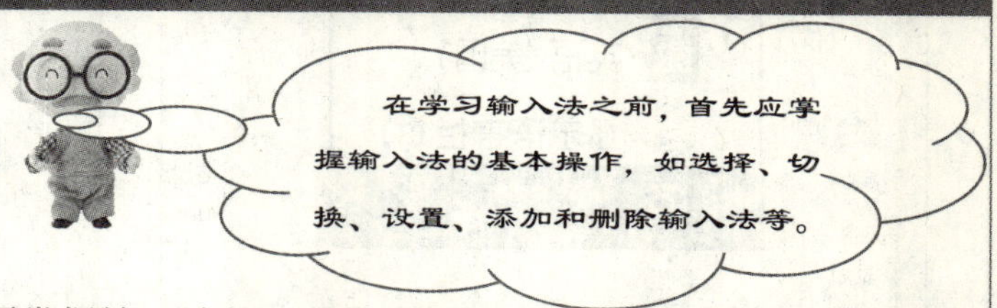
在学习输入法之前，首先应掌握输入法的基本操作，如选择、切换、设置、添加和删除输入法等。

在使用输入法输入文字之前，必须掌握输入法的一些基本操作方法，如选择输入法、切换输入法、添加和删除输入法、安装输入法等操作。

• 选择输入法

输入汉字前，必须先选择一种汉字输入法。虽然不同的输入法的使用方法不一样，但是这些输入法的选择方法都是一致的。

安装 Windows 操作系统后，屏幕右下角任务栏中会有一个中文输入法状态图标 CH ，单击这个图标会弹出输入法选择菜单。

1 单击桌面任务栏上的输入法图标 ，在打开输入法列表中，选择需要的输入法选项。

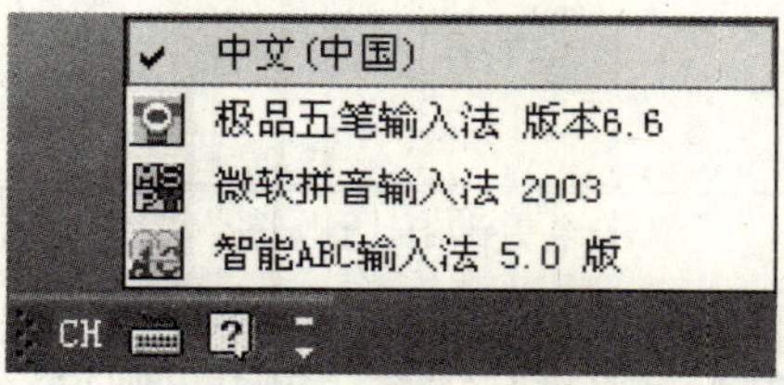
中文(中国)
极品五笔输入法 版本6.6
微软拼音输入法 2003
智能ABC输入法 5.0 版
CH

2 选择输入法后，在界面的左下角，即“开始”按钮的上方，就会出现选中输入法的状态栏。

提示：

也可以按快捷键“Ctrl+Shift”来进行输入法的选择，不过这种选择方法是按顺序来选择输入，如果前面没选择合适的则可以继续按该快捷键来选择，直到合适为止。

• 切换并设置输入法

切换输入法有两种方法：其一是单击任务栏中的输入法按钮，在弹出的菜单中选择各个输入法即可；其二是通过切换输入法热键来实现不同输入法之间的切换。

1 单击任务栏中的中文输入法按钮CH，如需切换到英文输入法，单击“EN 英语（美国）”即可。

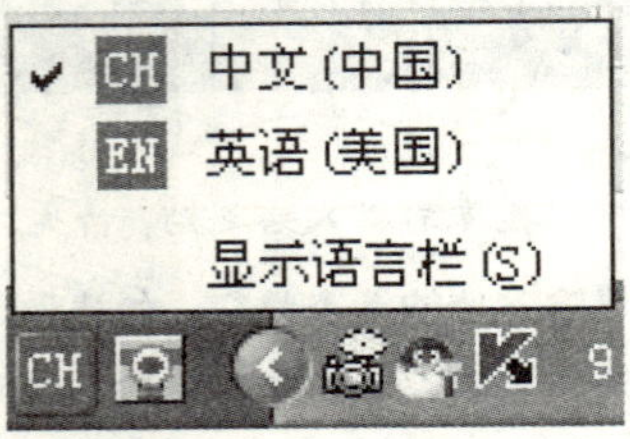

2 如当前输入法状态为中文输入法，单击任务栏中的小键盘图标，弹出已添加的所有中文输入法。单击需要切换到的输入法，即可完成输入法的切换操作。

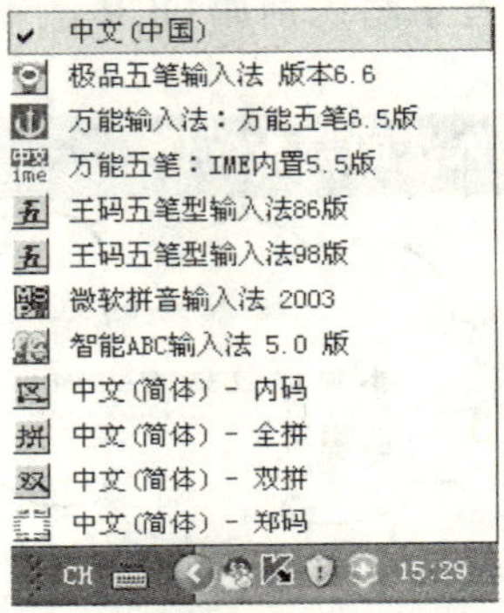

3 在“任务栏”中输入法按钮上单击鼠标右键，在弹出的菜单中选择“设置”命令。

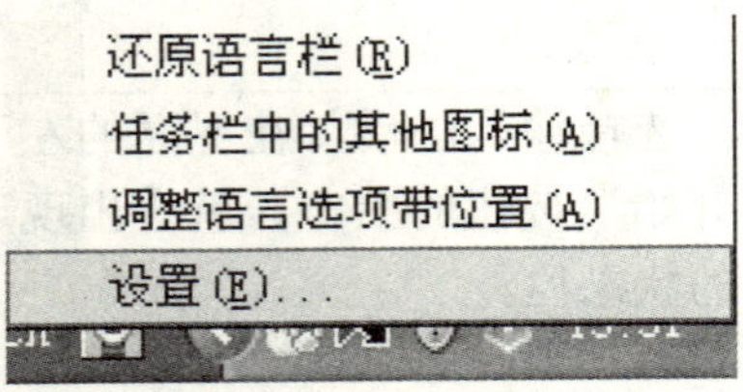

4 此时将弹出“文字服务和输入语言”对话框。

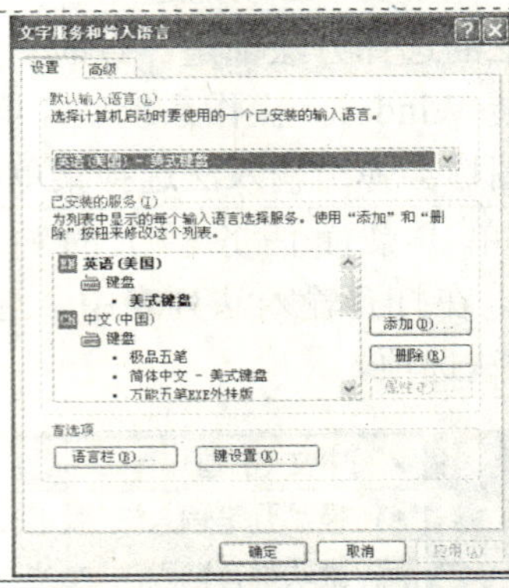

5 单击“键设置”按钮，弹出“高级键设置”对话框，在该对话框中可设置切换到各个输入法的热键。如选中“切换至中文（中国）-极品五笔”。

6 单击“更改按钮顺序”按钮，弹出“更改按键顺序”对话框，在该对话框中根据个人习惯进行选择，单击“确定”按钮完成更改，并返回到“高级键设置”对话框，选择其他输入法继续设置，如不需设置，单击“确定”按钮即可。

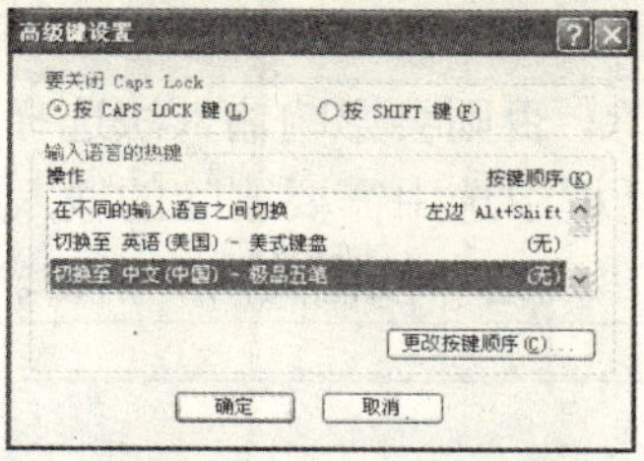

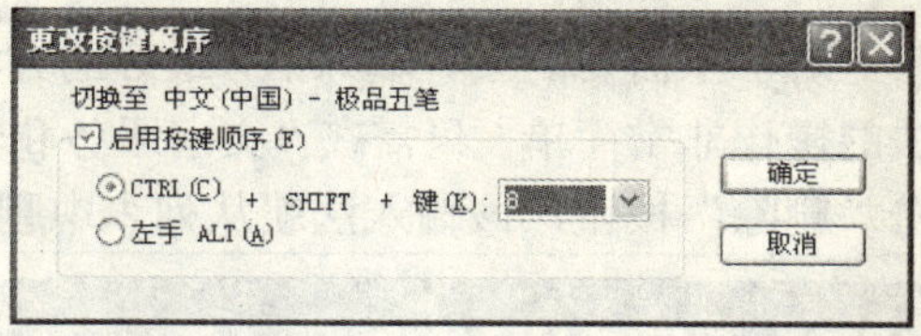

• 添加输入法

系统自带的输入法只有英文输入法和微软输入法，其他的输入法就需要用户自行添加或安装了。添加输入法的具体操作步骤如下：

1 右击语言栏上的“输入法”图标，在弹出的快捷菜单中选择“设置”选项。

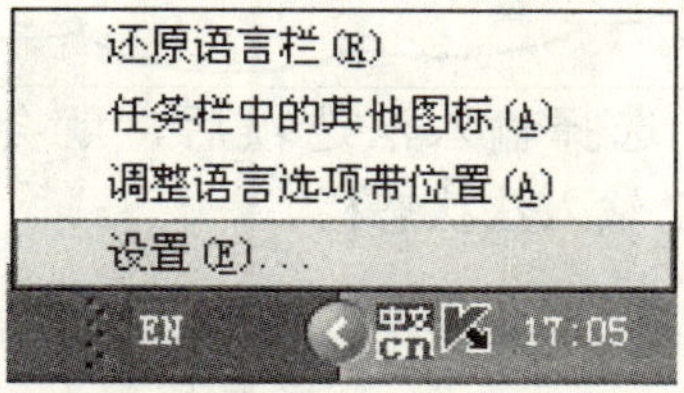

2 选择“设置”选项后，就会打开“文字服务和输入语言”对话框，在该对话框中单击“添加”按钮，打开“添加输入语言”对话框，从中可以选择输入的语言和输入法。

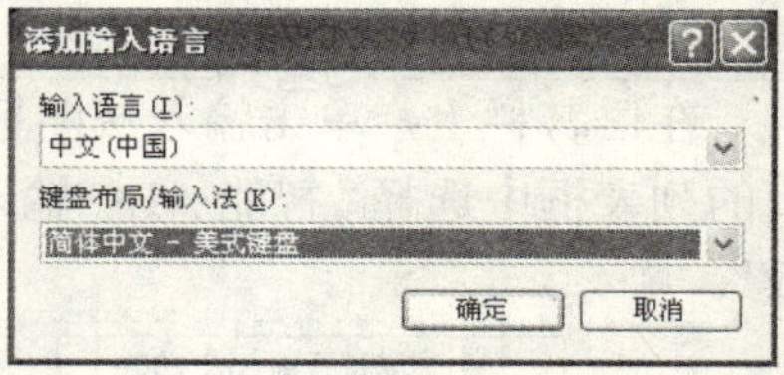

3 在“键盘布局/输入法”下拉列表中选择“中文（简体）-智能 ABC”选项。

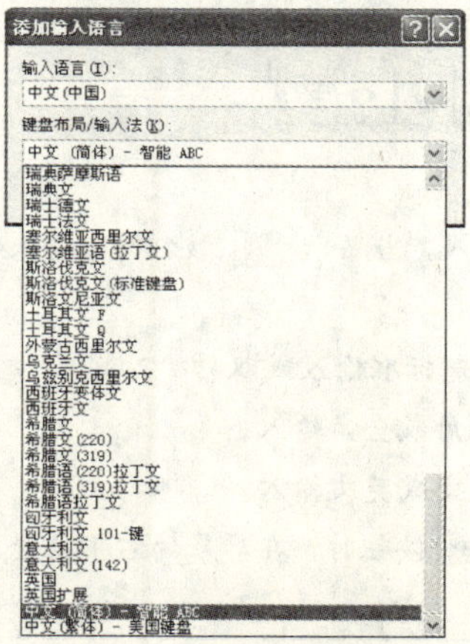

4 单击“确定”按钮返回“文字服务和输入语言”对话框，在“已安装的服务”列表区中就会显示添加的输入法，再次单击“确定”按钮即可。

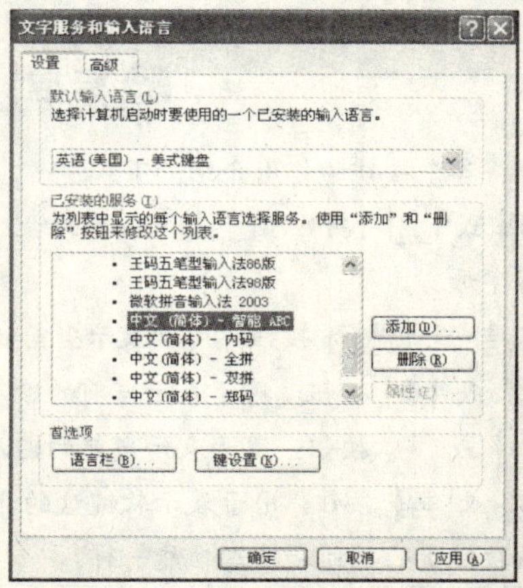

• 删除输入法

对于不需要的某种输入法，最好的方法还是将其删除，否则会影响输入法选择。删除输入法的操作非常简单，只需在“文字服务和输入语言”对话框中选中需要删除的输入法，然后单击“删除”按钮，该输入法就从列表中删除，然后单击“确定”按钮关闭对话框。

3.4 智能 ABC 输入法

智能 ABC 输入法又称标准输入法，是 Windows XP 中自带的一种汉字输入方式。由北京大学的朱守涛先生发明。它不但可以根据拼音输入，也可以根据笔画输入，而且录入速度快。

3.4.1 打开并认识智能 ABC 输入法

1 在语言栏上，单击输入法图标，在弹出的列表框中选择“智能 ABC 输入法 5.0 版”。

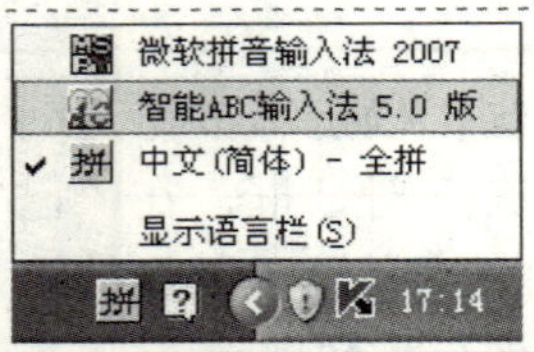

2 选择输入法选项后，就会打开智能 ABC 输入法状态栏。

提示：智能 ABC 输入法状态栏上共有五个按钮，每个按钮都可以单击变成其他输入功能模式。

现将各个按钮的作用介绍如下：

或 A 按钮：用于表示当前的输入法是以中文或英文输入，当显示 A 按钮时，输入的英文字母均为大写字母。

标准 或 双打 按钮：用于表示当前的输入法中的输入模式是标准输入或双打输入模式。

或 按钮：用于表示当前的输入法中输入符号是以半角或全角输入。

或 按钮：用于表示当前的输入法中输入标点是以中文或英文输入。

或 按钮：用于表示软键盘的开启或关闭。当显示 按钮时，在屏幕的右下角会出现一个软键盘，该软键盘的功能和键盘功能一样。

3.4.2 根据拼音输入

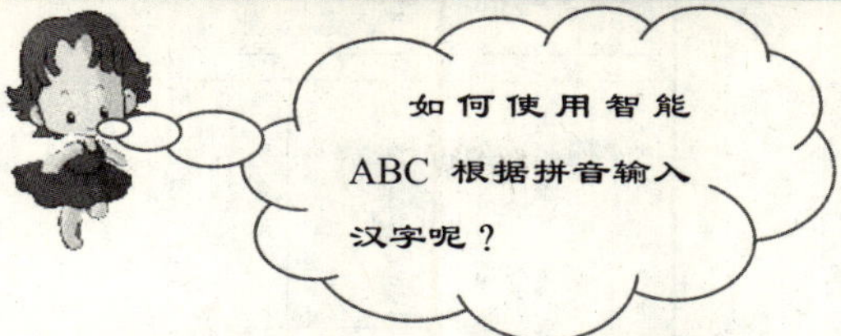

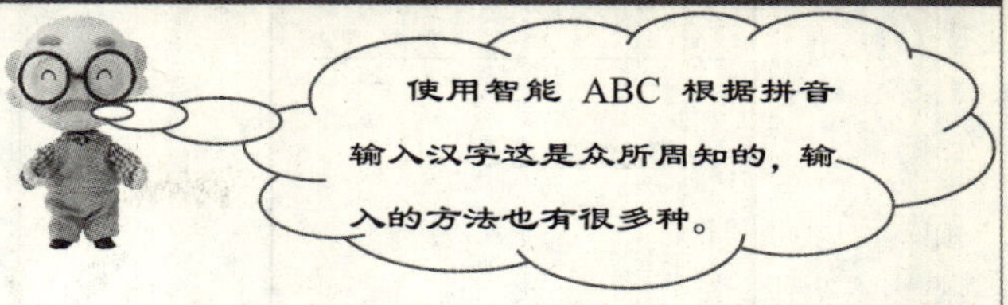

智能 ABC 输入法包括“标准”和“双打”两种输入方式。双打输入法是在对全拼音输入方式的基础上得到的，它将韵母简化成一个字母，减少了输入时的击键次数。单击 标准 按钮或 双打 按钮可以在这两种方式之间进行切换。

·全拼输入

全拼输入法方式是按照汉字的拼音输入，输入过程与汉字的拼音完全相同，将整个拼音完全输入。使用全拼输入法可以按词组输入汉字。

1 在汉字录入窗口中定位光标，并使用全拼输入法输入“diannaobangong”。

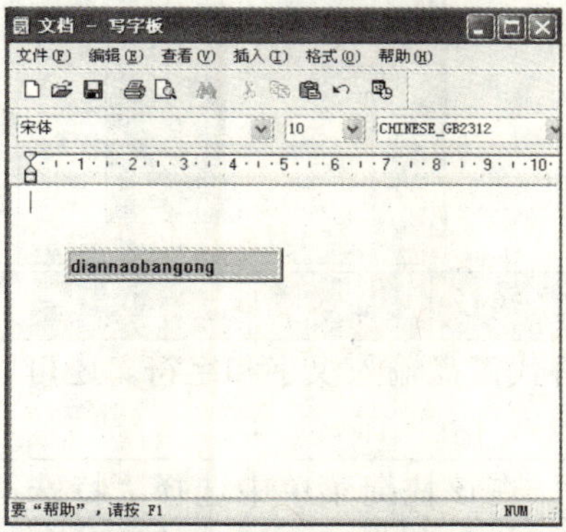

2 按空格键则显示汉字，能组成词组的则以词组方式显示。

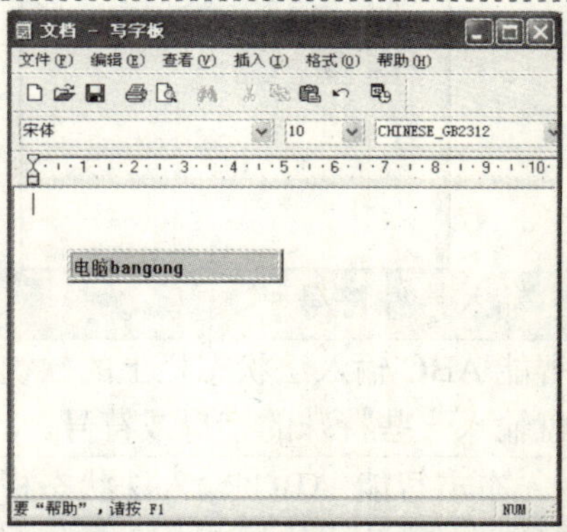

提示：

在输入全拼时，有些汉字组成的词组是不能直接打出来的，如“障碍”。这是因为汉字“障”和“碍”的拼音混在一起，系统无法正确识别。这时需要在输入全拼时在中间加上分隔符“'”，即“障碍”应输成“zhang'ai”。

·简拼输入

如果是初学者或对汉语拼音不熟悉，可以使用简拼输入。简拼输入法的编码规则是根据汉字的各个音节的首个字母来输入，对于包含“zh”、“ch”或“sh”的音节，则取前两个字母组成。

1 在汉字录入窗口中定位光标，使用简拼输入法输入“dnbg”。

2 按空格键则显示汉字，能组成词组的则以词组方式显示。

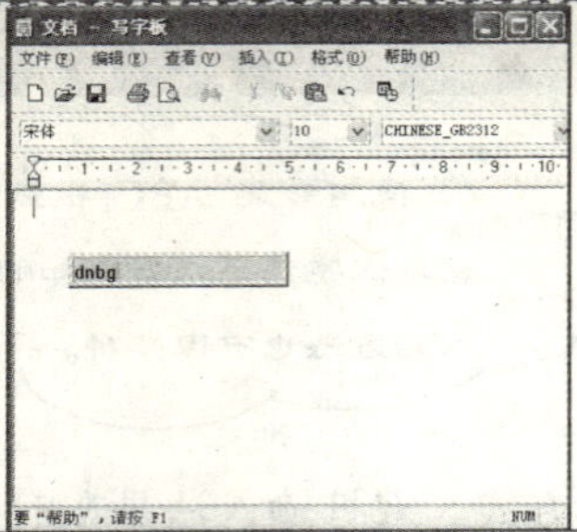

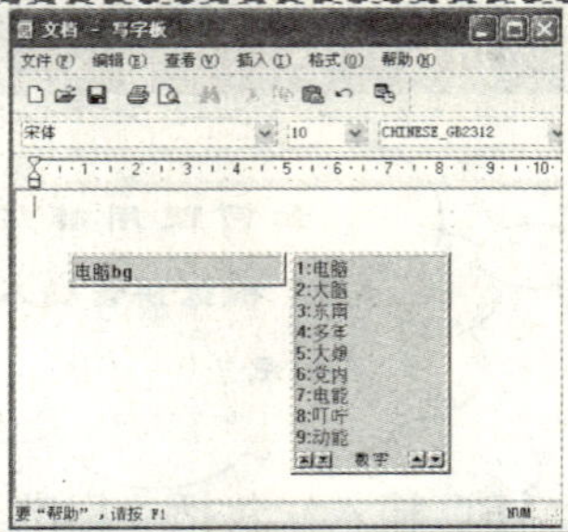

·混拼输入

混拼输入方式是音形混合输入，它的要求是对于两个或两个以上的汉字组成的词组，一部分用全拼输入方式输入，另一部分用简拼输入方式输入。

1 在汉字录入窗口中定位光标，使用混拼输入法输入“dnbangong”。

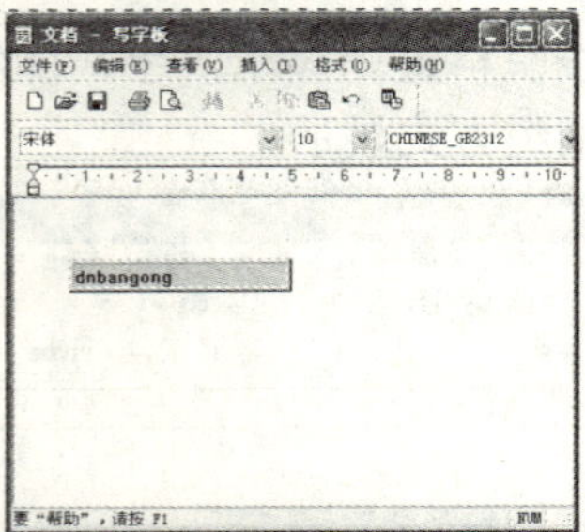

2 按空格键则显示汉字，以词组形式显示汉字。

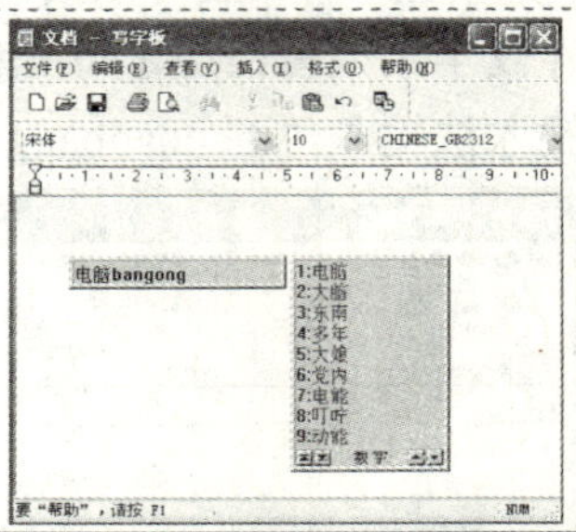

·输入特殊符号

智能 ABC 输入法状态栏上的软键盘 ，用于替代键盘输入汉字和字符。还可以使用该软键盘输入一些特殊的字母或符号。

1 右击智能 ABC 输入法状态栏上的软键盘 ，弹出快捷菜单。

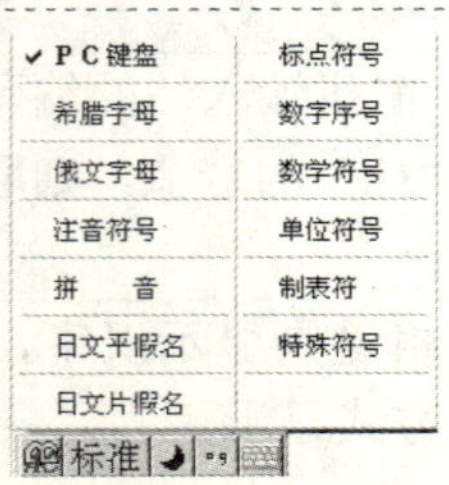

2 在该快捷菜单中选择“特殊符号”选项，将打开带特殊符号的软件盘。在汉字录入窗口中定位光标，然后使用鼠标在软键盘上单击需要输入的特殊符号或在键盘上按特殊符号所对应的按键即可输入特殊符号。

3.4.3 根据笔画输入

智能 ABC 还可以根
据笔画输入汉字吗？
当然可以呀！其操作
也非常简单，只需要记住
8 个笔形代码就可以了。

智能 ABC 为对拼音输入不熟悉的用户设置了通过汉字笔画来进行录入的方法，即形码输入法。形码输入法的字根编码有 8 个，如表 3-1 所示。形码输入法按汉字的书写顺序来录入编码，并且编码的位数最多为 6 位。

表 3-1　笔画代码表

笔形代码	笔形	笔形名称
1	一（㇀）	横（提）
2	丨 亅	竖
3	丿	撇
4	㇏（丶）	捺（点）
5	乙㇇㇉㇌㇆	折（竖弯勾）
6	㇄	弯
7	十（乂）	叉
8	口	方

• **设置智能 ABC 输入法**

使用智能 ABC 中的形码输入法，必须首先在智能 ABC 输入法设置中调用并选中，具体操作步骤如下：

1 右击语言栏上的输入法图标，在弹出的快捷菜单中选择“设置”选项，将打开“文字服务和语言输入”对话框，并在列表框中选中“中文（简体）-智能 ABC”列表。

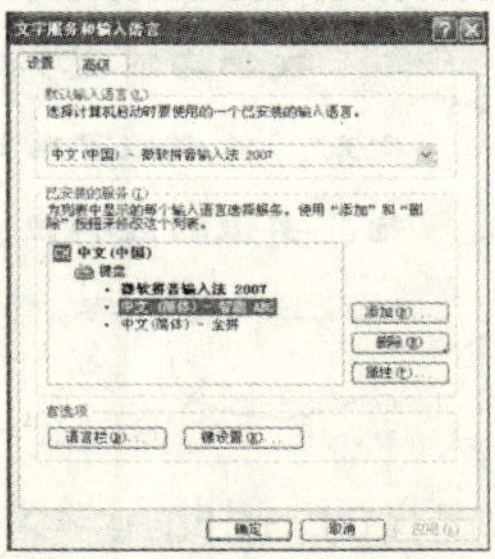

2 单击右侧的“属性”按钮，打开“智能 ABC 输入法设置”对话框，在该对话框中选择“笔形输入”复选项，然后单击“确定”按钮即可。

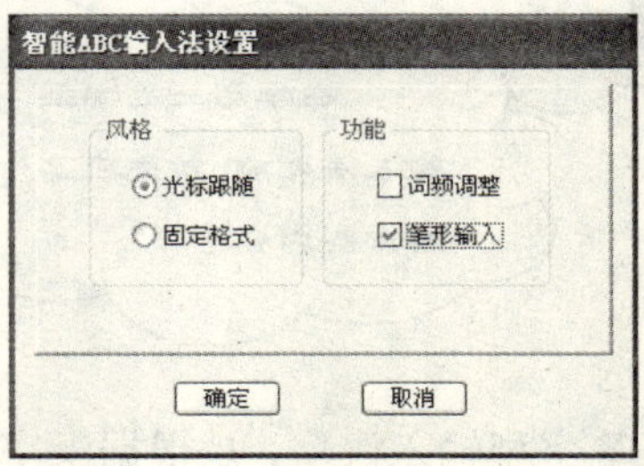
智能ABC输入法设置
风格
光标跟随
固定格式
功能
词频调整
笔形输入
确定
取消

提示：可以直接右击智能 ABC 输入法状态栏，在弹出的快捷菜单中选择“属性设置”选项，则直接打开“智能 ABC 输入法设置”对话框。

• 根据笔画输入

根据笔画输入简单汉字和复杂汉字的取码应为：

• 简单汉字：即独体字，只需按汉字的书写进行编码，如需输入“下”，其笔画为横、竖、点，对照其编码只需输入“124”即可。

• 复杂汉字：即合体字，可按左右、上下或内外将其分为两块，每个字都必须最多取三个笔画对应的笔形码，若第一个字块多于三码，则只能取三码，然后开始取第二个字块的笔形码。若第一个字块不足三码，第二个字块可顺延取块，第二个字块仍可一分为二，按每部分顺延取码。如要输入“便”字，它属左右结构，根据复合字的编码规则，应首先取左边的编码，然后再取右边的编码，其笔画依次为“撇、竖、横”，因此应输入“321”。

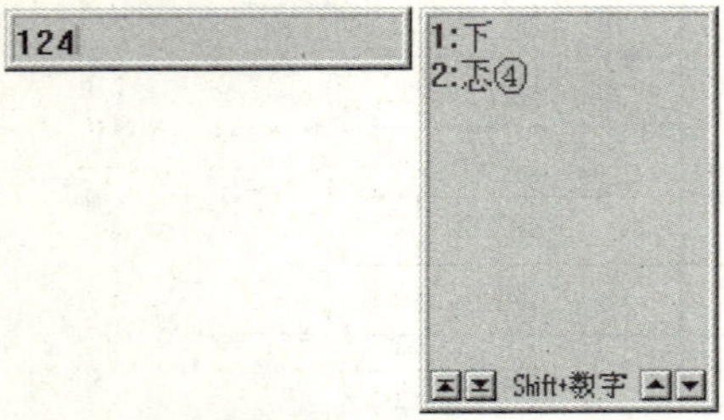

根据笔形输入简单汉字

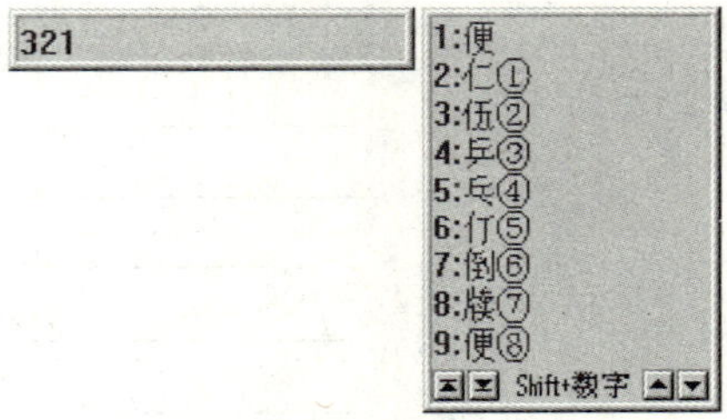

根据笔形输入复杂汉字

3.5 五笔字型输入法

五笔字型输入法是字型输入法的代表，是最早解决汉字在电脑中快速输入的方法。按照汉字的字形编码，不受读音和笔画的限制，使用标准英文键盘上的 25 个英文字母键，就能够完成汉字的快速输入。

3.5.1 五笔字型输入基础

五笔字型输入汉字，是根据汉字的结构进行分割并进行定义的。因此在学习五笔字型输入

法之前，应先了解汉字的结构和字形。

• 汉字结构

（1）笔画：所谓笔画，即在书写汉字时，一次写成的线段。

根据书写汉字时笔画的运动方向，大致将笔画分为横、竖、撇、捺、折等五种。这五种基本笔画按照顺序和使用频率的高低分别使用数字代码 1、2、3、4、5 表示，如表 3-2 所示。

表 3-2 汉字的五种基本笔画

代号	笔画名称	笔画走向	笔画及变形
1	横	左→右	一 ㇀
2	竖	上→下	丨 亅
3	撇	右上→左下	丿
4	捺	左上→右下	㇏ 、
5	折	带转折	乙 ㇇ ㄣ ㇌ 𠃍

（2）汉字结构：汉字的组成结构，可以分为笔画、字根和单字三个层次。由一个或几个笔画组成一个字根，由一个或几个字根组成一个单字。所以，字根是构成汉字最重要、最基本的单位。

根据构成汉字时，各个字根之间的相对位置关系，基本将汉字的字根分为左右型、上下型和杂合型三种字形，如表 3-3 所示。

表 3-3 汉字的结构

字型代号	字形	图 示	字 例
1	左右	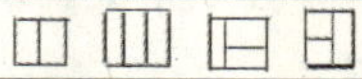	汉 湘 结 封
2	上下	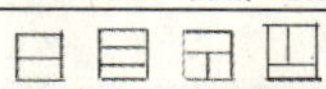	字 莫 花 华
3	杂合	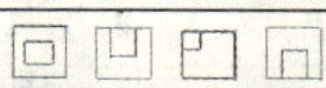	因 凶 这 司 乘 本 天

• 字根的区和位

由若干笔画交叉连接而成的相对不变的结构是字根。基本字根是组成汉字的“基本部件”，所有汉字都可以拆分为基本字根。

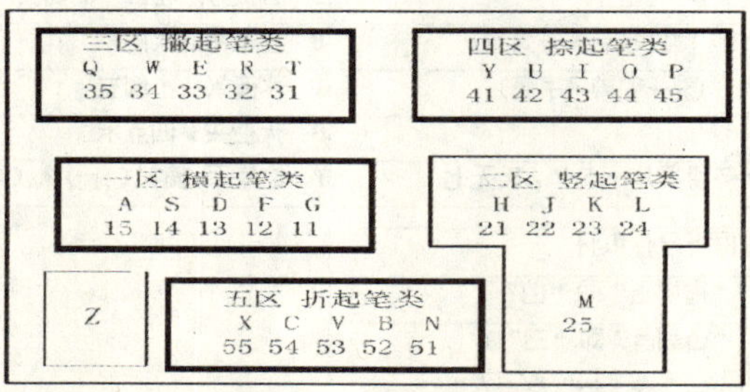

字根分区图

在五笔字型编码输入法中，选择了出现了组字能力强、出现次数多的 130 多个部件的基本字根，其余所有字的输入都要拆分成基本字根来输入。

五笔字型在键盘上字根的分布方式是：

（1）将英文键盘上的 A~Y 共 25 个键分成五个区，区号为 1~5，并用字根首笔画的代号作为区号。

（2）每区 5 个键，每个键称为一个位，位号为 1~5。

（3）将每个键的区号作为第一个数字，位号作为第二个数字，将这两个数字组合起来就表示一个键，即我们所说的“区位号”。

• 字根的键盘分布

五笔字型的基本字根分布在键盘的字母键上，形成了“字根键盘”。五笔字型键盘字根分布如下图所示。

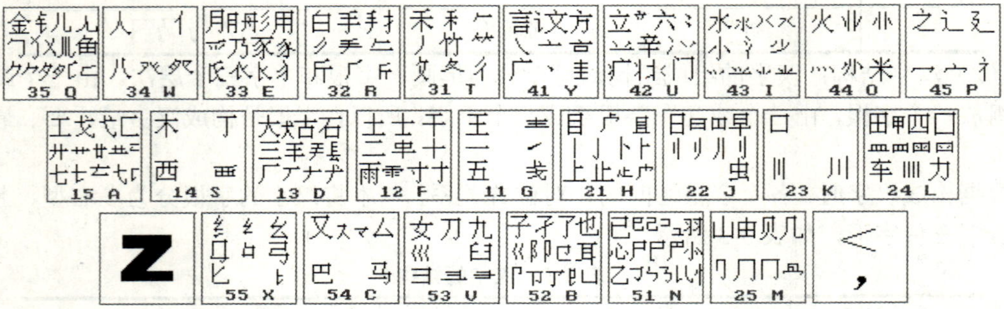

五笔字型字根键盘分布图

五笔字型的字根口诀是：

键	口诀	键	口诀
G	王旁青头戋（兼）五一（“兼”与“戋”同音）	H	目具上止卜虎皮 （“具上”指具字的上部）
F	土士二干十寸雨 （可别忘了革字底）	J	日早两竖与虫依
D	大犬三羊古石厂 （羊底龙头套上套下）	K	口与川，字根稀
S	木丁西	L	田甲方框四车力 （“方框”即“口”）
A	工戈草头右框七 （“右框”即“匚”）	M	山由贝，下框几
T	禾竹一撇双人立，反文条头共三一	Y	言文方广在四一，高头一捺谁人去
R	白手看头三二斤（“R”键盘布局编号为32）	U	立辛两点六门疒
E	月彡(衫)乃用家衣底 (爱头豹脚舟字底)	I	水旁兴头小倒立
W	人和八，登祭头	O	火业头，四点米
Q	金勺缺点无尾鱼，犬旁留叉儿一点夕，氏无七	P	之字军，摘礻（示）衤（衣）(之字军盖建道底)
N	已半巳满不出己，左框折尸心和羽		
B	子耳了也框向上。（“框向上”即“凵”）		
V	女刀九臼山朝西。（“山朝西”即“彐”）		
C	又巴马，丢矢矣，（“矣”去“矢”为“厶”）		
X	慈母无心弓和匕，幼无力（“幼无力”即“幺”）		

3.5.2 拆分原则

五笔字型有哪些拆分原则呢？
五笔字型的拆分原则主要包括“书写顺序”、“取大优先”、“兼顾直观”、“能散不连”、“能连不交”等。

在拆分汉字时，一个汉字可能有多种拆分方法。为了避免这种情况，五笔字型输入法规定了一些拆分原则，主要是“书写顺序、取大优先、兼顾直观、能散不连、能连不交”。

•“书写顺序”原则

在拆分汉字时，先要按书写顺序来拆分汉字，对里面的一些复杂字根，按照它们的自然界限拆分，界限不明的，就要按照其他拆分原则进行拆分。例如：

按= 扌 + 宀 + 女　　　　(从左到右，左右型)

字= 宀 + 子　　　　　　(从上到下，上下型)

困= 口 + 木　　　　　　(从外到内，杂合型)

•“取大优先”原则

“取大优先”是指一个汉字在拆分过程中，按书写顺序拆分时，尽可能地拆出最大的字根。例如：

果 = 曰 + 木

或 果 = 曰 + 一 + 小

或 果 = 曰 + 十 + 八

根据“取大优先”的原则，应该拆分成“曰、木”。

•“兼顾直观”原则

“兼顾直观”是指一个汉字在拆分过程中，尽量照顾汉字的直观性，一个笔画不能拆分在两个字根中。例如“羊”字拆分成“丷、王”就比拆分成“䒑、二、丨”要直观一些。

•“能散不连”原则

“能散不连”是指一个汉字在拆分过程中，如果可以拆分成几个“散”结构，就不要拆成“连”的结构。例如：

午 = 𠂉 + 十

或 午 = 丿 + 干

拆分成“𠂉、十”时两个字根是散开的，取此种拆分法；而拆分成“丿、干”时两个字根相连，不取此种拆分法。

•“能连不交”原则

“能连不交”是指一个汉字在拆分过程中，如果只能拆分成几个“连”结构，就不要拆成有“相交”的结构。例如：

天 = 一 + 大

或 天 = 二 + 人

拆分成“一、大”时两个字根互相连接，取此种拆分法；而拆分成“二、人”时两个字根互相交叉，不取此种拆分法。

提示：在使用拆分原则时，前面的原则优先于后面的原则，即能使用前面的拆分原则就尽量不用后面的原则。

3.5.3 输入汉字

如何使用五笔字型输入法输入汉字呢？
使用五笔字型输入法输入汉字分为三种情况，即键名字的输入、成字字根的输入、普通汉字的输入。

熟记了字根表和拆分原则后，现在就可以学习使用五笔字型输入汉字了，其输入分三种情况。

• 键名字的输入

键名即为按键上左上角的使用率较高的汉字。其输入方法为连续四次单击该按键，键盘上每个按键，除“Z”外都由相应的汉字对应。

（1）第一区从右向左分别为：王、土、大、木、工、其都是以横开头。

（2）第二区的键名字根以竖开头的：目、日、口、田、山。

（3）第三区都是以撇开头的：禾、白、月、人、金。

（4）第四区都是以捺开头的：言、立、水、火、之。

（5）第五区都是以折开头的：已、子、女、又、纟

• 成字字根的输入

在键盘所有的字根中，除了键名汉字外，那些本身就是汉字的字根，被称为成字字根。如“不、米、六”等，这样的字一共有 65 个。

成字字根的输入方法为：先按该成字字根所在的键，接着按该成字字根的第一、第二和最后一个笔画键。

• 普通汉字的输入

除了以上两种特殊的汉字外，其他的汉字都是由几个字根组成。这些由几个字根组成的汉字也称为合体字，根据合体字的数量分为以下三种。

（1）两个字根的汉字：凡是由两个字根组成的蛤蟆字，依次输入完字根后，还需要输入一个识别码或空格键来补齐四码。例如“明”字，拆分为“日”和“月”两个字根，打“J”

“E”再加空格即可。

（2）三个字根的汉字：凡是由三个字根组成的汉字，依次输完三个字根码后，还需要输入一个识别码，其识别码与两个字根汉字的识别码一致。

识别码就是由该汉字最后笔画代号和字形代号组成的，如表 3-4 所示。

表 3-4　五笔字型识别码表

笔　画	字　形		
	左右型	上下型	杂合型
横	11G	12F	13D
竖	21H	22J	23K
撇	31T	32R	33E
捺	41Y	42U	43I
折	51N	52B	53V

例如：“只”“叭”两个字的编码都是“KW”，为了区分它们，就必须打一个识别码，“只”是上下结构，同时它的最后一笔是“、”，那它的识别码就是“U”，“叭”字的最后一笔也是“、”，但它是左右结构，它的识别码是“Y”，因此“只”的编码是“KWU”，“叭”的编码是“KWY”。

（3）四个或四个以上字根的汉字：由四个或四个以上的字根组成的汉字，第一字根+第二字根+第三字根+最后字根。例如“厨”字，拆分为“厂”“一”“口”“寸”四个字根，其编码为“DGKF”。

3.5.4　简码的输入

简码分为
哪几级呢？
五笔字型的简码一
般分为一级简码、二级简
码和三级简码。

在常用汉字中，大多数的字只需要输入该字的一至三个字根，再加上空格键即可输入。即只输入汉字全码的最前边的一、二、三个字根，形成一、二、三级简码。

• 一级简码

根据每个按键上的字根形态特征，在 25 个按键上分别安排了一个最常用的汉字。

这些高频字及编码如下：

一（G）地（F）在（D）要（S）工（A）
上（H）是（J）中（K）国（L）同（M）
和（T）的（R）有（E）人（W）我（Q）

主（Y）产（U）不（I）为（O）这（P）

民（N）了（B）发（V）以（C）经（X）

一级简码的输入方法为：按一级简码所在按键，然后按空格键即可。

• 二级简码

二级简码的输入方法为：按该汉字的前两个字根编码，再按空格键。

25 个键位代码的排列组合共有 25×25=625 个汉字，除了一个空闲的“Z”，其他的按键上都有字。

• 三级简码

如果一个字的前三个字根是唯一的，那么这个字就可以用三级简码来输入。

三级简码的输入方法为：依次输入该汉字的前三个字根，再按空格键。虽然这种输入也需要按四次，但是不需要输入识别码，直接按空格键，无形中也加快了速度。

3.5.5 词组的输入

如何使用五笔字型输入法输入词组呢？
词组的输入包括二字词、三字词、四字词和多字词的输入。接下来将讲解具体的输入方法。

在汉字输入方案中，以词语为单位的输入方法常可达到减少码长，提高效率的目的。在五笔字型输入方法中也设计了词语的输入方法，并给出开放式结构，以利于用户根据自己专业需要自行组织词库。

• 二字词的输入

二字词的词语由所含的两个汉字各取两个字根码组成，即每字按笔顺取前两个字根为编码。如：机器：木几口口　S M K K。

• 三字词的输入

三字词前两汉字各取第一码，最后一字取前两码。如：计算机：讠竹木几　Y T S M。

• 四字词的输入

四字词的词语由每个汉字的第一码组成词语的输入码。如：五笔字型（一竹宀一）G T P G。

• 多字词的输入

超过四个字的词，前三个字各取第一个字根码，词语码的第四码是由最末一个汉字的首码组成。换句话说：是由一二三和末四个字的第一字根构成的。如：中华人民共和国：口亻人口　K W W L

电脑即学即用

教你学电脑

第 4 章 Word 2007 的快速入门

本 章 要 点：

- 认识 Word 2007
- 文档的基本操作
- Word 2007 的视图方式

电脑博士，Word 2007 主要用来做什么的呢？

小丽，Word 2007 是 Microsoft 公司推出的 Office 2007 中的组件之一，具有操作界面美观、功能强大且易学易用等特点，受到广大用户的喜爱。本章将介绍 Word 2007 的一些基本操作。

4.1 认识 Word 2007

美国微软公司曾先后推出了 Word 95、Word 97、Word 2000、Word 2002、Word 2003、Word 2007 等多个版本，Word 2007 是目前最新的版本，它对办公应用中的各种强大的功能进行了全面的强化和改善，在学习它之前，首先应掌握其启动和退出方法，以及工作界面的组成。

4.1.1 Word 2007 的启动

如何启动
Word 2007 呢？
启动 Word 2007 的方法有很多，常用的是接下来所讲的 3 种方法。

启动 Word 2007 的方法很多，主要可以用“开始”菜单、桌面快捷图标和最近打开的文档启动。

• 使用“开始”菜单启动

使用“开始”菜单启动 Word 2007 是一种常用的方法。

1 依次单击“开始/所有程序/Microsoft Word 2007”命令。

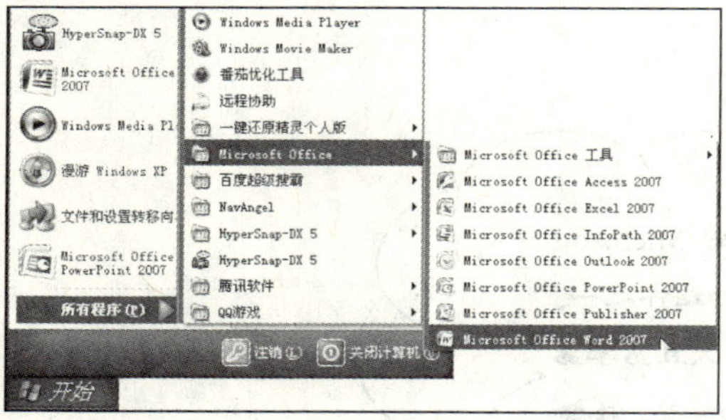

2 启动 Word 2007 后，会自动新建一个文档。

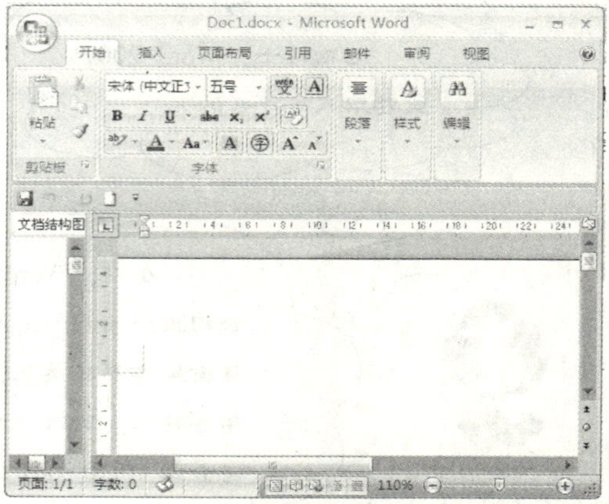

• 使用快捷图标启动

使用鼠标双击桌面上的“Microsoft Word 2007 图标”，可快速启动 Word 2007。使用这种方法启动 Word 2007 后，会自动创建一个新的文档。

- 使用最近打开的文档启动

若用户最近使用过 Word 2007 文档，系统会自动将此文档放在“开始”菜单中的“我最近的文档”菜单中，在此菜单中任选一个 Word 2007 文档，即可启动 Word 2007。

1 执行“开始”/“我最近的文档”/“Docl”命令。

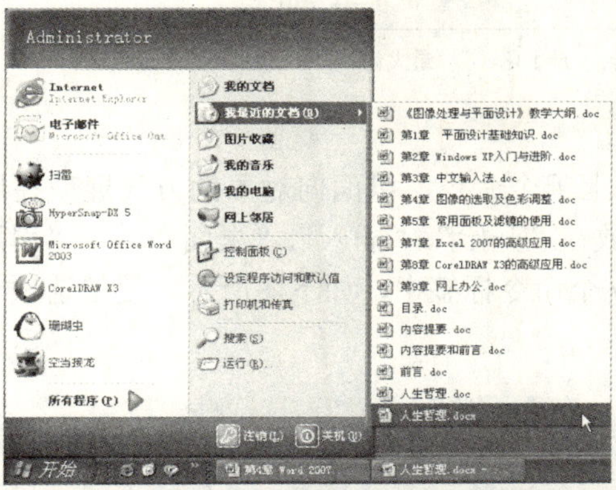

2 此时会打开名为“Docl.docx”的文档，同时也启动了 Word 2007 应用程序。

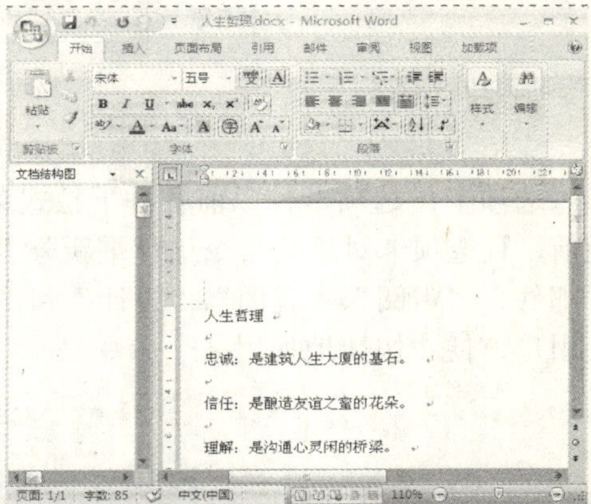
人生哲理
忠诚：是建筑人生大厦的基石。
信任：是酿造友谊之蜜的花朵。
理解：是沟通心灵闭的桥梁。

4.1.2 Word 2007 的工作界面

Word 2007 的工作界面包括哪些内容呢？
Word 2007 的工作界面与其他应用程序基本相似，主要包括标题栏、选项卡、标尺等。

无论使用哪种方法启动 Word 2007，都将打开如下图所示的工作界面。

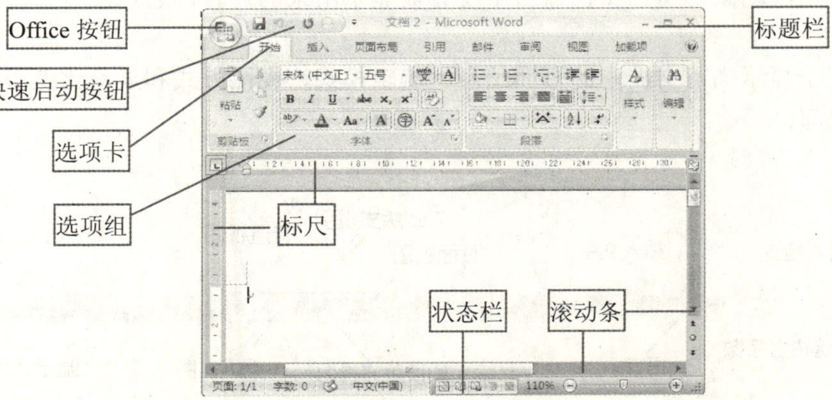
Office 按钮
快速启动按钮
选项卡
选项组
标尺
状态栏
滚动条
标题栏

Word 2007 工作界面

Word 2007 的工作界面是由“Office 按钮”、“快速启动按钮”、“标题栏”、“选项卡”、“标尺”、“滚动条”、“状态栏”组成。

标题栏：标题栏位于窗口的最上方，主要用于显示当前文档的名称、格式、兼容模式及关闭、最小化、最大化文档窗口。

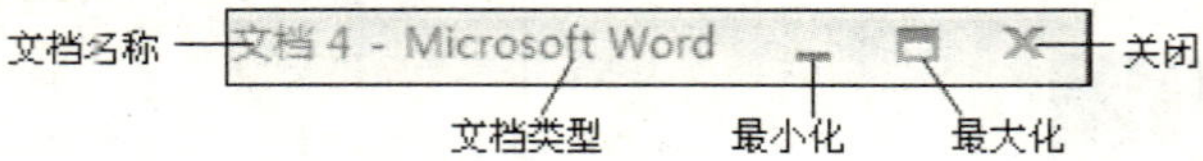

标题栏

选项卡：选项卡使以前各种下拉式菜单中的上千个命令，以面向对象的方式展现在用户面前，且选项卡对这些命令进行重新分组，分别放在“开始”、“插入”、“页面布局”、“引用”、“邮件”、“审阅”、“视图”、“设计”和“布局”9 个命令标签中，如下图所示。使用选项卡可使用户方便、快捷地使用某个命令。

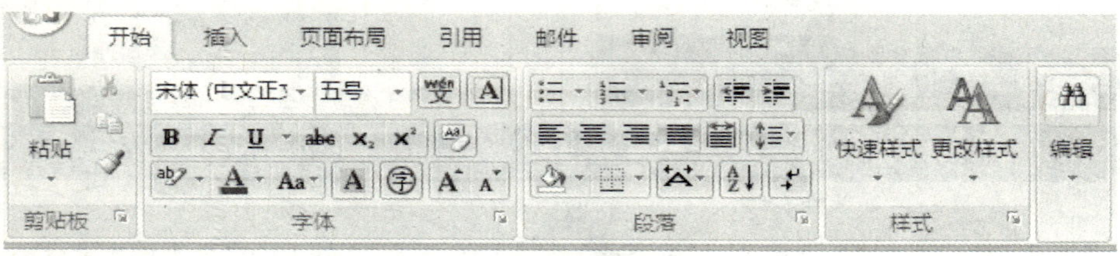

“开始”选项卡

标尺：使用标尺可在编辑文档时，精确到某个位置。在窗口中共有两个标尺，分别是垂直标尺和水平标尺。单击窗口中垂直滚动条上边的“标尺”按钮即可显示标尺。

滚动条：使用滚动条可显示文档窗口中没有被显示出来的内容，它包括垂直滚动条和水平滚动条。

状态栏：用于显示当前文档中的页面信息、编辑模式、视图方式和显示比例等信息，它位于窗口的最底部。

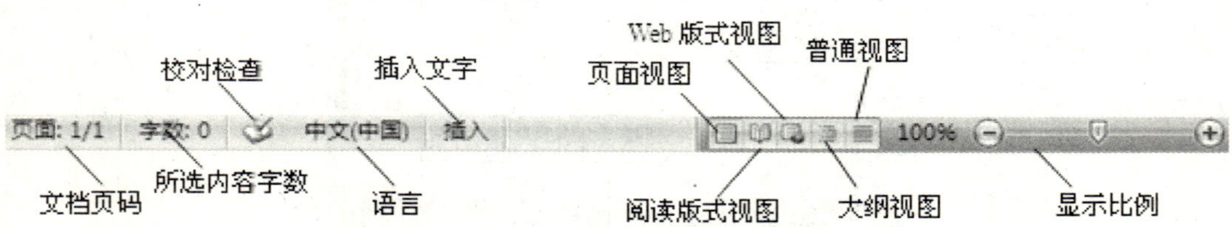

状态栏

使用 Word 2007 办公可为用户带来更多的方便，特别是将各种下拉菜单命令组合成功能组后，大大提高了工作效率，且能制作出许多以前版本 Word 无法制作的效果。Word 2007 不仅能为熟手带来方便，更能使初学者轻松地掌握各个命令，总之 Word 2007 是一门易学易用的办公自动化软件。

4.1.3 退出 Word 2007

如何退出
Word 2007 呢？
退出 Word 2007 的方法有很多，接下来将详细讲解具体的退出方法。

关闭 Word 2007 程序，有如下 5 种方法：

- 单击程序窗口右上角的“关闭” 按钮，即可退出程序。
- 双击程序左上角的“Office 按钮” 图标，也可退出程序。
- 单击程序左上角的“Office 按钮” 图标，将弹出其快捷菜单，从中选择“关闭”命令即可。
- 用鼠标指向标题栏的空白处，单击右键，在弹出的快捷菜单中选择“关闭”命令。
- 按“Alt+F4”组合键。

4.2 文档的基本操作

Word 2007 支持多个文档窗口操作，而且每个文档都显示在独立的窗口中，非常方便用户在不同的文档中调用资源，并可以通过任务栏在各个窗口中进行切换编辑。

在 Word 2007 中，对文档的操作主要有新建、保存和打开三种。

4.2.1 新建文档

如何新建
文档呢？
在 Word 2007 中，单击“Office 按钮”，从弹出的菜单中选择“新建”命令即可新建文档。

在 Word 2007 中新建文档主要有以下两种方法：

• 创建空白文档

1 单击窗口中左上角的“Office 按钮”，在弹出的下拉菜单中选择“新建”命令。

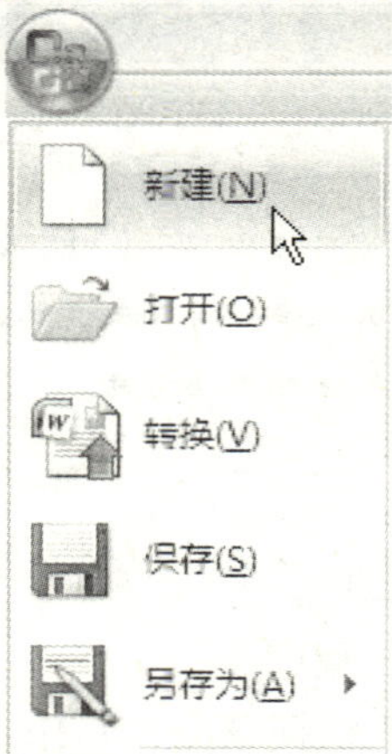

2 此时会弹出“新建文档”对话框。单击“创建”按钮，即可创建一个空白文档。

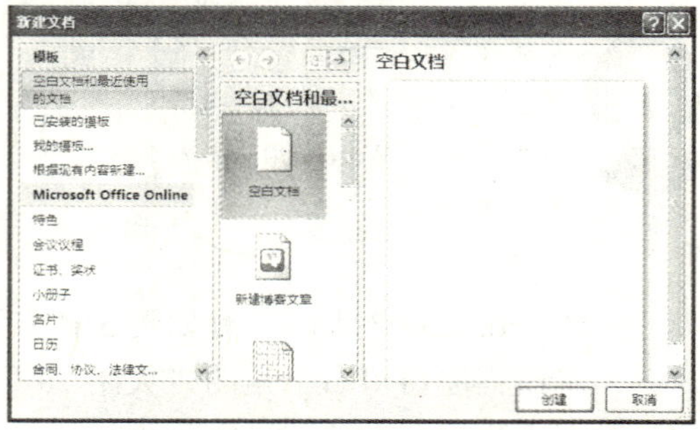

• 创建模板文档

1 打开“新建文档”对话框后，在“模板”列表中选择所需的模板，如选择“已安装的模板”。

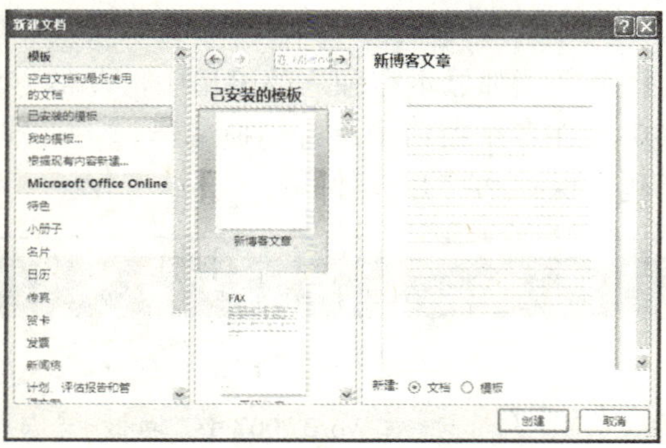

2 用鼠标拖动对话框中“已安装的模板”下面的垂直滚动条，查找模板样式。

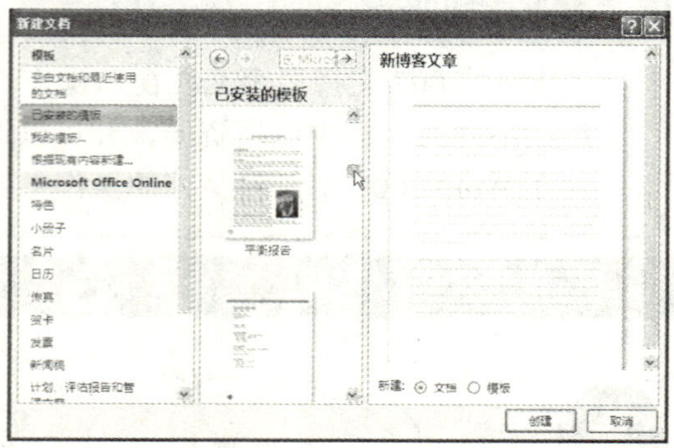

3 单击“已安装的模板”列表中所需的模板样式，此时会在对话框右边框中显示其模板样式。

4 单击“创建”按钮，即可创建一个报告模板文档。

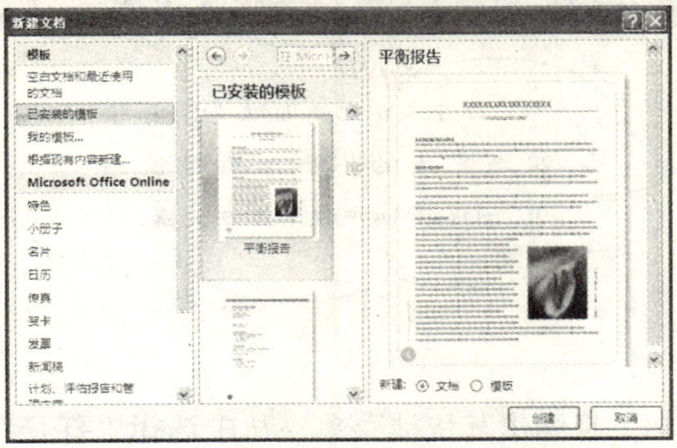

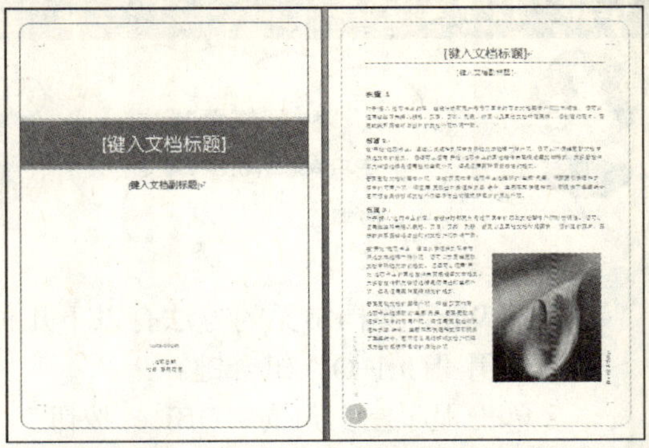

4.2.2 保存文档

使用“Office 按钮”菜单中的“保存”命令和“另存为”命令可以保存当前文件。

“保存”命令可以将当前打开的文件保存在当前位置。使用新建命令建立的新文件，第一次使用“保存”命令时会弹出“另存为”对话框，当再次使用“保存”命令时，会以第一次存储设置保存该文件，不会再弹出“另存为”对话框。

需要使用新的文件名或路径保存当前文件时，可以使用“另存为”命令。其操作步骤与第一次保存文件一样，在此不再重复阐述。

1 单击窗口左上角的“Office 按钮”，在弹出的下拉菜单中选择“保存”命令。

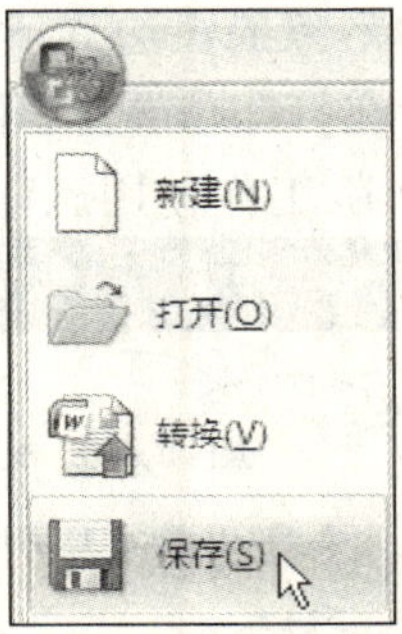

2 当第一次保存文档时，将弹出“另存为”对话框，在该对话框中设置各项参数后，单击“确定”按钮即可保存文档。

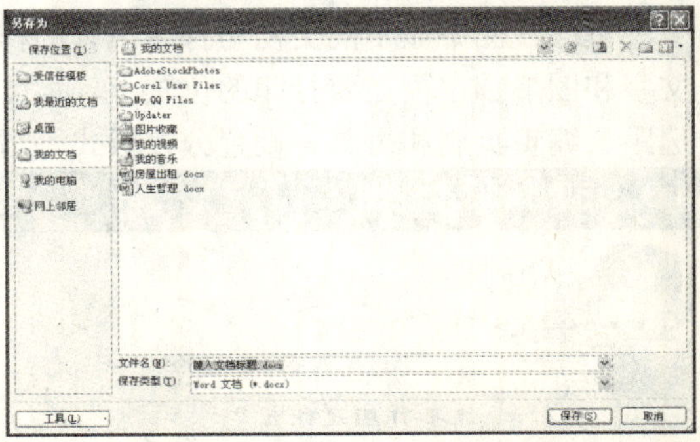

4.2.3 打开文档

如何打开保存后的 Word 文档呢？
打开文档也是通过 Office 按钮来完成的，当然也可使用“Ctrl+O”快捷键来打开文档。

打开 Word 文档常见的方法有以下几种：

• 使用“Ctrl+O”组合键。

• 单击程序左上角的“Office 按钮”图标，将弹出其快捷菜单，从中选择“打开”命令。

选择以上任意一项操作，将弹出“打开”对话框，在该对话框中找到需要打开的 Word 文档，并单击“打开”按钮即可。

4.3 Word 2007 的视图方式

Word 在文档窗口中显示文档的方式称为视图方式。在 Word 2007 中有 5 种视图方式：页面视图、阅读版式视图、Web 版式视图、大纲视图和普通视图。单击“视图”选项卡，在打开的“文档视图”选项组中单击相应的视图按钮即可显示出对应的视图显示方式。

4.3.1 页面视图

页面视图的主要作用是什么呢？
页面视图又相当于打印预览，在该视图中显示的文档与打印出来的样式一样。

页面视图中显示的文档与打印出来的样式一样，分页符被形象的页边界所代替。不但所有文字和图形都定位在要打印的位置上，而且页眉、页脚都显示在打印位置上。因而适合设置页边距、编辑页眉和页脚、设置分栏版式等与页面相关的编辑排版工作使用。

4.3.2 阅读版式视图

阅读版式视图的主要作用是什么？
阅读版式视图的主要作用是方便用户阅读文档。

阅读版式视图是进行了优化的视图，以便于在计算机屏幕上阅读文档。在阅读版式视图中，还可以选择以文档在打印页上的显示效果进行查看。

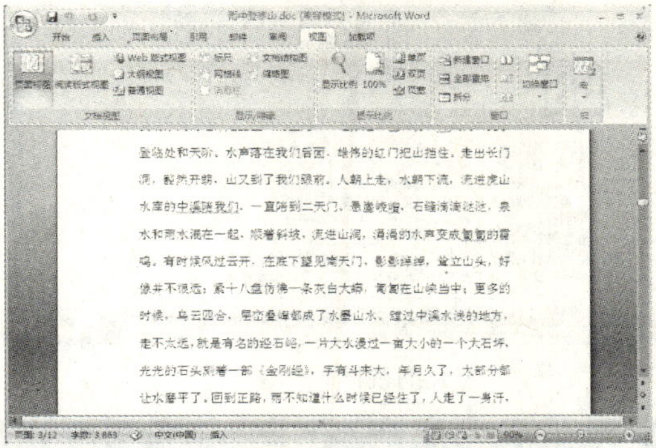

页面视图

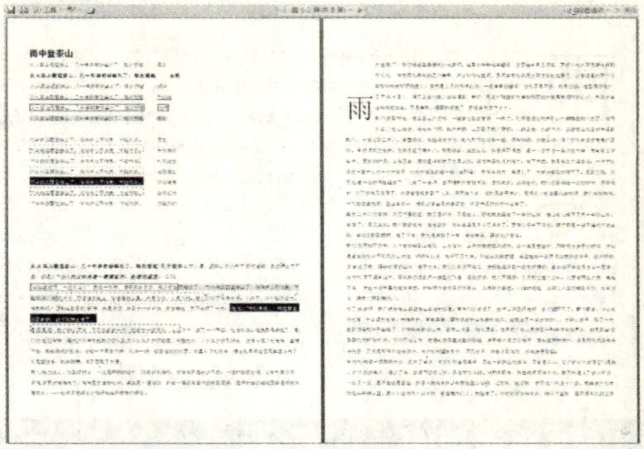

阅读版式视图

4.3.3 Web 版式视图

Web 版式视图的主要作用是什么？
Web 版式视图主要作用是方便编辑 Web 网页。

Web 版式视图是编辑 Web 网页时使用的一种视图。它是一种已经优化的联机阅读版式，不管正文显示多大，文字显示比例多少，它都会永远自动折行，以适应窗口，而不显示为实际打印的形式。

4.3.4 大纲视图

大纲视图的主要作用是什么呢？
大纲视图是一种用缩进文档标题方式来代表它们在文档中级别的显示方式。以体现出文档的层次。

大纲视图使得用户能方便地在文档中进行页面跳转，修改标题的相对重要性以及通过移动标题来重新安排大量的文本等操作。最适合文档结构的重组。

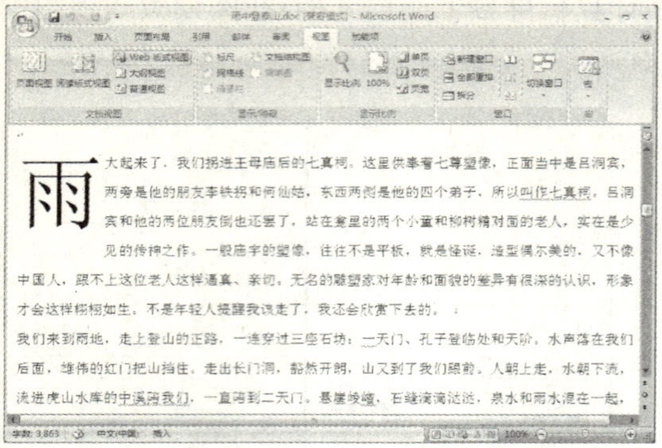

Web 版式视图

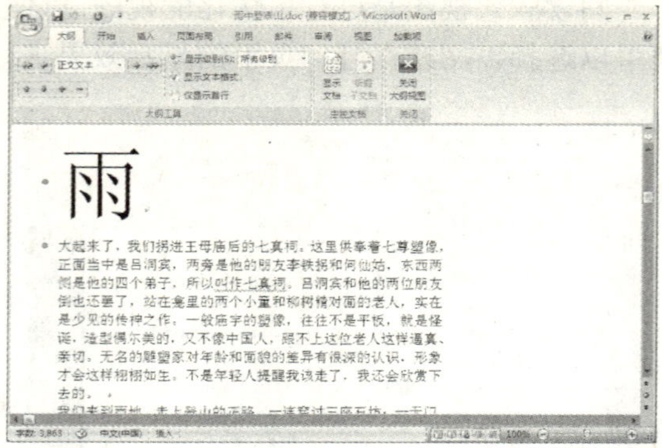

大纲视图

4.3.5 普通视图

普通视图的主要作用是什么呢？
普通视图是Word中常用的显示方式之一，主要用于文字的输入和编辑工作。

普通视图对输入、输出及滚动条命令的响应速度快。能够显示大部分的字符、段落格式，最适合普通的输入和编辑工作。

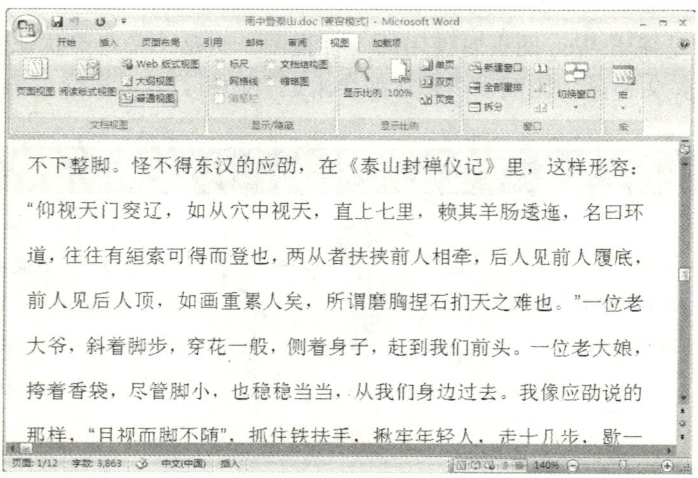
雨中登泰山.doc [兼容模式] - Microsoft Word
不下整脚。怪不得东汉的应劭，在《泰山封禅仪记》里，这样形容：
“仰视天门窔辽，如从穴中视天，直上七里，赖其羊肠逶迤，名曰环
道，往往有絙索可得而登也，两从者扶挟前人相牵，后人见前人履底，
前人见后人顶，如画重累人矣，所谓磨胸捏石扪天之难也。”一位老
大爷，斜着脚步，穿花一般，侧着身子，赶到我们前头。一位老大娘，
挎着香袋，尽管脚小，也稳稳当当，从我们身边过去。我像应劭说的

普通视图

电脑即学即用

教你学电脑

第5章 Word 2007 的高级应用

本 章 要 点:

- 编辑文档
- 美化文档
- 插入对象
- 表格的应用
- 打印文档

电脑博士，上一章学习了 Word 2007 的基本操作，那么如何编辑、美化和打印文档呢？

小丽，在 Word 2007 中除了可以输入、编辑文字外，还可对文字的字体、段落进行格式设置，从而达到美化文档的效果，并且还可将漂亮的文档打印出来，本章将介绍如何在 Word 2007 中编辑、美化和打印文档。

5.1 编辑文档

新建文档后便可在文档中输入文本、选择文本、复制和移动文本、删除文本等编辑操作。

5.1.1 输入文本

输入文本主要
包括哪些内容呢？
输入文本主要包括文字和
符号的输入，具体的输入方法
将在本小节中进行讲解。

输入文本是 Word 的一项重要工作。随着电脑技术的进步，出现了手写输入、声音输入和扫描输入等几种方式，但现在用户还是普遍采用键盘输入方式。输入文本主要包括输入文字和输入符号等内容，下面将对其进行简单的介绍。

• 输入文字

输入文字是编辑文档最基本的操作。创建一个新的空白文档后，会在窗口的编辑区中出现一个不断闪烁的光标插入点，表示在此位置可输入文字。输入文字的顺序是从左向右的，当输入完一行文字后，光标会自动跳转到下一行。用户也可使用“Enter”（回车）键强制将光标移动到下一行。

1 将鼠标指向编辑区单击，在光标所在位置输入“水调歌头”。

水调歌头

2 按“Enter”键强制将光标切换到下一行，再输入其他的文字内容。

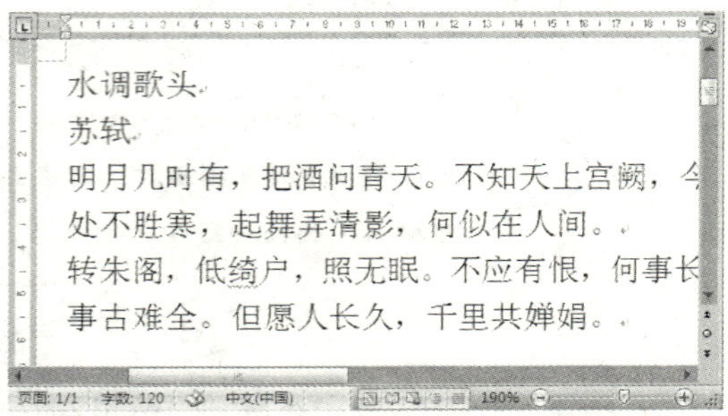
水调歌头
苏轼
明月几时有，把酒问青天。不知天上宫阙，
处不胜寒，起舞弄清影，何似在人间。
转朱阁，低绮户，照无眠。不应有恨，何事长
事古难全。但愿人长久，千里共婵娟。

• 输入字符

在 Word 2007 中输入字符主要有两种方法：一种是输入常规符号，另一种是输入特殊符号。下面将简单介绍这两种输入字符的方法。

1 打开文档，并将光标定位在需要插入符号的位置。

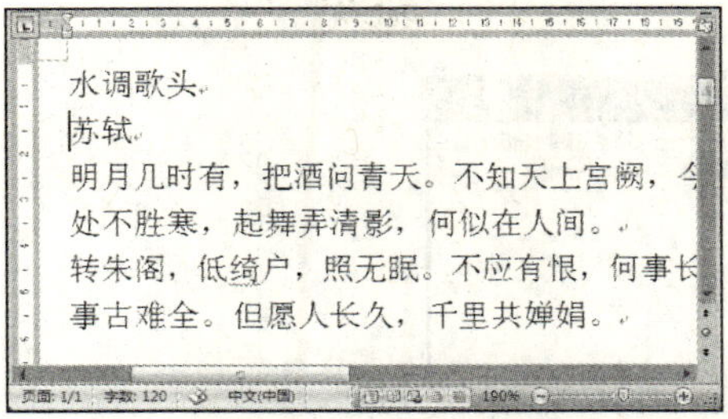
水调歌头
苏轼
明月几时有，把酒问青天。不知天上宫阙，今
处不胜寒，起舞弄清影，何似在人间。
转朱阁，低绮户，照无眠。不应有恨，何事长
事古难全。但愿人长久，千里共婵娟。

2 单击“插入”选项卡“符号”组中的“符号”按钮，此时会弹出符号列表，在此列表中选择“其他符号”选项。

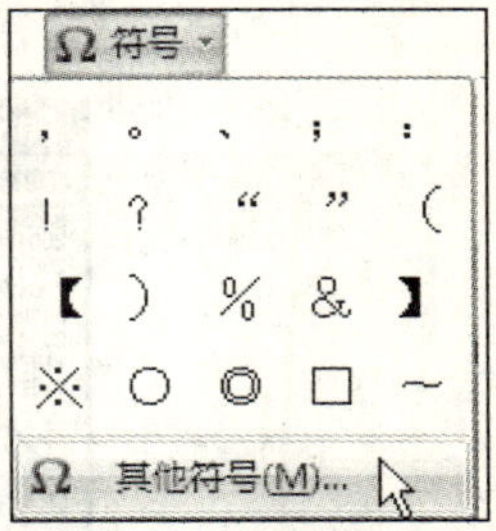
符号
其他符号(M)...

3 此时将弹出“符号”对话框。

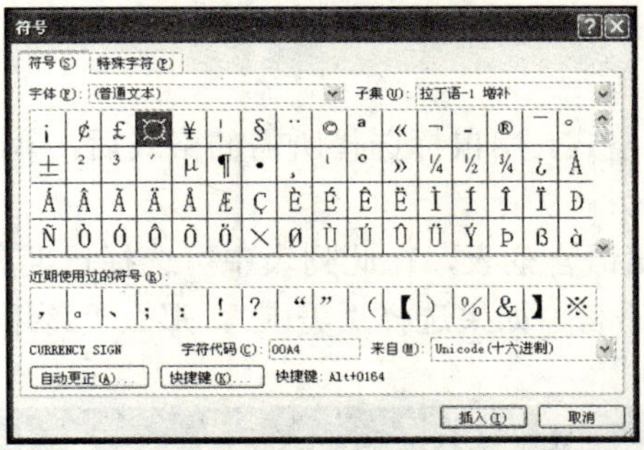
符号
符号(S)
特殊字符(P)
字体(F): (普通文本)
子集(U): 拉丁语-1 增补
近期使用过的符号(R):
CURRENCY SIGN
字符代码(C): 00A4
来自(M): Unicode(十六进制)
自动更正(A)...
快捷键(K)...
快捷键: Alt+0164
插入(I)
取消

4 如需要在文档中插入“¤”符号，只需在符号框中选择此符号，然后单击“插入”按钮，即可在文档中光标处插入符号。

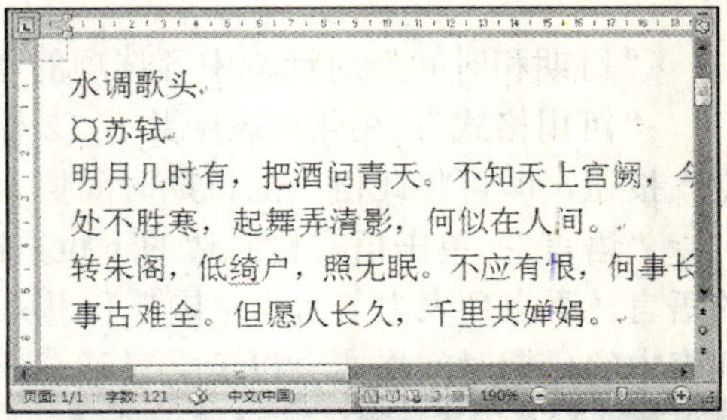
水调歌头
¤苏轼
明月几时有，把酒问青天。不知天上宫阙，今
处不胜寒，起舞弄清影，何似在人间。
转朱阁，低绮户，照无眠。不应有恨，何事长
事古难全。但愿人长久，千里共婵娟。

5 如果要插入特殊字符，只需在“符号”对话框中单击“特殊字符”选项卡，即可切换到特殊字符选项组。

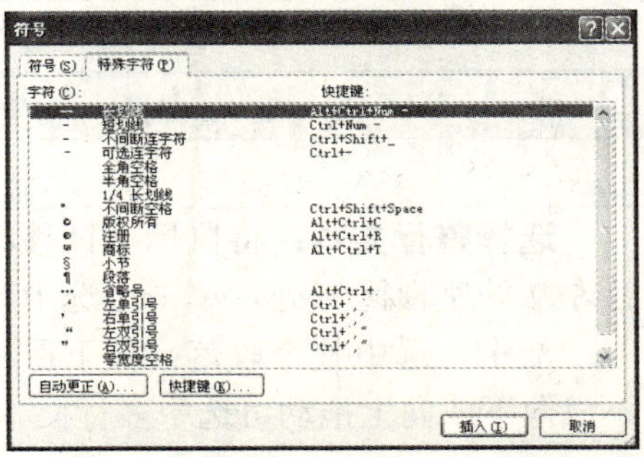
符号
符号(S)
特殊字符(P)
字符(C):
快捷键:
自动更正(A)...
快捷键(K)...
插入(I)
取消

6 拖动右边的垂直滚动条，可查看所有符号，用鼠标单击这些符号即可进行选择，单击“插入”按钮后，再单击对话框中的“关闭”按钮，被选择的特殊符号即可插入到文档光标处。

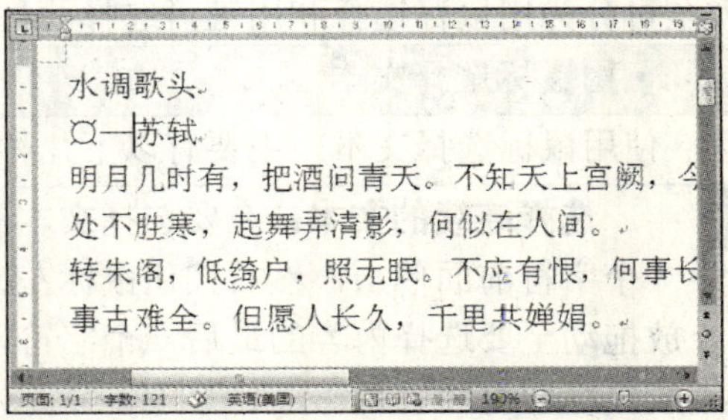
水调歌头
¤—苏轼
明月几时有，把酒问青天。不知天上宫阙，今
处不胜寒，起舞弄清影，何似在人间。
转朱阁，低绮户，照无眠。不应有恨，何事长
事古难全。但愿人长久，千里共婵娟。

• 插入日期和时间

使用 Word 2007 中的日期和时间功能，可在文本中插入日期和时间。单击“插入”选项卡，在随后出现的“文本”选项组中单击“日期和时间”按钮，会弹出下图所示的“日期和时间”对话框。

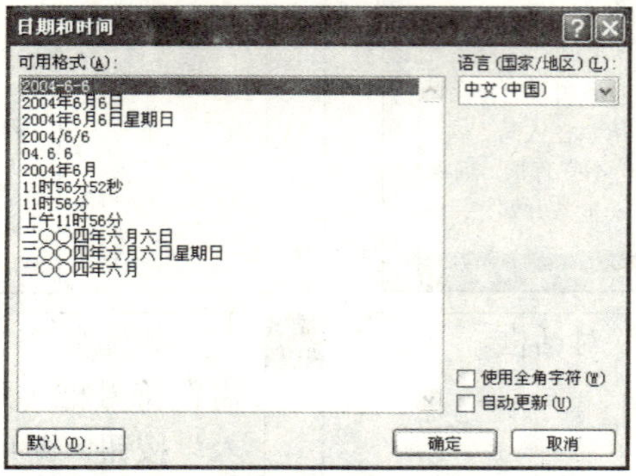

“日期和时间”对话框

“日期和时间”对话框中各选项的含义如下：

“可用格式”：在此列表中共有 12 种日期时间格式，用鼠标选择所需的格式后，单击“确定”按钮，即可将此格式的日期时间插入到文档中。

“语言”：单击语言栏右边的下拉按钮，会弹出语言列表，在此列表中可选择日期和时间的语言。语言列表中共有“中国”和“美国”两种语言，如果选择“美国”，那么“可用格式”列表中的日期时间格式会以英文显示。

5.1.2 选择文本

在 Word 2007 中无论执行什么操作都必须先选定文本再进行操作。选择文本的方法很多，大至可分为用鼠标选择和用键盘选择两种。

• 用鼠标选择文本

使用鼠标选择文本，主要有以下几种方法：

选择连续的文本： 在要选择文本的第一个字符前面单击，然后按住鼠标左键不放拖动至要选择内容的最后一个字符，释放鼠标即可。

2 **选择整行文本：** 将鼠标指针移动到某行左端的空白区域处，单击可选中该行文本；双击可选中整个段落；按下鼠标左键不放向下或向上拖动可选中多行文本。

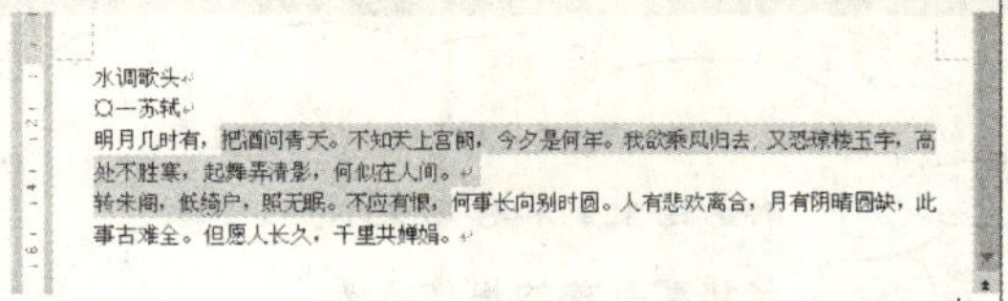

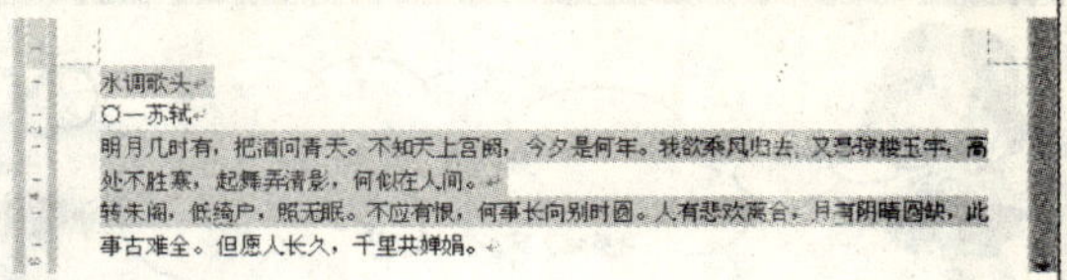

3 **选择一句文本：**按住“Ctrl”键不放，在任意文本中单击鼠标，可选中单击处所在的整个句子。

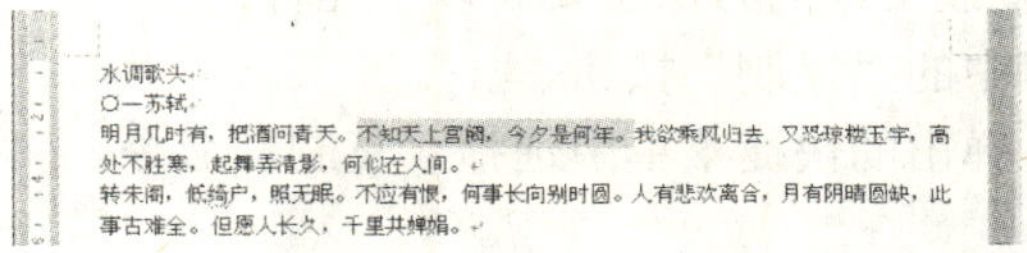

4 **选择矩形文本块：**按住“Alt”键不放，在文档中按住鼠标不放并拖动，可以选中矩形文本块。

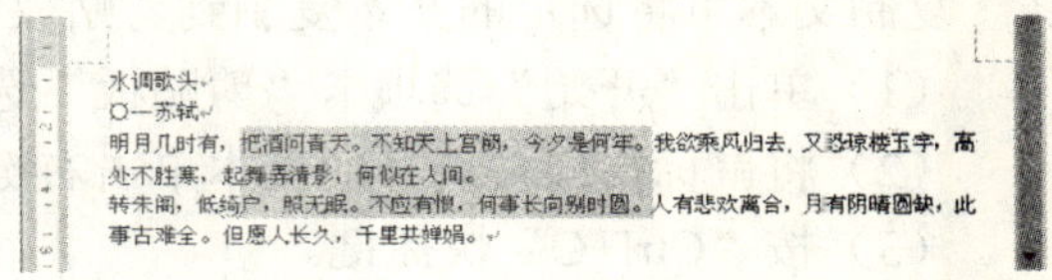

5 **选择不连续的文本：**在选择任意一段文本后，按住“Ctrl”键不放，再拖动鼠标在文档中选择其他文本，可同时选择多段不连续的文本。

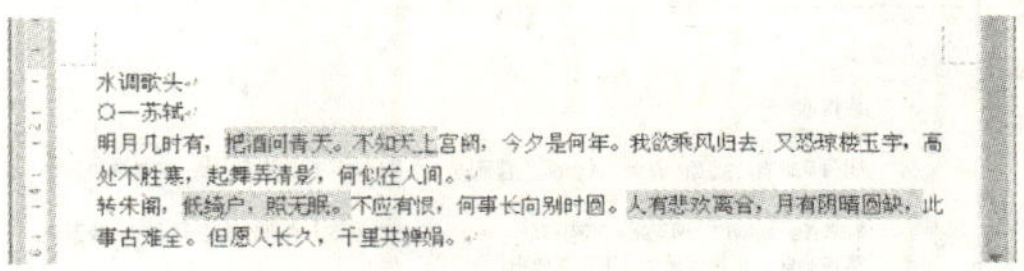

提示：

将鼠标指向一段文本的任何位置三击，可选中整段文本；将鼠标指向某个词组双击可选择该词组。

在要选择文本的第一个字符前面单击，按住 Shift 键并在要选择文本的最后一个字符后面单击，可以选中光标与鼠标指针之间的所有连续文本。

• 使用键盘选择文本

使用键盘选择文本主要有以下几种方法：

（1）使用“Shift”键连续选择。按住“Shift”键，同时按住“Home”键可选择从当前光标所在的位置开始到行首；按住“Shift”键，并同时按住“End”键可选择从当前光标所在的位置开始到行尾；选择第一段文本后，按住“Shift”键并单击文档的末尾，可选择整个文档。

（2）使用“Ctrl”键可选择不连续文本。选择第一处文本后，按住“Ctrl”键的同时再选择第二处文本。

（3）使用“Alt”键选择矩形文本。按住“Alt”键，同时用鼠标在文档中的任何位置拖动即可选择一块矩形文本。

5.1.3 复制和移动文本

如何复制和
移动文本呢？
在 Word 2007 中，可通过多
种方法复制和移动文本，接下来
将讲解具体的操作方法。

熟练掌握复制和移动操作，可以提高工作效率。当需要输入与前面内容相同的文本时，进行复制可以节省时间；当输入的文本位置错误时，可以将文本移动到正确的位置。

• 复制文本

复制文本可将选定的文本复制到剪贴板中。复制文本的方法主要有以下几种：

（1）单击“开始”选项卡“剪贴板”选项组中的“复制”按钮 。

（2）将鼠标指向被选择的文本单击右键，在弹出的快捷菜单中选择“复制”命令。

（3）按“Ctrl+C”快捷键。

1 打开文档，并选择需要复制的文本。

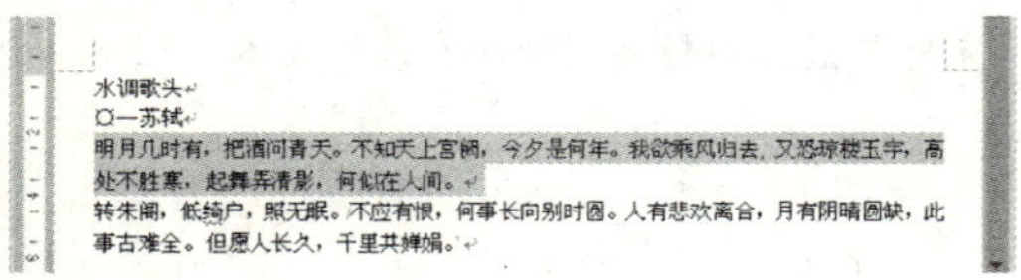

2 单击“开始”选项卡“剪贴板”选项组中的“复制” 按钮，此时被选择的文本会被复制到剪贴板中，将光标定位到目标位置，再单击“开始”选项卡“剪贴板”选项组中的“粘贴” 按钮即可将复制的文本粘贴到目标位置。

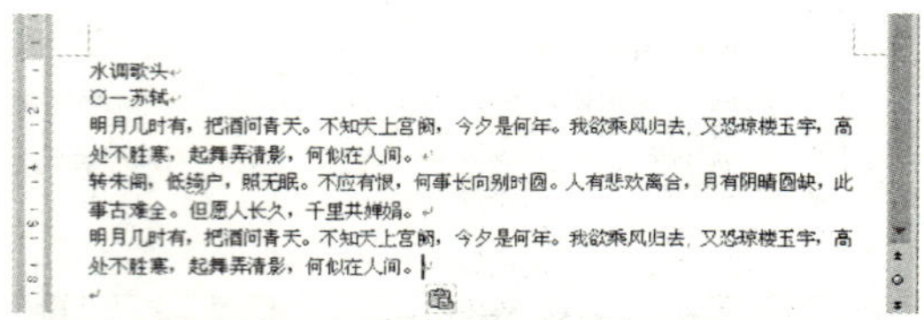

• 移动文本

移动文本可以通过拖动鼠标和通过剪贴板移动两种方式进行。

（1）通过拖动鼠标移动文本：拖动鼠标移动文本的方法是将鼠标光标移动到选择的要移动的文本上，当鼠标光标变成 形状时，按住鼠标左键不放并拖动，这时鼠标光标变成 形状，当虚竖线到达目标位置后释放鼠标，即可将选择的文本移动到目标位置。

（2）通过剪贴板移动文本：在剪切文本之前必须先选择文本，再进行剪切操作。

剪切文本的方法主要有以下几种：

1）单击“开始”选项卡“剪贴板”选项组中的“剪切”按钮 。2）将鼠标指向被选定的文本单击右键，在弹出的快捷菜单中选择“剪切”命令。3）按“Ctrl+X”快捷键。

5.1.4 查找和替换文本

如何“查找和替换”文本呢？
单击“开始”选项卡中的“查找”或“替换”按钮即可查找或替换文本。

查找和替换文本可将文档中某个词组、一句话、一段话等替换成别的内容。查找和替换文本主要用于将文档中错误的内容替换为正确的内容。

• 查找文本

使用“查找”按钮可在整个文档或文档中的某部分查找所需的内容。

1 打开需要查找内容的文档。然后单击“开始”选项卡，并在“编辑”选项组中单击“查找”按钮。

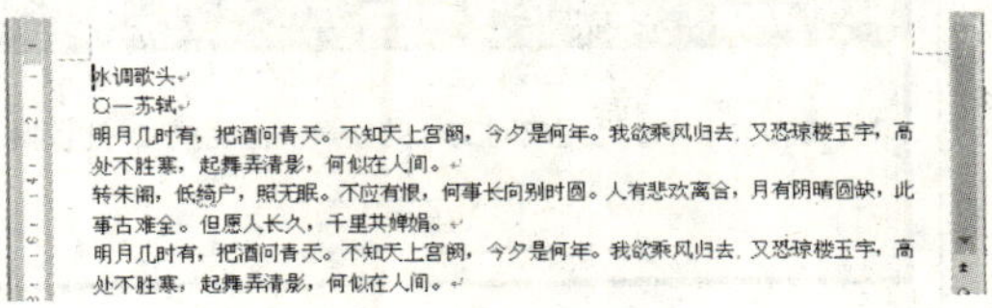
水调歌头
一苏轼
明月几时有，把酒问青天。不知天上宫阙，今夕是何年。我欲乘风归去，又恐琼楼玉宇，高
处不胜寒，起舞弄清影，何似在人间。
转朱阁，低绮户，照无眠。不应有恨，何事长向别时圆。人有悲欢离合，月有阴晴圆缺，此
事古难全。但愿人长久，千里共婵娟。
明月几时有，把酒问青天。不知天上宫阙，今夕是何年。我欲乘风归去，又恐琼楼玉宇，高
处不胜寒，起舞弄清影，何似在人间。

2 此时会弹出下图所示的“查找和替换”对话框。

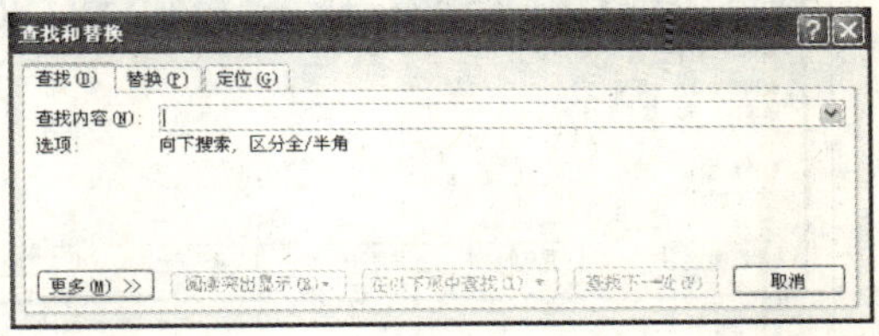
查找和替换
查找(D)
替换(P)
定位(G)
查找内容(N):
选项:
向下搜索，区分全/半角
更多(M) >>
取消

3 在“查找内容”文本框中输入将要查找的内容，在此输入文本“明月”。

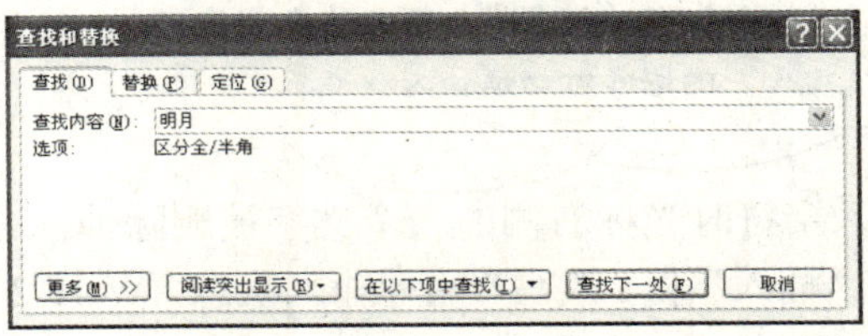
查找和替换
查找(D)
替换(P)
定位(G)
查找内容(N):
明月
选项:
区分全/半角
更多(M) >>
阅读突出显示(R)
在以下项中查找(I)
查找下一处(F)
取消

4 单击对话框中的“查找下一处”按钮，此时光标会在文档中依次查找到文本“明月”，被查找到的内容将会被反白显示。

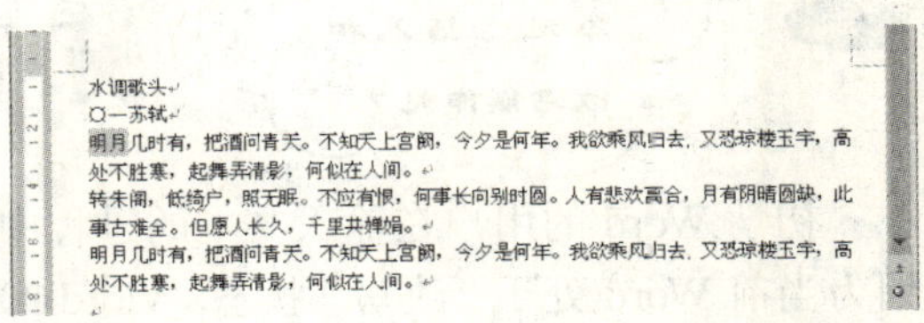
水调歌头
一苏轼
明月几时有，把酒问青天。不知天上宫阙，今夕是何年。我欲乘风归去，又恐琼楼玉宇，高
处不胜寒，起舞弄清影，何似在人间。
转朱阁，低绮户，照无眠。不应有恨，何事长向别时圆。人有悲欢离合，月有阴晴圆缺，此
事古难全。但愿人长久，千里共婵娟。
明月几时有，把酒问青天。不知天上宫阙，今夕是何年。我欲乘风归去，又恐琼楼玉宇，高
处不胜寒，起舞弄清影，何似在人间。

• 替换文本

使用“替换”按钮可将查找到的文本内容替换为其他内容。

1 打开需要替换文本内容的文档。

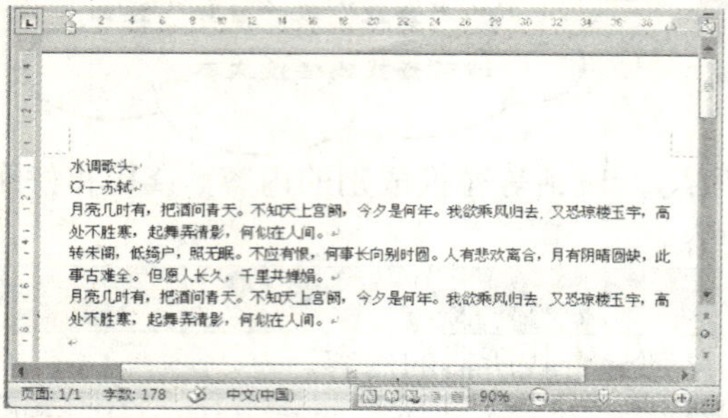
水调歌头
〇一苏轼
月亮几时有，把酒问青天。不知天上宫阙，今夕是何年。我欲乘风归去，又恐琼楼玉宇，高处不胜寒，起舞弄清影，何似在人间。
转朱阁，低绮户，照无眠。不应有恨，何事长向别时圆。人有悲欢离合，月有阴晴圆缺，此事古难全。但愿人长久，千里共婵娟。
月亮几时有，把酒问青天。不知天上宫阙，今夕是何年。我欲乘风归去，又恐琼楼玉宇，高处不胜寒，起舞弄清影，何似在人间。
页面: 1/1 字数: 178 中文(中国) 90%

2 单击“开始”选项卡“编辑”组中的“替换”按钮。此时会弹出“查找和替换”对话框。

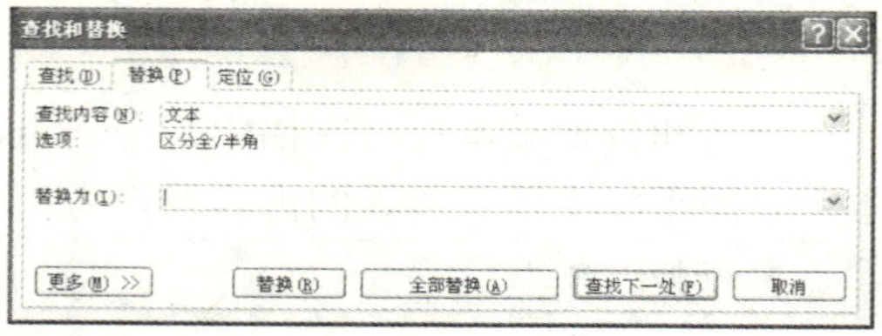
查找和替换
查找(D) 替换(P) 定位(G)
查找内容(N): 文本
选项: 区分全/半角
替换为(I):
更多(M) >> 替换(R) 全部替换(A) 查找下一处(F) 取消

3 在“查找内容”文本框中输入查找内容“月亮”，然后在“替换为”文本框中输入替换内容“明月”。

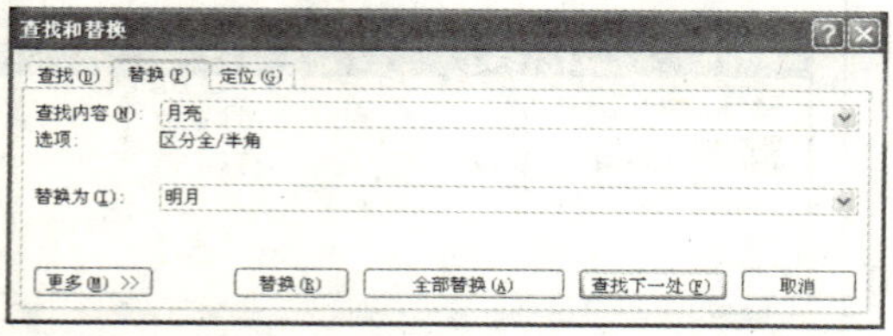
查找和替换
查找(D) 替换(P) 定位(G)
查找内容(N): 月亮
选项: 区分全/半角
替换为(I): 明月
更多(M) >> 替换(R) 全部替换(A) 查找下一处(F) 取消

4 单击对话框中的“全部替换”按钮，即可将文档中的符合要求的文本内容全部替换，并弹出如下图所示的提示框。

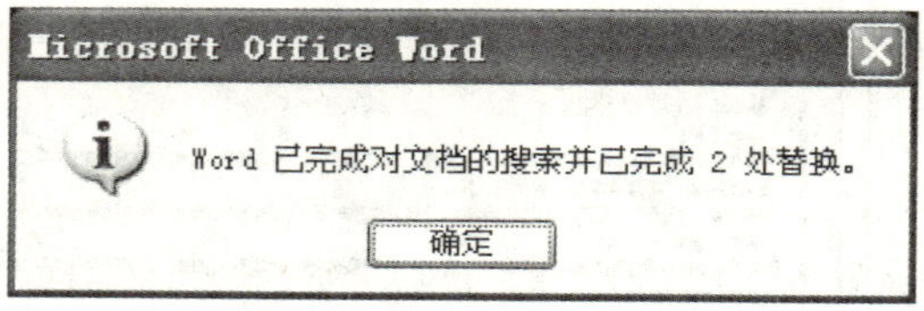
Microsoft Office Word
Word 已完成对文档的搜索并已完成 2 处替换。
确定

提示：在“查找和替换”对话框中单击“更多”按钮，然后在出现的选项组中进行设置，可对文本进行更加精确的查找和替换。

5.1.5 插入和改写文本

如何对文本进行插入和改写操作呢？
Word 2007 只有两种输入状态，即“插入”和“改写”，单击状态栏中的 插入 图标即可切换输入状态。

初学 Word 的用户在输入文本的过程中，插入字符时光标右侧的一个文字被删除掉，这是因为当前 Word 处于“改写”状态。Word 2007 有“插入”和“改写”两种输入状态，Word 2007 的状态栏上有一个 插入 图标，表示此时 Word 处于“插入”状态，用鼠标单击该图标，即可切换到“改写” 改写 状态。

提示：在键盘上按编辑区中的“Insert”键可以快速在“插入”和“改写”状态间切换。

5.1.6 删除文本

如何删除文
本内容呢？
在 Word 2007 中，可通过
BackSpace 键和 Delete 键，及其与
Ctrl 键的配合来删除文本内容。

使用 Word 编辑文本时难免会输入错误或多余的文字，可以将其删除。删除文本的方法有两种，下面将详细讲解。

• 使用光标定位的方法删除文本

将光标定位到需要删除的文本处，然后进行以下操作之一：

• 按 BackSpace 键删除光标左侧的一个字。

• 按 Delete 键删除光标右侧的一个字。

• 按 Ctrl+BackSpace 键删除光标左侧的一个词。

• 按 Ctrl+ Delete 键删除光标右侧的一个词。

• 删除选定的文本

如果要删除的文字很多，用户可以选定要删除的文本后再执行删除操作，其方法有如下几种：

• 选定需要删除的文本后，按 Delete 键。

• 选定需要删除的文本后，单击“开始”选项卡，在随后出现的“剪贴板”选项组中单击 按钮。

5.2 美化文档

编辑一篇满意的文档，不仅仅是对文本进行修改、排版、复制等操作，更需要的是对文本内容进行格式设置，使文档更加美观大方。在 Word 2007 中可对字符设置字体、字号、颜色，对段落可设置缩进、对齐方式、段距等操作。

5.2.1 设置字符格式

如何设置字
符的格式呢？
在 Word 2007 中，可通过
“字体”选项组和“字体”对话
框两种方法设置字符格式。

字符的格式内容包括文本的字体、字号、字形、颜色等，在 Word 2007 中对字符进行格

式设置的方法有两种：第一种是使用“字体”选项组中的按钮进行格式设置；第二种是使用“字体”对话框设置字符格式。

在编辑文档时，可通过以下两种方式使输入的文本应用到设置的格式：

（1）先设置后输入：即先设置好文本的格式，再输入文字，这时输入的文字会自动应用所设置的格式。

（2）先输入后设置：即先在文档中输入文本，然后选择需要设置格式的文本，再设置格式。

• 使用“字体”选项组中的相关按钮设置文本格式

在 Word 2007 中设置文本格式最方便的方法就是使用“字体”选项组中的格式按钮进行设置。

• 使用“字体”对话框设置文本格式

使用“字体”对话框设置文本格式主要可设置文本的字号、字形、字体和颜色等。

1 打开文档，并选择需要设置格式的文本。

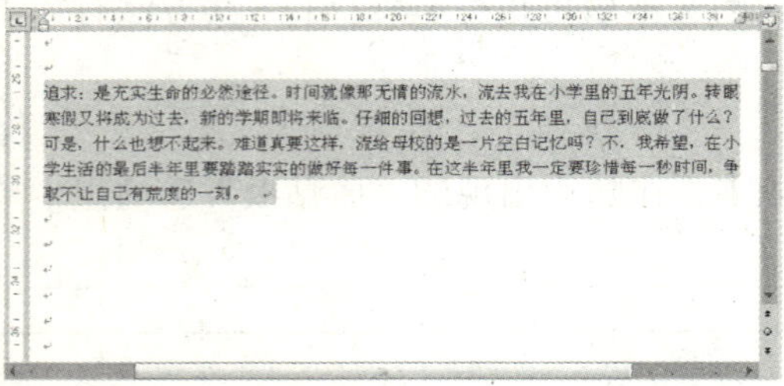

2 单击“开始”选项卡“字体”组中的“字体”按钮 ，打开“字体”对话框，如下图所示。

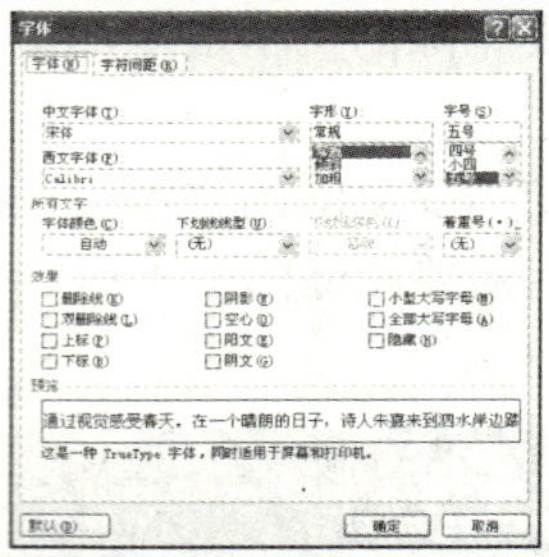

3 在对话框中单击“中文字体”列表框右侧的下拉按钮，在弹出的字体列表中选择“华文行楷”字体。

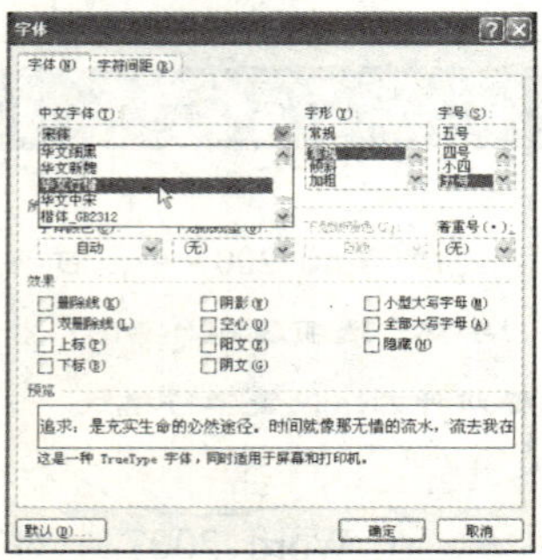

4 在“字形”列表框中选择“加粗 倾斜”。

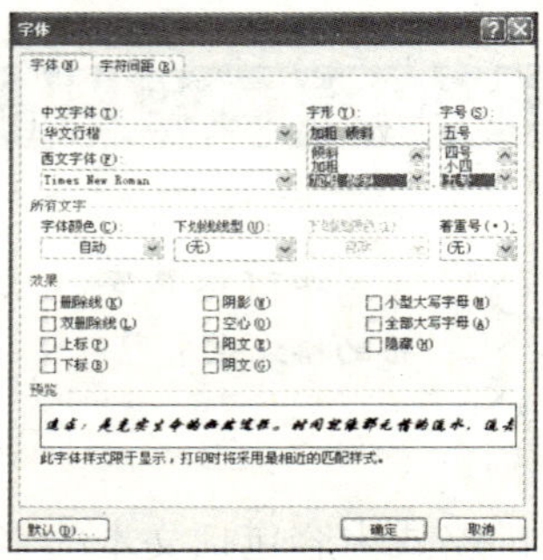

5 单击“字号”列表框右侧的垂直滚动条选择字号。

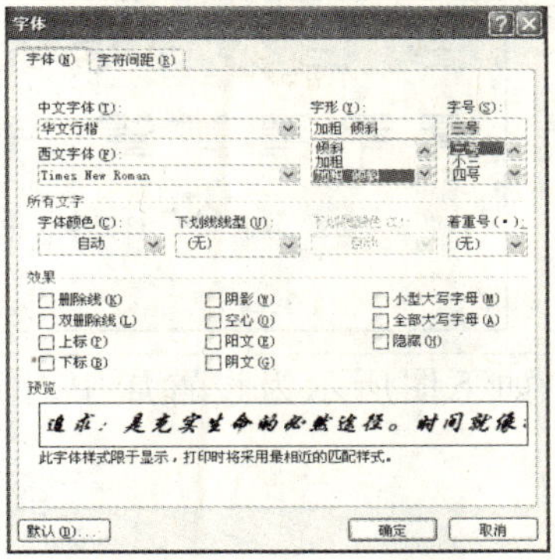

6 单击“字体颜色”列表框右侧的下拉按钮，在弹出的颜色面板中选择“紫色”。

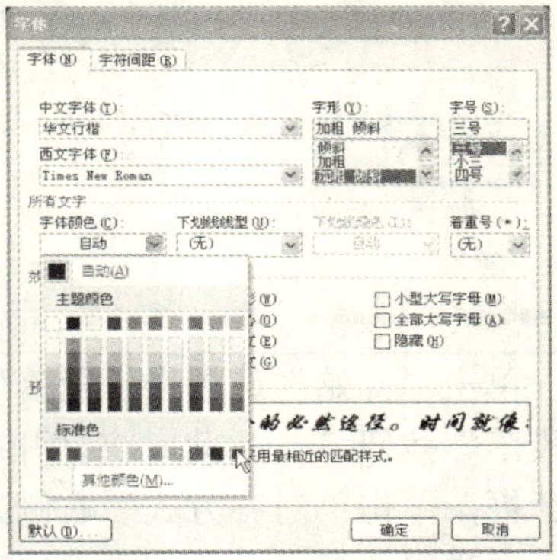

7 在“下划线线型”列表框中选择需要的下划线线型。

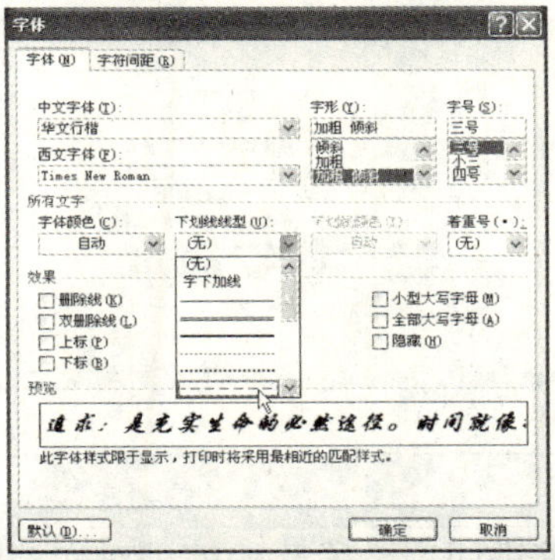

8 设置完毕后，单击“确定”按钮，效果如下图所示。

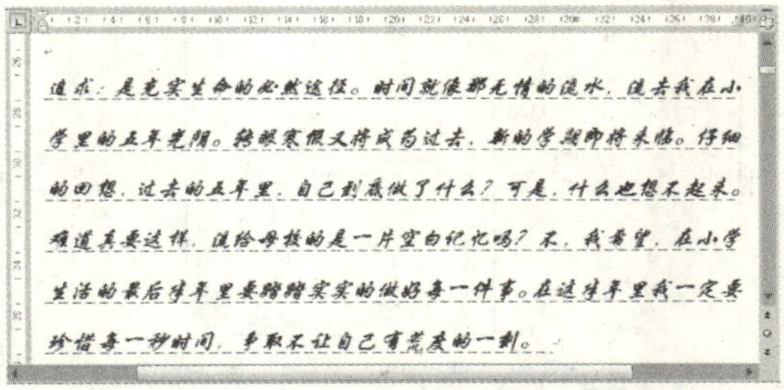

5.2.2 设置段落格式

如何设置段落格式呢？
在 Word 2007 中，可通过“段落”选项组和“段落”对话框两种方法设置段落格式。

段落格式化是指设置段落的属性，包括段落对齐、段间距、缩进、换行、分页和版式等。

• 设置段落对齐

设置段落对齐方式可以直接单击“开始”选项卡“段落”选项组中的对齐按钮来设置段落对齐方式，当然也可以在“段落”对话框中进行设置。在 Word 2007 中，段落的对齐方式共有 5 种，分别是左对齐、居中、右对齐、两端对齐和分散对齐。

1 选择需要设置对齐方式的文本。

人生哲理
忠诚：是建筑人生大厦的基石。
信任：是酿造友谊之蜜的花朵。
理解：是沟通心灵间的桥梁。
勤奋：是事业成功的忠实伴侣。
毅力：是开拓世界的利剑。
理智：是抵御灾难的铜墙铁壁。

2 直接单击“开始”选项卡“段落”选项组中的对齐按钮即可设置段落对齐。

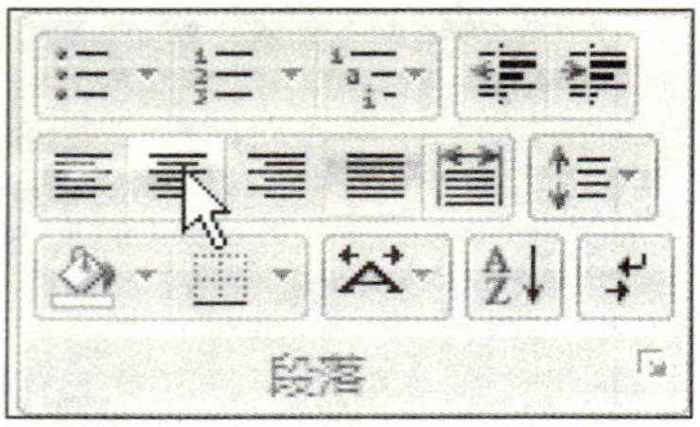
段落

3 单击“开始”选项卡“段落”组中的“段落”按钮 ，此时将打开“段落”对话框，单击“对齐方式”右侧的下拉按钮，在弹出的对齐方式列表中也可设置段落对齐方式。

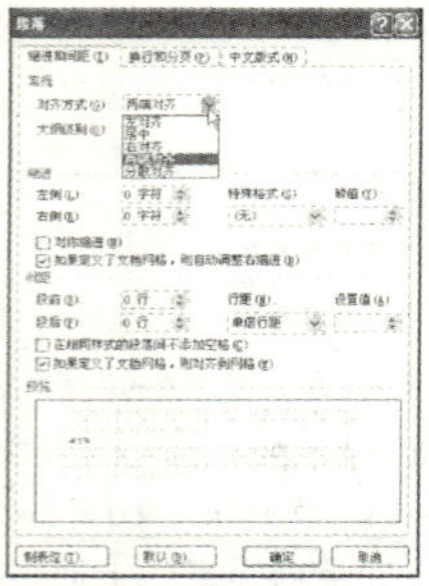

4 如下图所示为设置居中对齐后的效果。

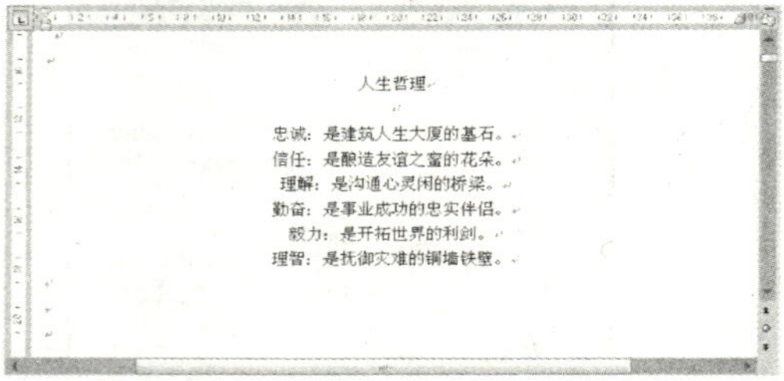
人生哲理
忠诚：是建筑人生大厦的基石。
信任：是酿造友谊之蜜的花朵。
理解：是沟通心灵间的桥梁。
勤奋：是事业成功的忠实伴侣。
毅力：是开拓世界的利剑。
理智：是抵御灾难的铜墙铁壁。

• 设置段落缩进

段落缩进包括左缩进、右缩进、首行缩进和悬挂缩进四项。段落的缩进对文档的排版非常有用，对一段文本使用不同的缩进可强调这段文本的内容。

1 选择需要设置段落缩进的文本内容。

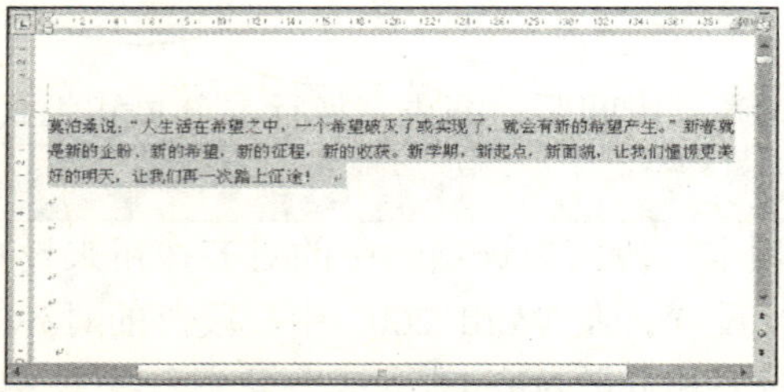

2 打开“段落”对话框，并在对话框中，单击“特殊格式”右下侧的按钮，在弹出的列表中选择需要的缩进方式。

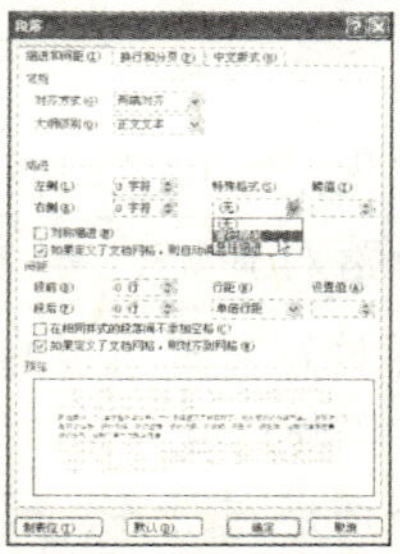

3 单击“磅值”栏右侧的按钮，设置缩进量为两个字符。

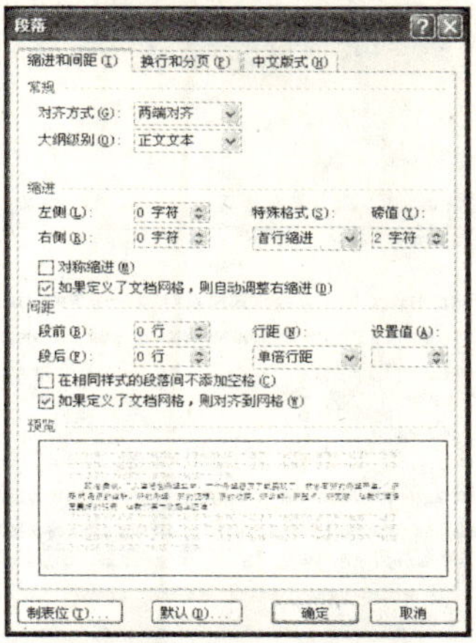

4 单击“确定”按钮，效果如下图所示。

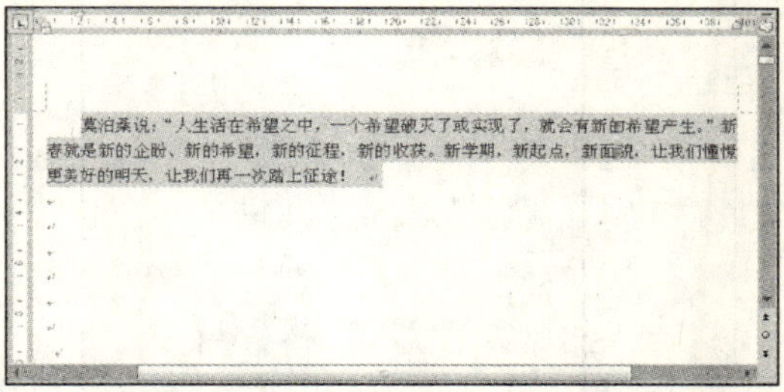

· 设置行间距和段间距

行间距是指段落中行与行之间的距离，段间距是指光标所在段与前一段或后一段之间的距离。可以根据需要设置文本的行间距和段间距，使段落之间区分更加明显，从而体现出层次感。

1 将光标定位于段落中，或选中多个需要调整间距的段落。

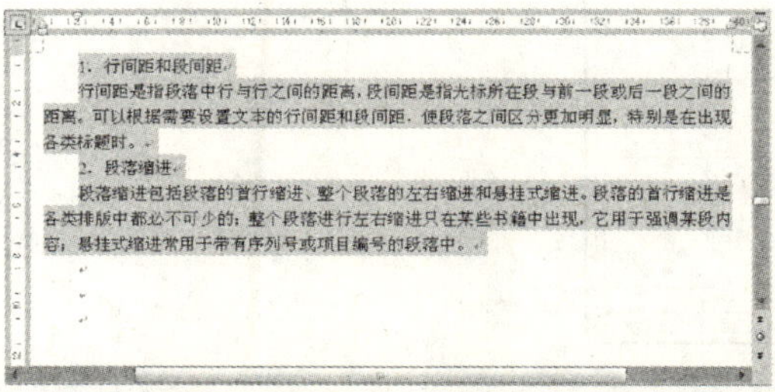

2 打开“段落”对话框，并单击“段前”和“段后”右侧的按钮，将段前段后的间距设置为 1 行。

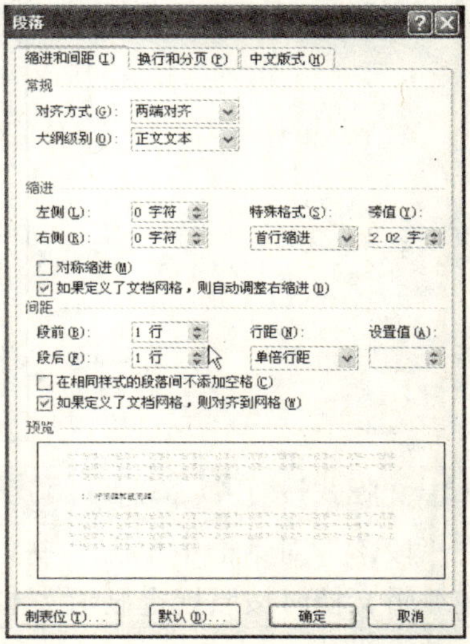

3 单击“行距”右侧的按钮，从弹出的下拉列表框中选择所需的行距，在此选择“1.5 倍行距”。

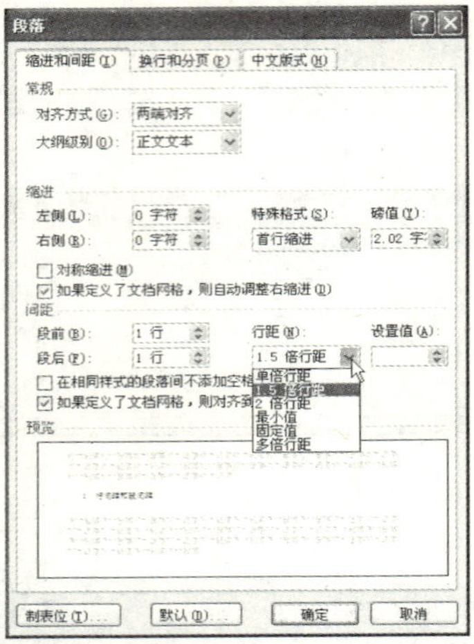

4 设置完毕后，单击“确定”按钮，效果如下图所示。

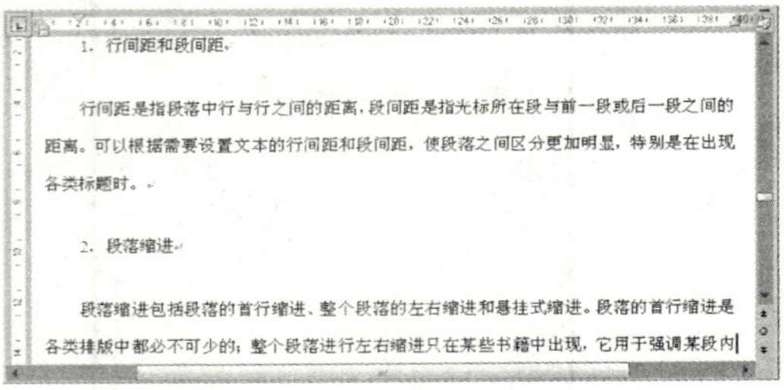

• 设置换行和分页

在“段落”对话框中单击“换行和分页”选项卡，此时对话框如下图所示，在此对话框中可对文档中某段文本进行换行和分页设置。若在此对话框中选择“段前分页”复选框，无论将光标定位在段落的任何位置，只要按回车键即可将光标前面的文本与后面的文本分页显示。

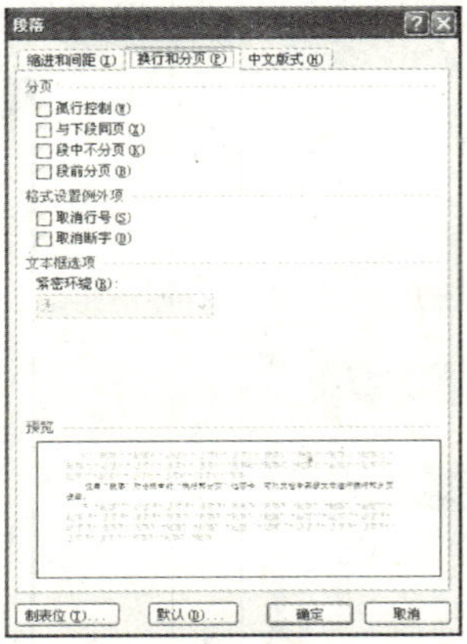

• 中文版式设置

在“段落”对话框中单击“中文版式”选项卡，此时对话框将如下图所示。在此对话框中可在编辑文档时按照规定显示文本的版式。

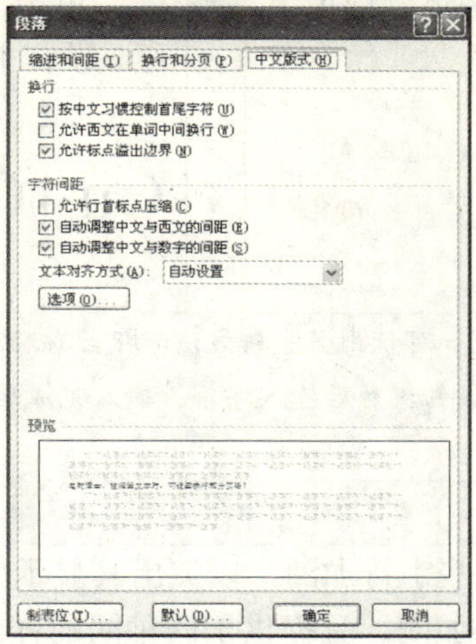

换行和分页选项框中各选项的含义如下：

“换行”：在此选项中可规定字符的换行情况，如允许在西文单词中间进行换行、允许标点溢出边界、按习惯控制段落首尾字符等。

“字符间距”：在此选项中可规定字符间的距离情况，如允许行首标点压缩、自动调整中西文的间距和自动调整中文与数字的间距等。

“文本对齐方式”：单击此栏右侧的下拉按钮，会弹出对齐方式列表框，它共有 5 种对齐方式，分别是顶端对齐、居中、基线对齐、底端对齐和自动设置。

5.2.3 修饰文档

• 设置上标和下标

在文本中给字符设置上、下标是许多专业文章必不可少的要求。在 Word 2007 中可直接单击“开始”选项卡“字体”选项组中的“上标、下标”按钮为字符设置上、下标。

1	在文本中输入化学公式的雏形“Cu2(OH)2CO3+2H2SO4”。 Cu2(OH)2CO3+2H2SO4	2	选定将要设置为下标的字符。 Cu2(OH)2CO3+2H2SO4

3 单击“开始”选项卡“字体”选项组中的“下标”按钮 x_2 。

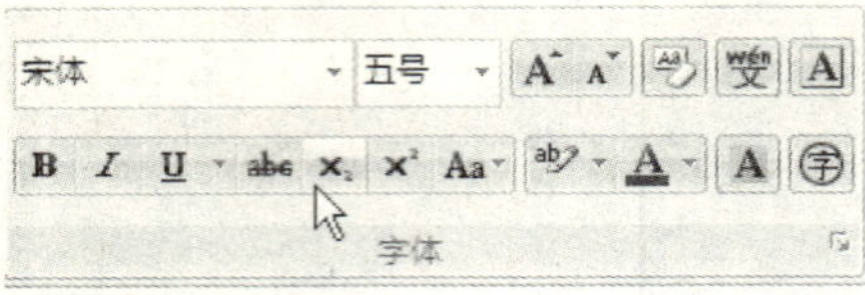

4 单击“下标”按钮后，效果如下图所示，设置上标的方法与设置下标基本相似。

$$Cu_2(OH)_2CO_3+2H_2SO_4$$

提示：在设置字符上、下标效果时，可使用另一种方法，即当输入需要设置上、下标的字符时，单击“字体”选项组中的“上标”或“下标”按钮，然后输入字符。输入完成后再撤销上、下标设置，恢复成原来的输入状态。

• 给字符加圈

在一些特殊的场合需要为一些字符加圈，以突出其显示效果或特殊意义。在 Word 2007 中，可以为单个汉字或两位数字加圈，且提供了四种圈的样式，如圆圈、方形、三角形和菱形。

1 选择需要设置带圈的字符。

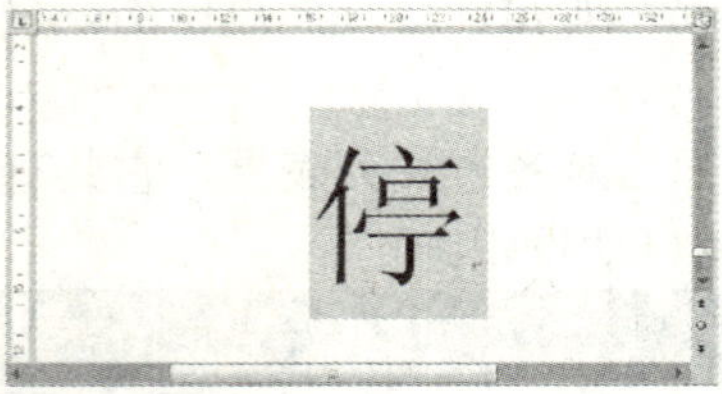

2 单击“字体”选项组上的“带圈字符”按钮 ㊢ 。

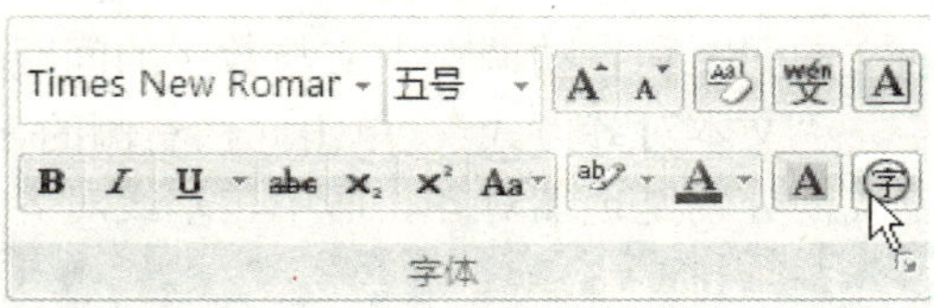

3 此时将会弹出“带圈字符”对话框。在对话框中选择“增大圈号”样式，并在“圈号”。。

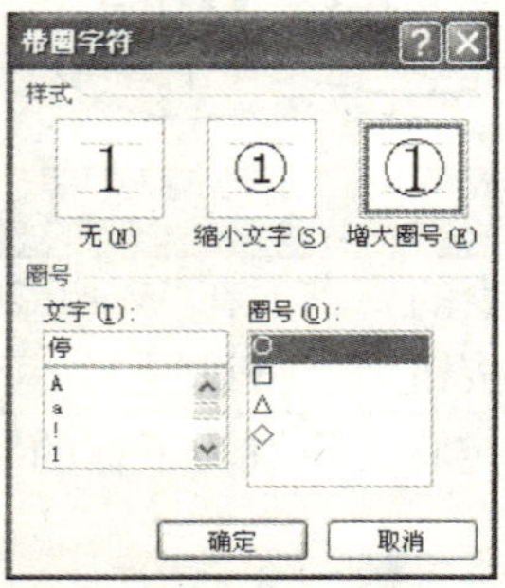

4 单击“确定”按钮，效果如下图所示。

• 给汉字注音

在文档中给汉字注音，可帮助年龄较小的学生认识汉字，便于阅读。

1 选择需要注音的文本内容。

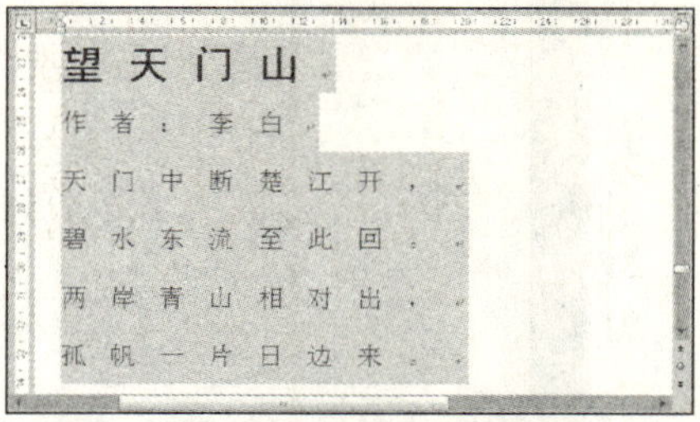

2 单击“开始”选项卡“字体”组中的“拼音指南”按钮 ，将弹出“拼音指南”对话框。

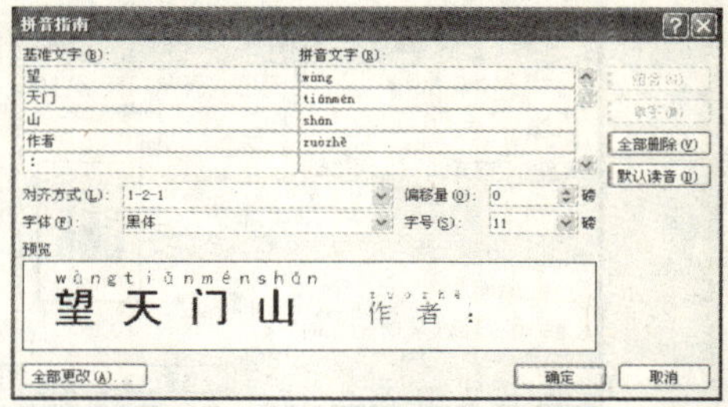

3 在该对话框中设置各项参数。

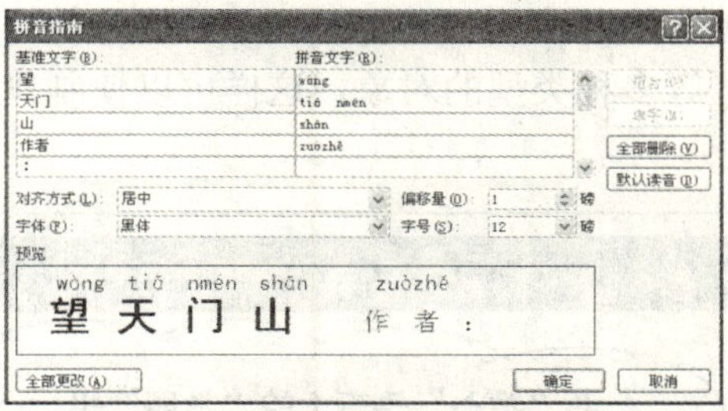

4 单击“确定”按钮后，即可为所选文本加上拼音注释。

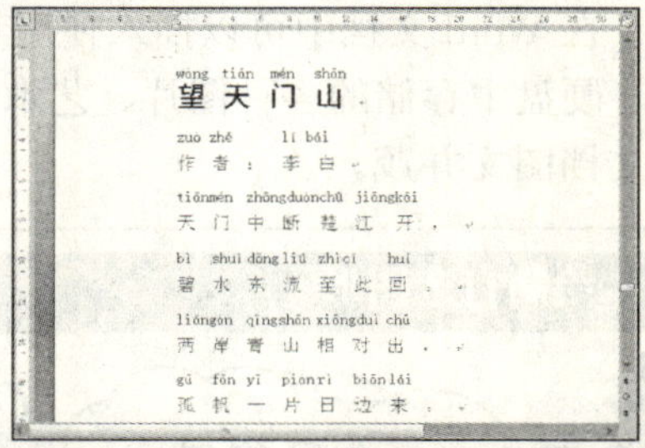

• 设置分栏

将文档分栏是一种常用的排版方式，它常用于编排报刊和科技论文等文档。对文档进行分档设置，可将文档中的文本按从左至右的方式进行排列。

1 选择需要分栏的文档。

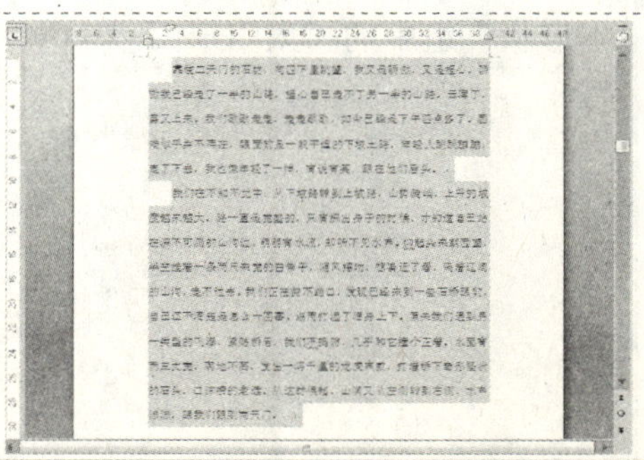

2 在“页面布局”选项卡“页面设置”组中单击“分栏”按钮，此时会弹出分栏下拉菜单，在此菜单中选择“更多分栏”命令后，将弹出“分栏”对话框。

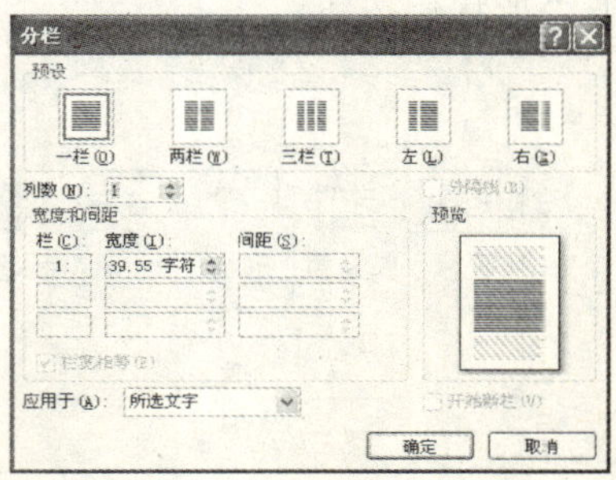

3 在对话框中单击“列数”栏右侧的按钮，可设置分栏的栏数。

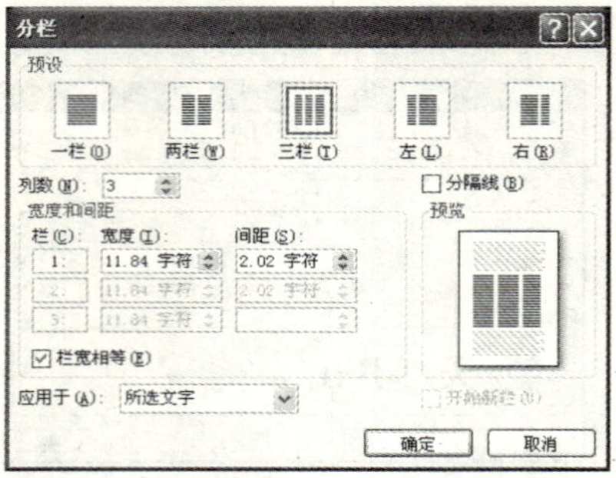

4 单击“确定”按钮后，分栏效果如下图所示。

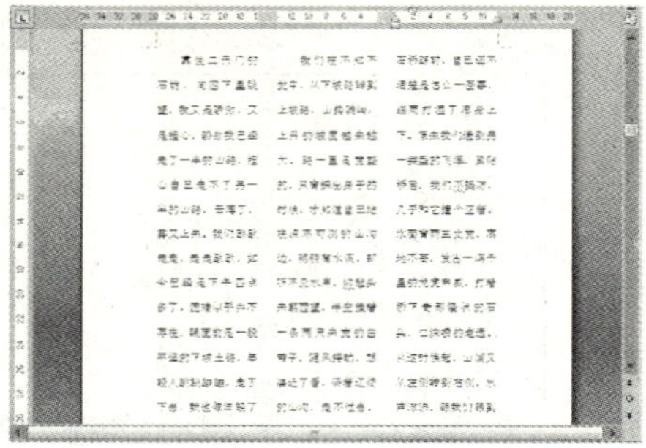

5.3 插入对象

在 Word 文档中可以插入使用绘图工具绘制的自选图形，Office 2007 系统自带的剪贴画、硬盘中存储的各种图片、艺术字以及文本框等多种类型的对象，这样可以使制作出来的文档图文并茂。

5.3.1 绘制自选图形

Office 2007 提供了多种自选图形绘制工具，自选图形包括一些基本形状（如矩形和圆）、各种线条、连接符、箭头、流程图、星与旗帜和标注等，使用自选图形可以方便地制作流程图、组织结构图等图示。

1 在“插入”选项卡的“插图”组中单击“形状”按钮。

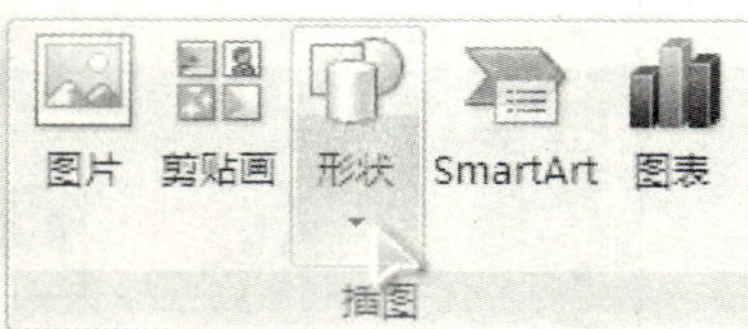

2 在弹出的“形状”面板中，单击“基本形状”组中的“太阳形”。

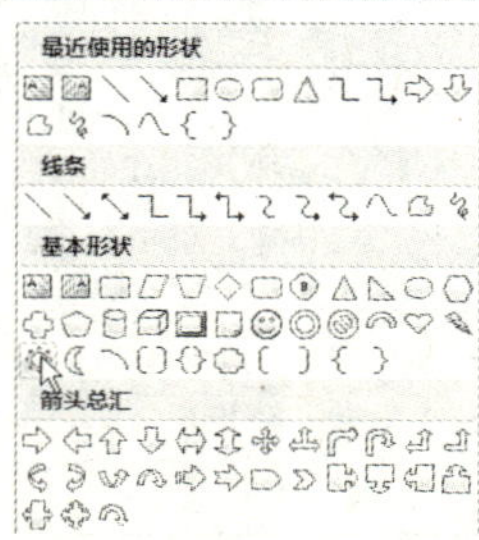

3 用鼠标指向文档中，当鼠标变成十字形状时，按住鼠标左键并拖动，拖动到合适的大小时释放鼠标即可。

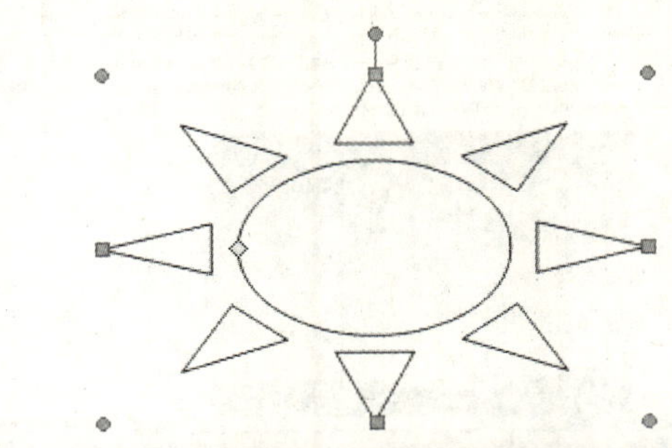

4 按住 Shift 键拖动鼠标即可绘制出一个正规图形。

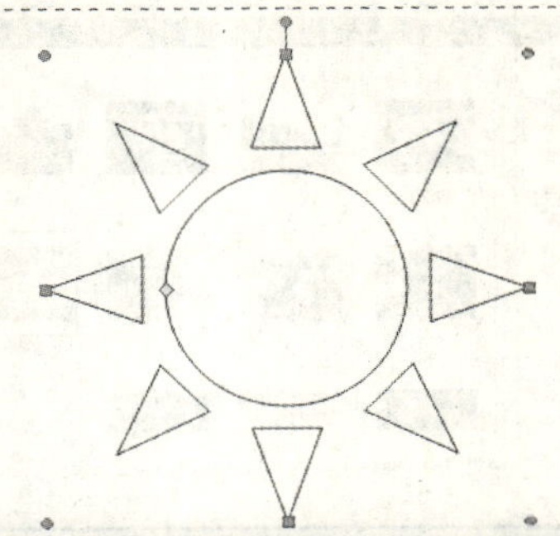

5.3.2 插入图片

如何在文档中
插入图片呢？

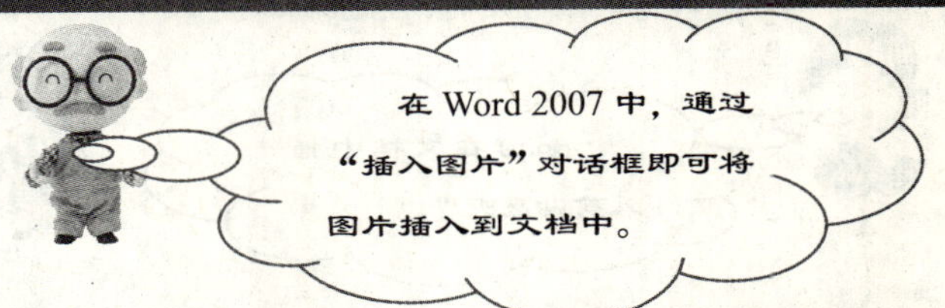
在 Word 2007 中，通过
“插入图片”对话框即可将
图片插入到文档中。

保存在本地磁盘或网络驱动器中的图片都可以方便地插入到 Word 文档中，并可根据需要对图片进行缩放、裁剪、文字环绕、调整颜色等操作。

单击“插入”选项卡“插图”组中的“图片”按钮，即可在文档中插入图片。在 Word 2007 中规定，只有被过滤后扩展名为.bmp、.gif、.jpg、.tif 格式的图形文件，才能插入到 Word 文档中。

1 将光标定位在文档中需要插入图片的位置。

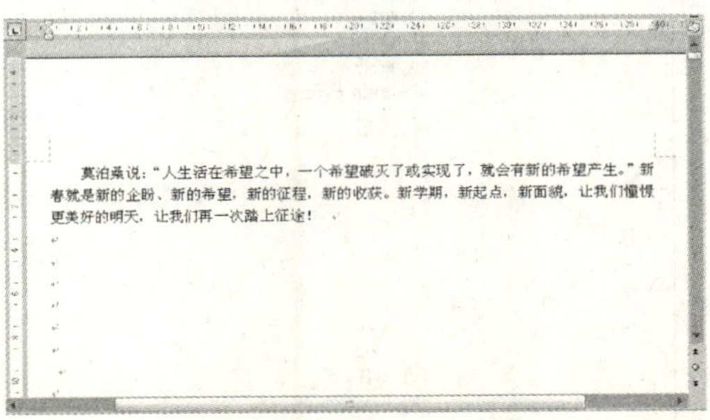
莫泊桑说：“人生活在希望之中，一个希望破灭了或实现了，就会有新的希望产生。”新春就是新的企盼、新的希望、新的征程、新的收获。新学期，新起点，新面貌，让我们憧憬更美好的明天，让我们再一次踏上征途！

2 在“插入”选项卡中的“插图”组中单击“图片”按钮，此时将打开“插入图片”对话框。

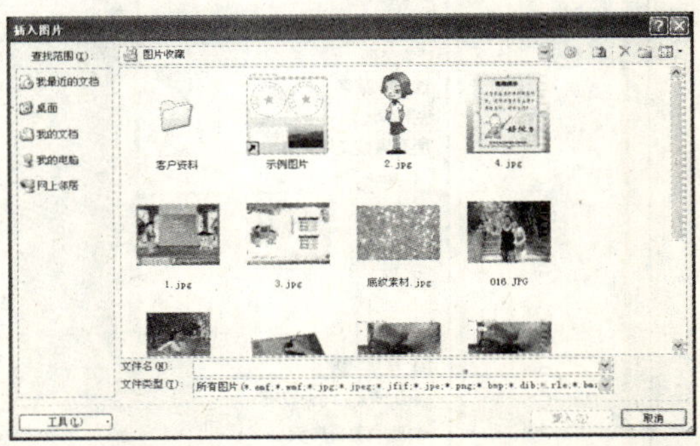
插入图片
查找范围(I):
图片收藏
我最近的文档
桌面
我的文档
我的电脑
网上邻居
客户资料
示例图片
2.jpg
4.jpg
1.jpg
3.jpg
底纹素材.jpg
016.JPG
文件名(N):
文件类型(T):
工具(L)
取消

3	在对话框中单击“查找范围”栏右侧的下拉按钮，在弹出的列表中选择图片所在的位置，并选择图片。	4	单击“插入”按钮，即可在光标插入点插入图片。
	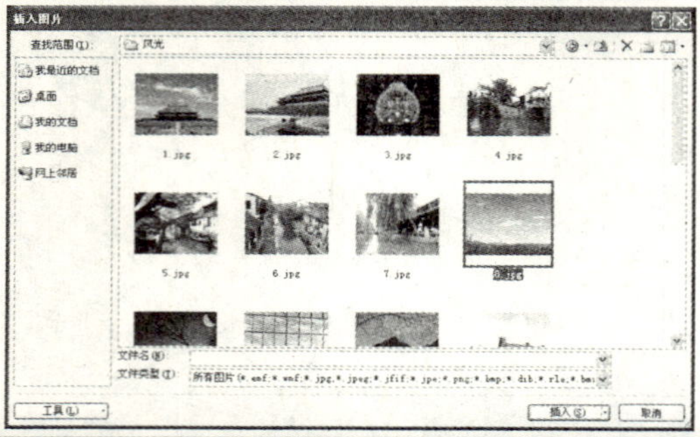		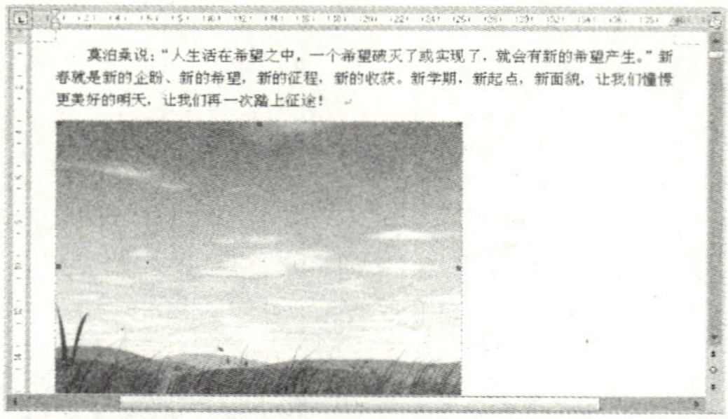

5.3.3 插入剪贴画

剪贴画实际上是 Office 2007 为用户提供的一些图片，因此其格式设置方法与外部图片的格式设置方法相同。

单击“插入”选项卡“插图”组中的“剪贴画”按钮，即可在文档中插入剪贴画。

1	将光标定位在文档中需要插入图片的位置，然后在“插入”选项卡中的“插图”组中单击“图片”按钮，此时在窗口右侧将打开“剪贴画”任务窗格。	2	在此任务窗格的“搜索文字”栏中输入需要插入的剪贴画的名称，如输入“科技”。
	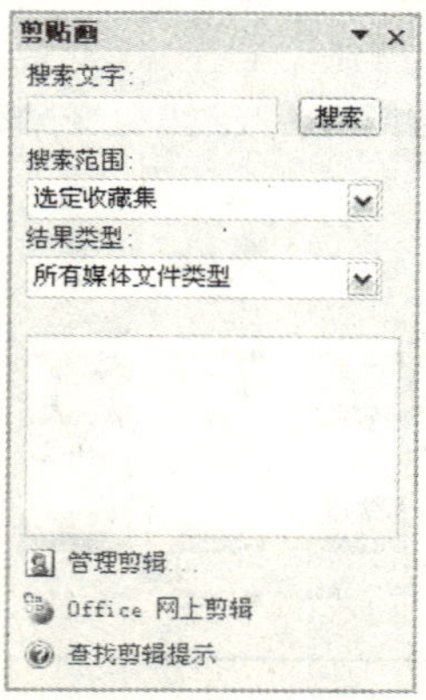		

3 单击“搜索剪贴画”栏右侧的“搜索”按钮，被搜索到的所有剪贴画会显示在任务窗格下面的方框中。

剪贴画
搜索文字:
科技
搜索
搜索范围:
所有收藏集
结果类型:
所有媒体文件类型
管理剪辑...
Office 网上剪辑
查找剪辑提示

4 用鼠标在方框中单击所需的剪贴画，即可插入到文档中光标所在的位置。

人生哲理
忠诚：是建筑人生大厦的基石。
信任：是酿造友谊之蜜的花朵。
理解：是沟通心灵闲的桥梁。
勤奋：是事业成功的忠实伴侣。
毅力：是开拓世界的利剑。
理智：是抵御灾难的铜墙铁壁。

5.3.4 插入艺术字

如何在文档中插入艺术字呢？
单击“插入”选项卡“文本”组中的“艺术字”按钮即可插入艺术字。

艺术字是一种极其有效的美化文档的手段，插入艺术字后，还可设置艺术字形状和样式、调整字符间距、更改艺术字内容，以及对其进行格式设置等。

1 将光标定位在需要插入艺术字的位置，然后单击“插入”选项卡“文本”组中的“艺术字”按钮。

签名行
文本框
文档部件
艺术字
首字下沉
日期和时间
对象
文本

2 在弹出的艺术字下拉面板中选择所需的艺术字样式。

3 此时会弹出如下图所示的“编辑艺术字文字”对话框。

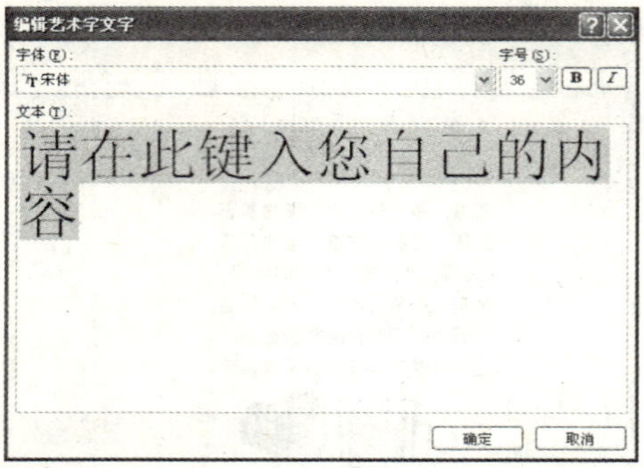

4 在文本框中重新输入内容。

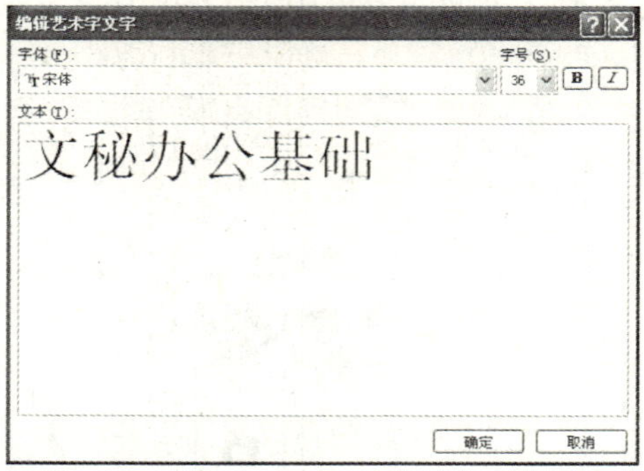

5 在该对话框中设置艺术字的字体、字号、字型。

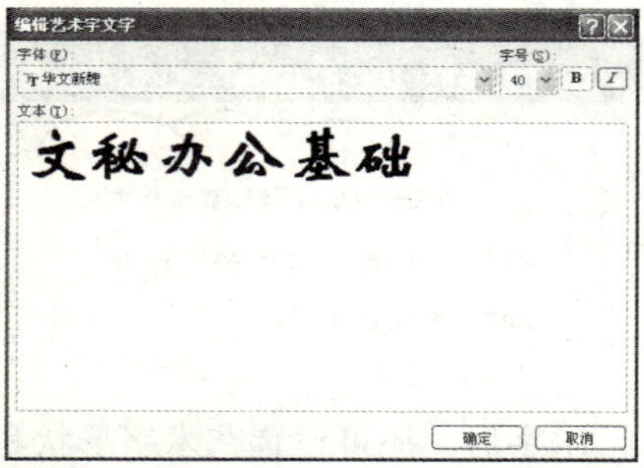

6 单击“确定”按钮，即可在文档中光标处插入如下图所示的艺术字效果。

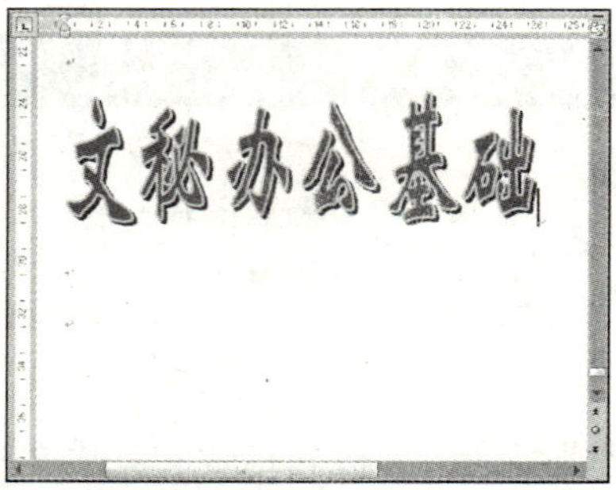

5.3.5 插入文本框

利用文本框可以设计出较为特殊的文档版面，因为在文本框中不但可以输入文本，还可以插入图片、剪贴画、自选图形和艺术字等对象，并可根据需要设置文本框的格式。

创建文本框的方法很简单，直接单击“插入”选项卡“文本”组中的“文本框”按钮即可。在 Word 2007 中提供了许多内置文本框样式，这也是 Word 2007 的一项新增功能。在 Word 2007 中创建文本框的方法有两种，一种是使用内置文本框样式；另一种是绘制文本框，绘制文本框通常用于创建普通文本框。

5.4 表格的应用

在许多文档中，经常都要使用表格来统计数据，使数据信息一目了然。在 Word 2007 中可以很方便地在文档中插入表格，而且还可以对表格进行各种编辑和设置格式。

5.4.1 创建表格

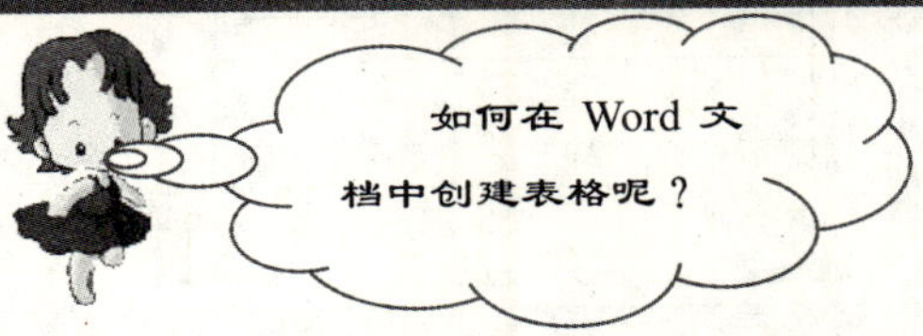

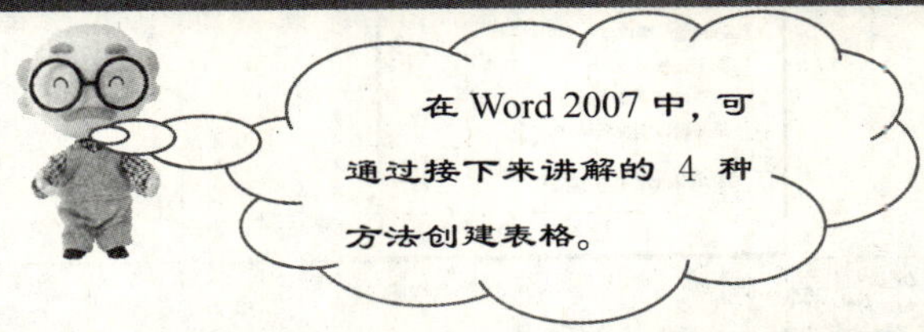

创建表格有多种方法，用户可根据需要选择使用哪一种方法创建表格，如创建普通的二维表格，可使用插入表格的方法；创建比较复杂的表格，可使用绘制表格的方法；创建 Excel 电子表格，可使用插入 Excel 电子表格的方法；创建带样式的表格，可使用快速创建表格的方法。

• 插入表格

单击“插入”选项卡“表格”组中的“表格”按钮，此时会弹出“插入表格”面板，用鼠标选中并单击面板中的表格，会自动在文档中创建与当前所选的行数和列数相应的表格。

当然也可单击面板下方的“插入表格”命令，在弹出的“插入表格”对话框中设置适当的行数和列数，然后单击“确定”按钮即可插入表格。

1 单击“插入”选项卡“表格”组中的“表格”按钮。

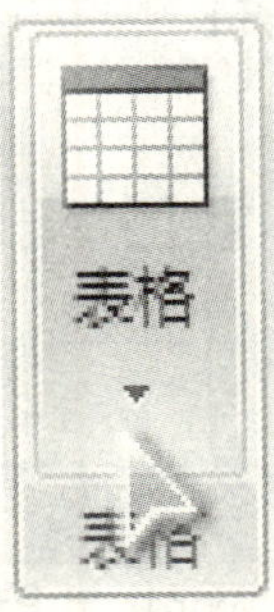

2 在弹出的表格面板中选择“插入表格”选项。

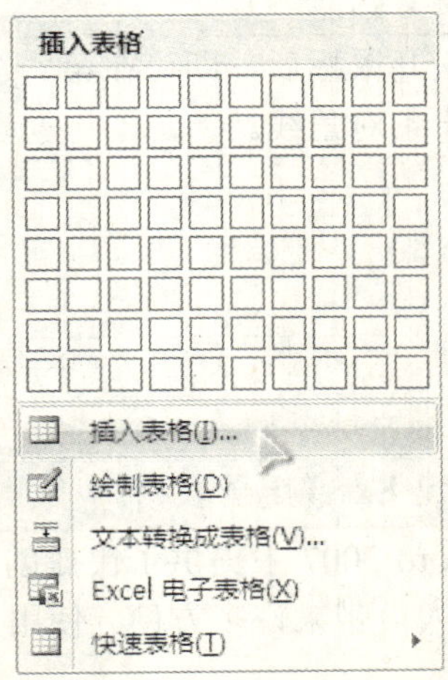

3 此时会弹出“插入表格”对话框。单击对话框中“列数”和“行数”栏右侧的按钮可设置表格的“列数”和“行数”，用户也可在这两栏中直接输入数值。

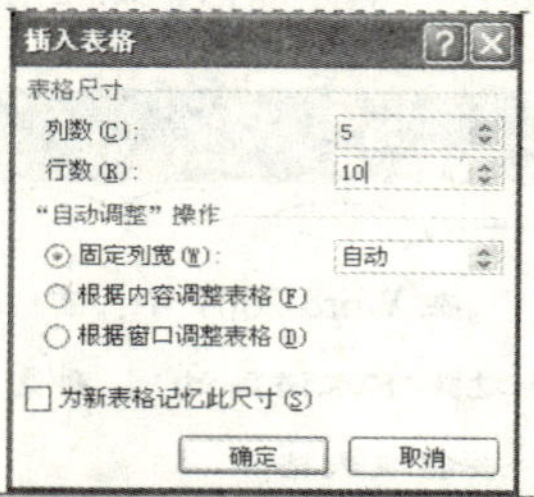

4 单击“确定”按钮，即可创建如下图所示的表格。

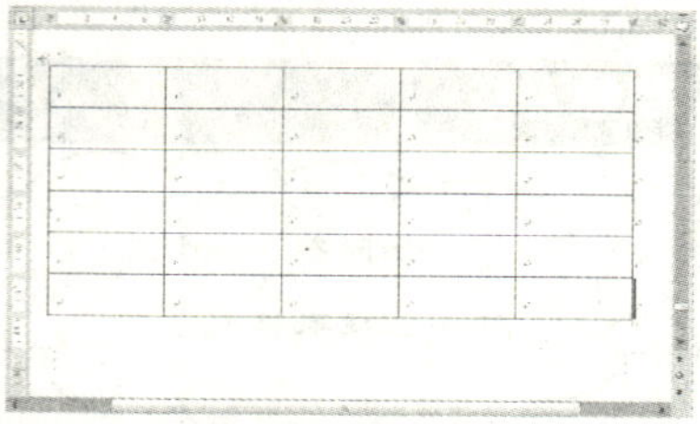

• 绘制表格

通常，用户将插入的表格叫做二维表格，而绘制的表格叫做自定义表格。绘制表格可在插入表格的基础上进行加工，使其变为复杂、美观且实用的表格。

1 打开一个带表格的 Word 文档，单击“插入”选项卡“表格”组中的“表格”按钮，在弹出的表格面板中选择“绘制表格”选项。

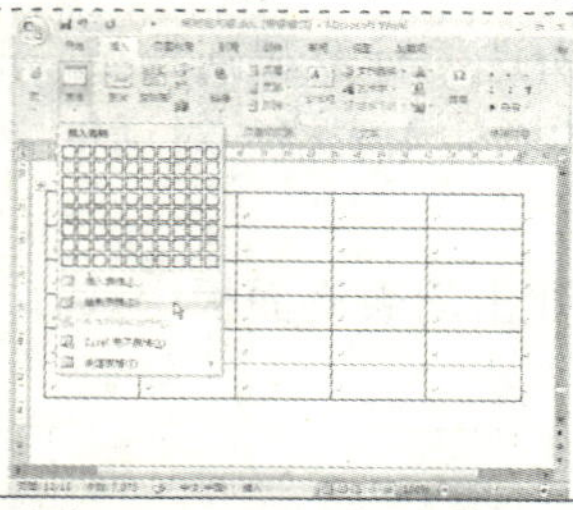

2 此时鼠标会变成绘画笔形状，表示可在文档中绘制表格，如下图所示将鼠标指向表格中第一个单元格的左上角按住左键并拖动到右下角。

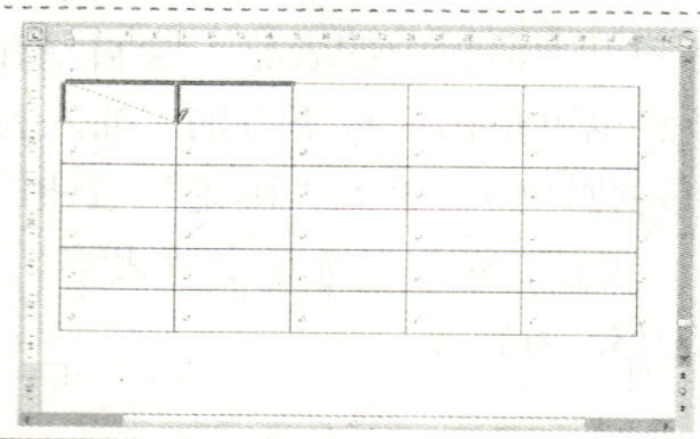

3 松开鼠标后，即可在第一个单元格中绘制一条对角线。

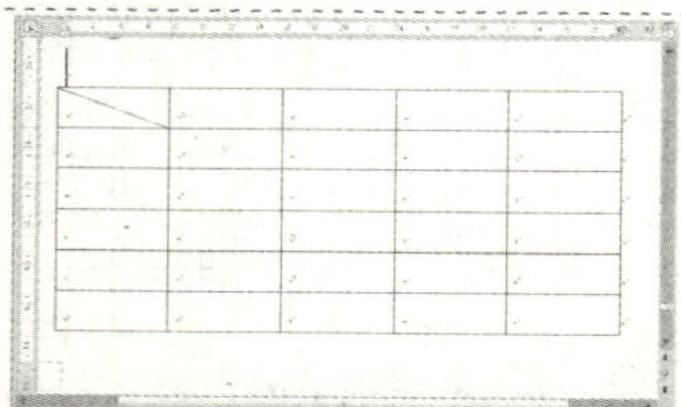

4 使用与步骤 2 同样的方法，可绘制如下图所示的表格。

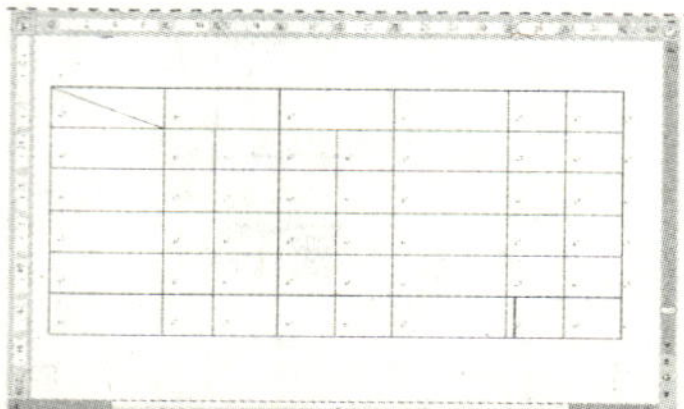

• 创建 Excel 电子表格

在 Word 2007 中提供了快捷创建 Excel 电子表格的功能，使 Word 与 Excel 进行结合，可为办公室人员带来许多方便。使用 Excel 电子表格功能可以在不启动 Excel 的情况下制作电子表格。

1 打开表格面板，选择“Excel 电子表格”选项。

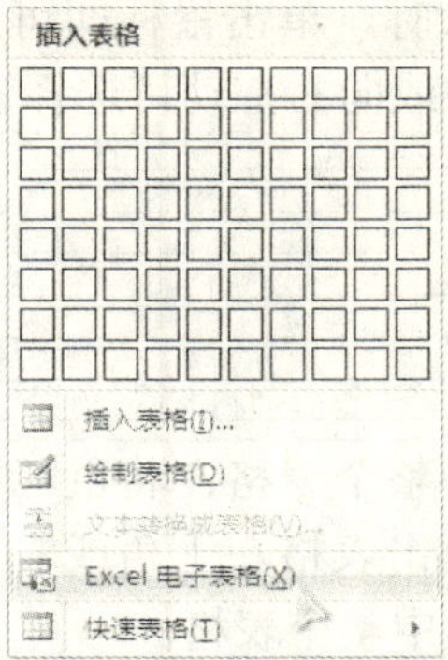

2 创建的 Excel 电子表格如下图所示。

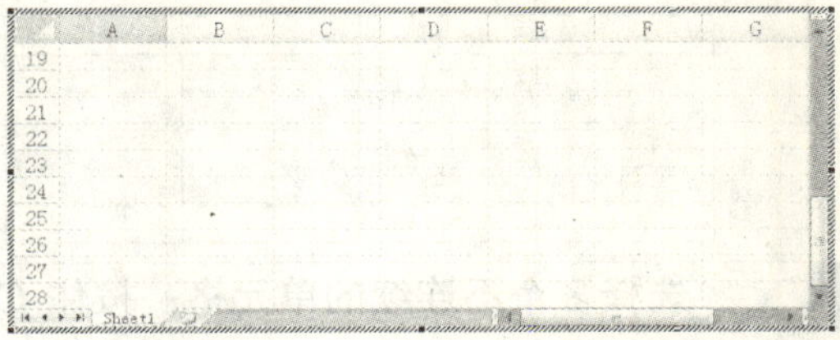

• 创建快速表格

单击“插入”选项卡“表格”组中的“表格”按钮，在弹出的表格面板中选择“快速表格”选项，然后从打开的面板中选择一个表格样式即可快速在光标处插入一个表格。

5.4.2 编辑表格

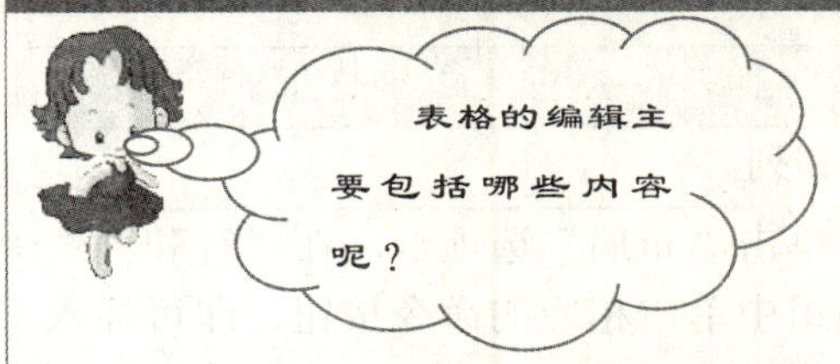

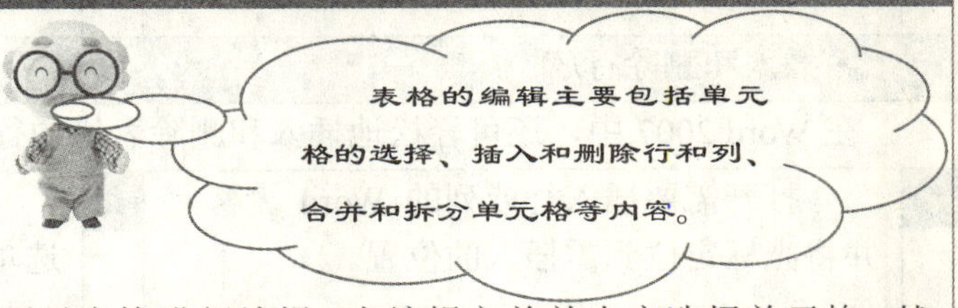

插入表格后一般还需要根据实际需要对表格进行编辑，在编辑之前首先应选择单元格，然后再对其进行合并、拆分、插入、删除等操作。

• 选择单元格区域

单元格是表格中存放数据最基本的单位，而单元格区域是指一些连续或不连续的多个单元格，如一行单元格、一列单元格或几个不连续的单元格。在表格中选定这些单元格后，即可对它进行编辑排版和属性设置。

1 **选择单个单元格：**将鼠标指针移动到单元格左侧的边框线上，当鼠标指针变为 形状时，单击即可选择该单元格。

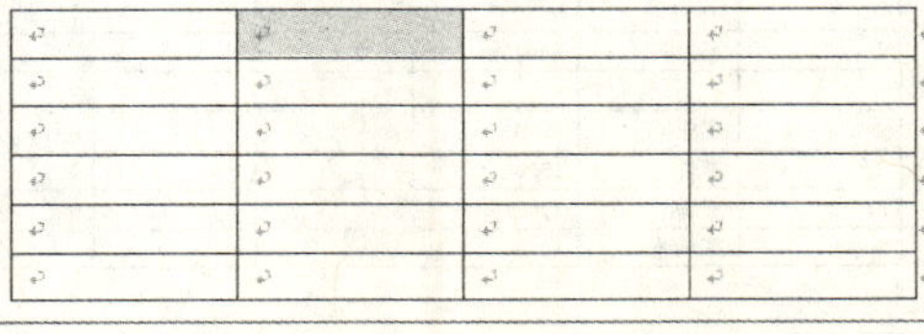

2 **选择多个连续的单元格：**按住鼠标左键不放，并在表格中拖动可以选择多个连续的单元格。

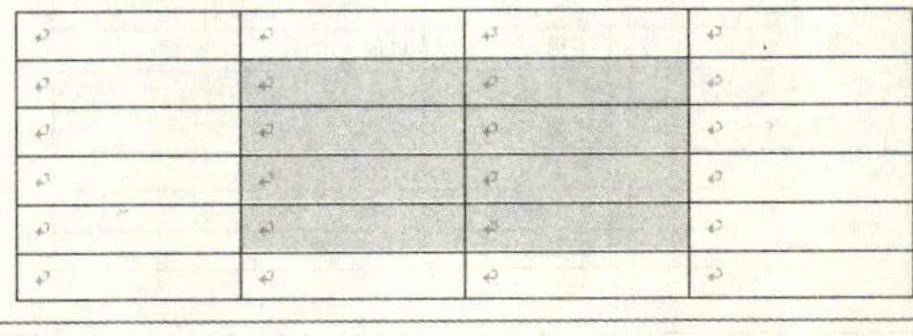

3 **选择一行或多行单元格：**将鼠标指针移动到表格的左侧，当鼠标指针变为♙形状时，单击鼠标即可选择鼠标指针所在的行，向下或向上拖动可选择多行单元格。

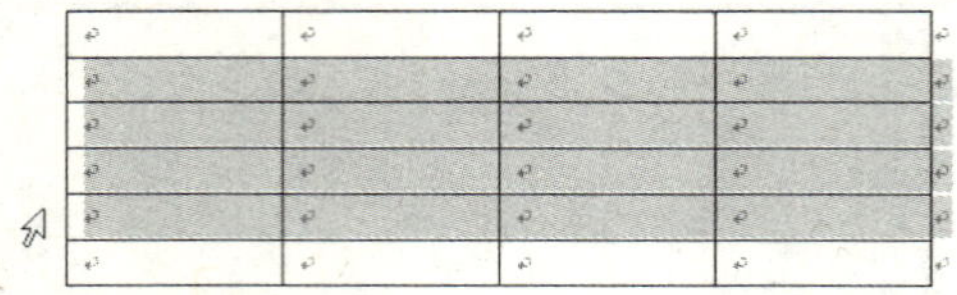

4 **选择一列或多列单元格：**将鼠标指针移动到表格的上方，当鼠标指针变为向下箭头形状时，单击鼠标即可选择鼠标所在行，向左或向右拖动可选择多列单元格。

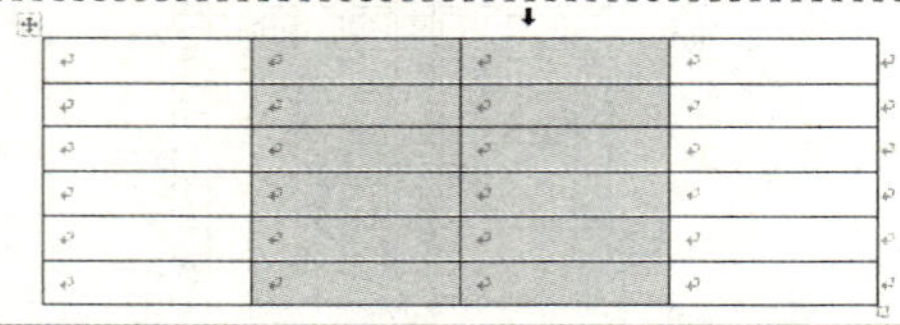

5 **选择多个不连续的单元格：**按住 Ctrl 键不放，然后按住鼠标左键不放在表格中可选择多个不连续的单元格。

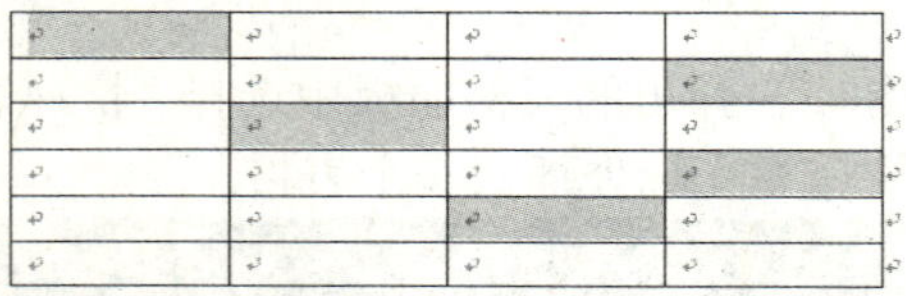

6 **选择整个表格：**将鼠标指针移到表格中，再单击表格左上角或右下角出现的标记即可选中整个表格。

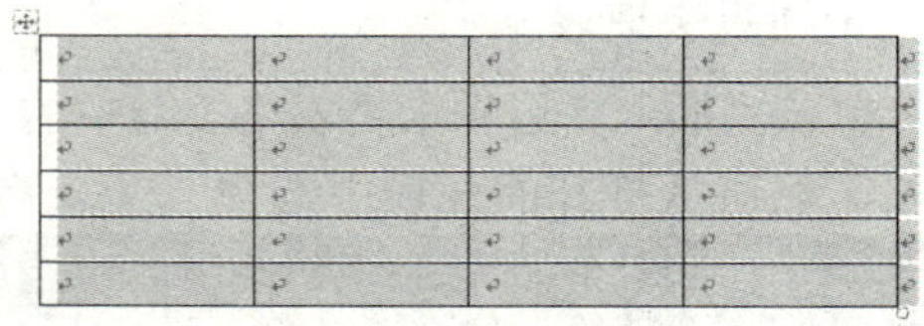

• 插入和删除行/列

在 Word 2007 中，还可轻松地插入和删除表格的行和列。

1 打开需要插入行或列的 Word 表格，并将光标定位到需插入的位置。

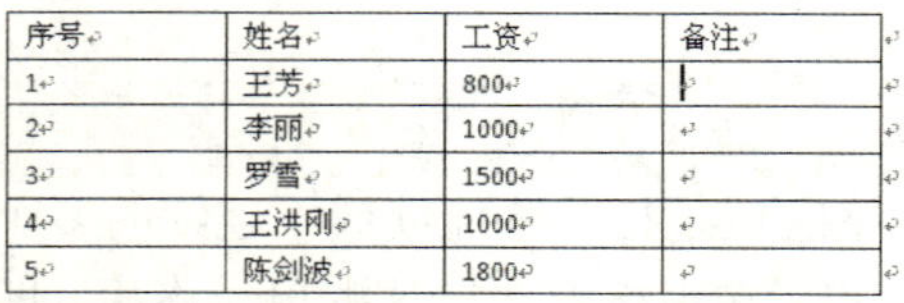

序号	姓名	工资	备注
1	王芳	800	
2	李丽	1000	
3	罗雪	1500	
4	王洪刚	1000	
5	陈剑波	1800	

2 单击“布局”选项卡，在“行和列”选项组中单击相应的命令按钮，即可插入行和列。

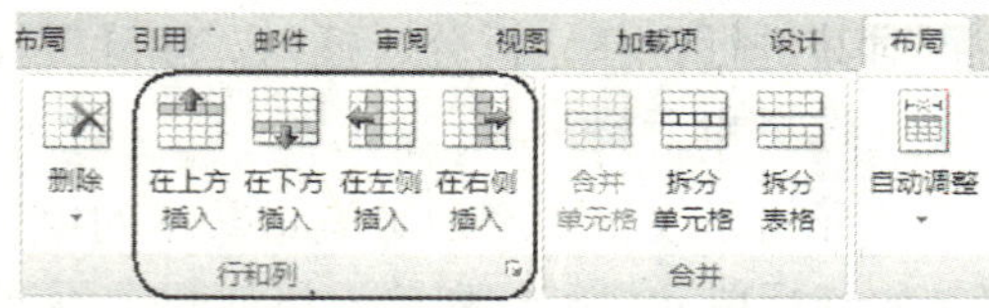

3 单击“在上方插入”和“在下方插入”命令按钮即可在当前光标处的上方或下方插入行。

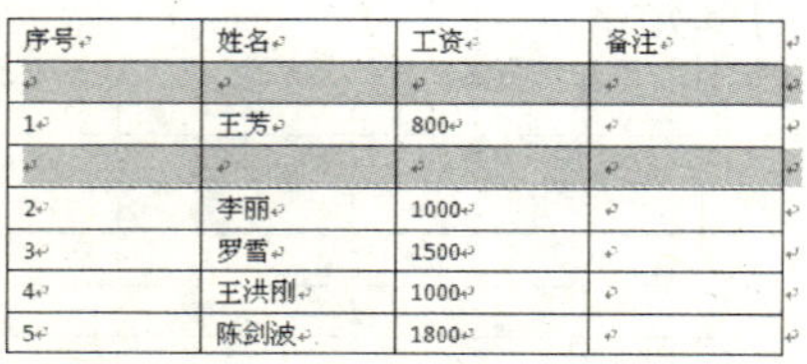

序号	姓名	工资	备注
1	王芳	800	
2	李丽	1000	
3	罗雪	1500	
4	王洪刚	1000	
5	陈剑波	1800	

4 单击“在左侧插入”和“在右侧插入”命令按钮即可在当前光标处的左侧或右侧插入列。

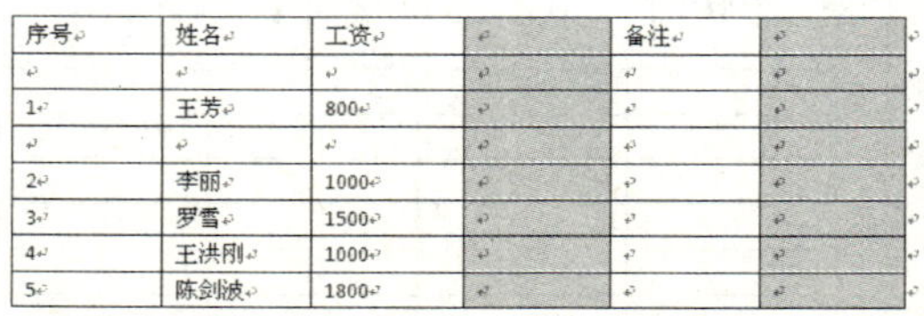

序号	姓名	工资		备注	
1	王芳	800			
2	李丽	1000			
3	罗雪	1500			
4	王洪刚	1000			
5	陈剑波	1800			

5 在“布局”选项卡的“行和列”选项组中单击“删除”按钮将弹出一下拉菜单。

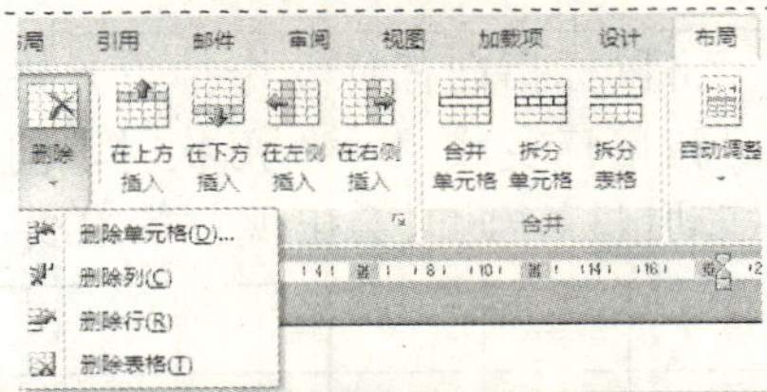

6 在该菜单中选择相应的命令即可删除表格中的单元格、列、行或表格。

序号	姓名	工资	备注	
1	王芳	800		
2	李丽	1000		
3	罗雪	1500		
4	王洪刚	1000		
5	陈剑波	1800		

• 合并和拆分单元格

表格的合并与拆分主要指表格中单元格的合并与拆分、表格本身的合并与拆分。对某一单元格进行合并与拆分可设计出较复杂的表格，而对表格本身的合并与拆分可将两个表格合并成一个表格或将一个表格拆分为多个表格。

1 打开表格，选择需要拆分的单元格区域。

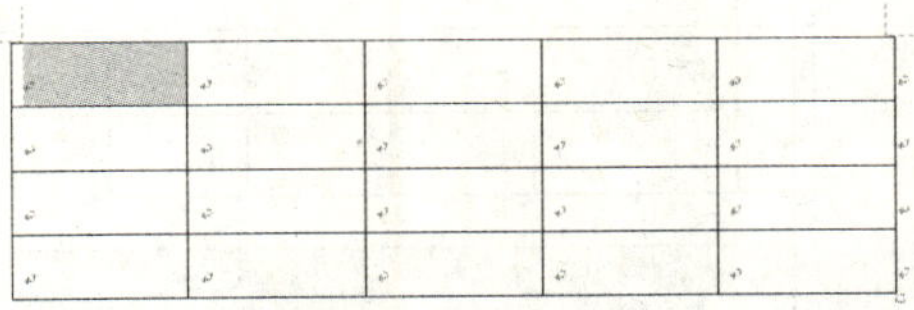

2 将鼠标指向被选择的单元格区域中单击右键，在弹出的快捷菜单中选择“拆分单元格”命令。

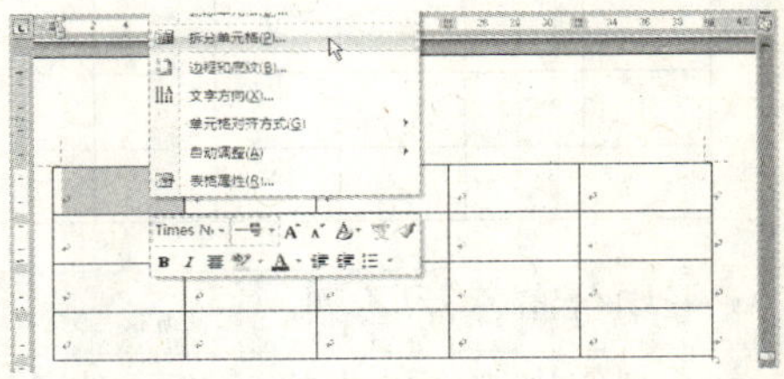

3 此时会弹出“拆分单元格”对话框，单击“行数”和“列数”右侧的按钮设置其行数和列数。

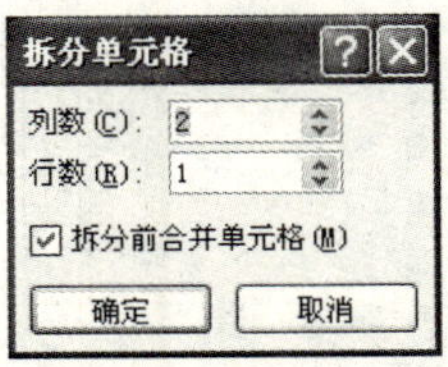

4 单击“确定”按钮后，效果如下图所示。

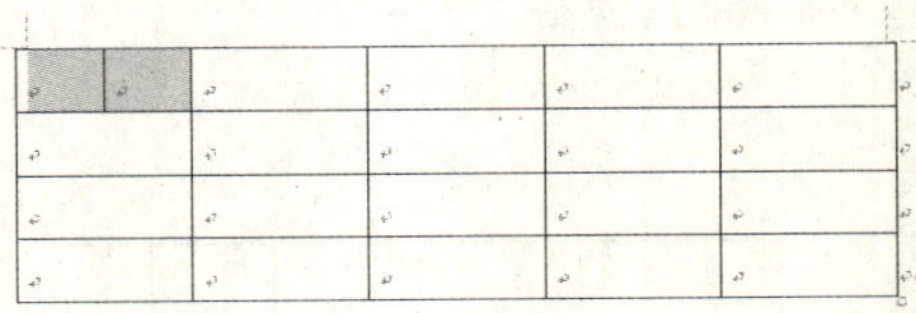

5 打开表格，选择需要合并的单元格。

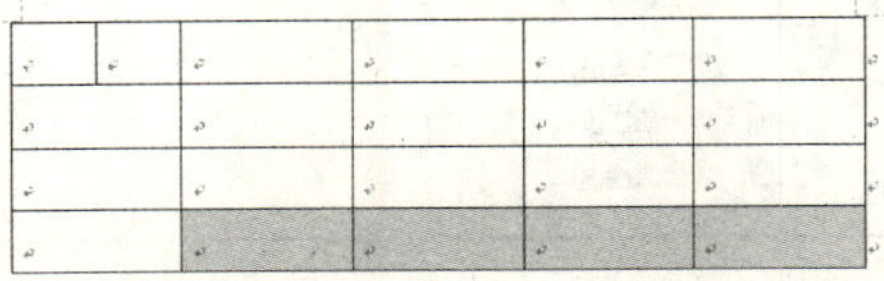

6 用鼠标指向所选的单元格单击右键，在弹出的快捷菜单中选择“合并单元格”。

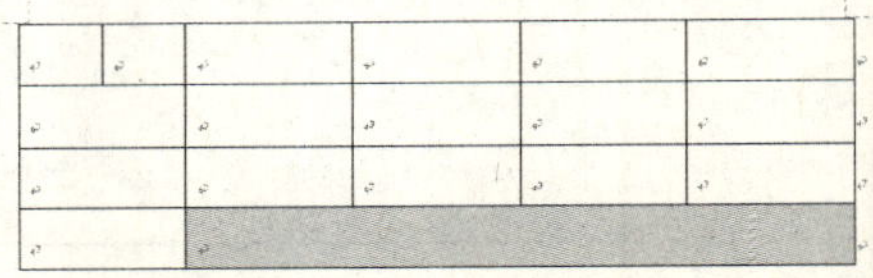

• 调整表格的行高和列宽

在 Word 2007 中，还可手动调整表格的行高和列宽。

1 打开如下图所示的表格。

1	2	3	4	5	6
7	8	9	1	2	3
13	14	15	7	8	9

2 将鼠标指向任何一个行单元格的边框线，待鼠标变成“÷”形状时，向上或向下拖动鼠标，此时会出现一条虚线。

1	2	3	4	5	6
7	8	9	1	2	3
13	14	15	7	8	9

3 松开鼠标，此时被拖出的虚线变成了实线，效果如下图所示。

1	2	3	4	5	6
7	8	9	1	2	3
13	14	15	7	8	9

4 使用同样的方法，将鼠标指向任何一列单元格的边框线上，当鼠标变成“⫲”形状时，向左或向右拖动，效果如下图所示。

1	2	3	4	5	6
7	8	9	1	2	3
13	14	15	7	8	9

• 平均分布各行/各列

为了制作出漂亮的表格，还可对表格的行或列进行等分。

1 打开如下图所示表格。

1	2	3	4	5	6
7	8	9	1	2	3
13	1 4	15	7	8	9

2 将表格全部选定，并用鼠标指向表格单击右键，在弹出的快捷菜单中选择“平均分布各列”命令。

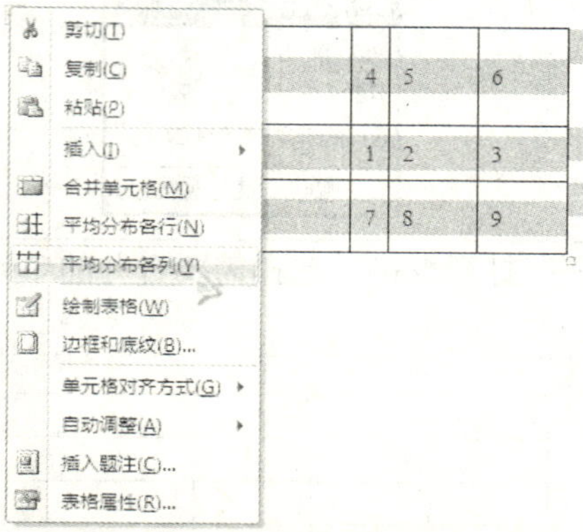

3 执行“平均分布列”命令后，表格效果如下图所示。

1	2	3	4	5	6
7	8	9	1	2	3
13	14	15	7	8	9

4 如果在快捷菜单中选择“平均分布各行”命令。

1	2	3	4	5	6
7	8	9	1	2	3
13	14	15	7	8	9

5.5 打印文档

文档编辑好后，需要打印出来，在打印之前可以通过“打印预览”来查看打印的效果。

当文档经过录入、排版、页面设置后，即可在屏幕上表达出编辑者的创意，如果要将它变成纸上的文件或书籍，则需要先进行打印参数的设置，再通过打印机输出到纸上。

5.5.1 打印预览

如何在 Word 2007 中预览文档的打印效果呢？
依次单击“Office 按钮/打印/打印预览”命令，即可预览到文档的打印效果。

用户在打印文档之前可先通过打印预览观看文档的打印效果，如果觉得不满意可关闭打印预览窗口再进行更改。

单击“自定义访问工具栏”上的下拉按钮，在弹出的下拉菜单中选择“打印预览”命令，此时会在自定义访问工具栏上出现“打印预览”图标，用鼠标单击此按钮即可切换到打印预览窗口。

为方便检查文档显示效果，用户可单击“显示比例”组中的“显示比例”按钮缩放文档。

如果检查文档正是所需的效果，则单击“打印”组中的“打印”按钮即可打印文档。

5.5.2 打印文档

如何才能将设置好的文档打印出来呢？
依次单击“Office 按钮/打印”命令，即可将设置好的文档打印出来。

单击“Office”按钮，在弹出的下拉菜单中单击“打印”命令，此时会弹出如下图所示的

“打印”对话框。

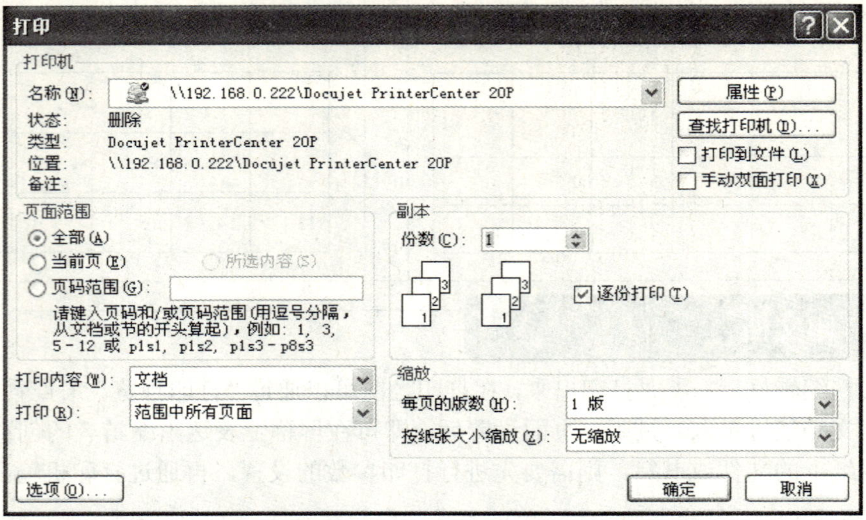

“打印”对话框中各选项的含义如下：

“名称”：用于指定当前打印机的名称。单击右侧的下拉按钮，即可在弹出的下拉列表中选择打印机名。

“状态”：用于显示当前打印机的状态。

“类型”：用于显示打印机的类型。

“位置”：用于显示当前打印机所在的端口位置。

“页面范围”：用于控制当前打印文档的范围，它包括“全部”、“当前页”和“页码范围”3 个选项。如果选择“全部”选项，可将当前文档全部打印；选择“当前页”选项，则只打印文档当前所在的页；选择“页码范围”选项后，可在后面的文本框中输入将要打印文档的页码范围，如输入“1-10”，则表示打印文档的前 10 页。

“打印内容”：用于指定打印的内容，可打印“文档属性”、“显示标记的文档”、“标记列表”、“样式”、“自动图文集词条”和“文档”。

“打印”：执行打印命令，单击右侧的下拉按钮，可在弹出的列表中选择打印页面范围中设置的页、奇数页或偶数页。

“属性”：单击此按钮，会打开“打印机属性”对话框。在此对话框中，有“设置”、“纸张”和“质量”3 个选项卡，使用这 3 个选项卡可对打印机的属性进行设置。

通常，打印机的设置包括常规设置、属性设置和选项设置 3 种，设置好打印的各种参数后，单击“确定”按钮即可打印文档。

电脑即学即用

教你学电脑

第 6 章 Excel 2007 的基本操作

本 章 要 点：

- ◆ Excel 2007 的工作界面
- ◆ 工作簿的基本操作
- ◆ 工作表的基本操作
- ◆ 单元格的基本操作
- ◆ 录入数据
- ◆ 修改数据

电脑博士，Excel 2007 是用来做什么的呢？

小丽，使用 Excel 2007 可以很方便地制作办公中的各种表格，并能够对表格中的数据进行管理和分析，以各种统计图表的形式直观地表达出来。本章主要介绍 Excel 2007 的一些基本操作。

6.1 Excel 2007 的工作界面

Excel 2007 是 Office 2007 的核心组件之一，是目前最流行的制作电子表格的软件。

启动 Excel 2007 软件后，首先显示的是该软件的工作界面，工作界面是用户用来创建和编辑电子表格的操作平台，通过该平台可以创建各种各样的电子表格。

6.1.1 认识 Excel 2007 工作界面

Excel 2007 的工作界面包括哪些内容呢？

Excel 2007 的工作界面主要包括 Office 按钮、快速访问栏、标题栏、选项卡、选项区等。

Excel 2007 的工作界面与 Excel 2003 相比大不一样，全新的工作界面将以前深藏在菜单栏上的命令，分别以按钮的形式显示在各个选项卡和功能区上。

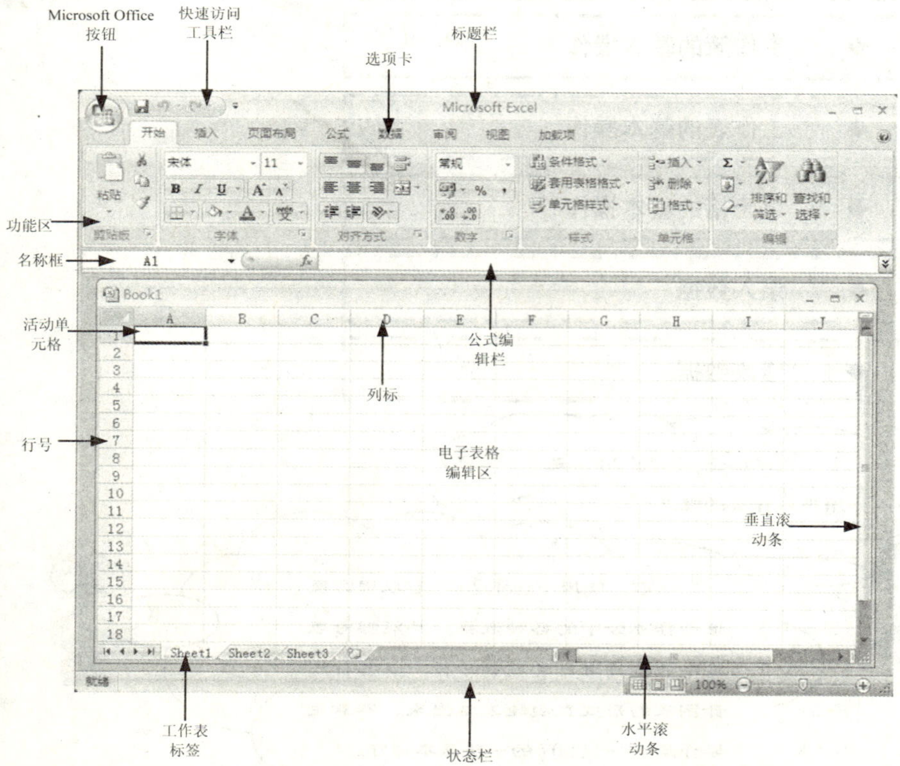

6.1.2 Microsoft Office 按钮

Microsoft Office
按钮有什么用呢？
该按钮的作用相当于
以前版本的“文件”菜单，
能执行各种文件命令。

Microsoft Office 按钮是 Excel 2007 的一个亮点，其功能相当于以前版本的“文件”菜单。单击该按钮后，会弹出其下拉面板。

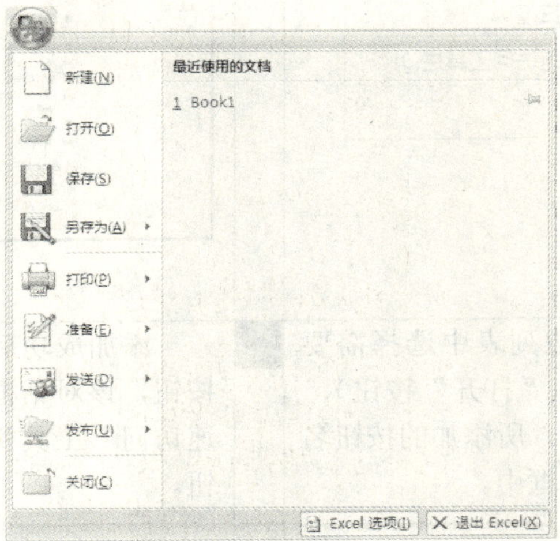
新建(N)
打开(O)
保存(S)
另存为(A)
打印(P)
准备(E)
发送(D)
发布(U)
关闭(C)
最近使用的文档
1 Book1
Excel 选项(I)
退出 Excel(X)

“Microsoft Office”下拉菜单

6.1.3 快速访问工具栏

“快速访问工
具栏”有什么用呢？
该工具栏可以设置几
个常用的按钮直接使用。

快速访问工具栏上的工具按钮相当于创建的快捷方式，单击这些按钮就可以执行相应的命令。

快速访问工具栏

默认的工具栏上包括“保存”、“撤销”和“恢复”3 个功能按钮。为了方便用户设置其他的快捷按钮，系统还提供了自定义设置功能，可以根据需要在该工具栏上设置不同的功能按钮。

1 在“快速访问”工具栏的空白处右击，在弹出的快捷菜单中执行“自定义快速访问工具栏”命令。

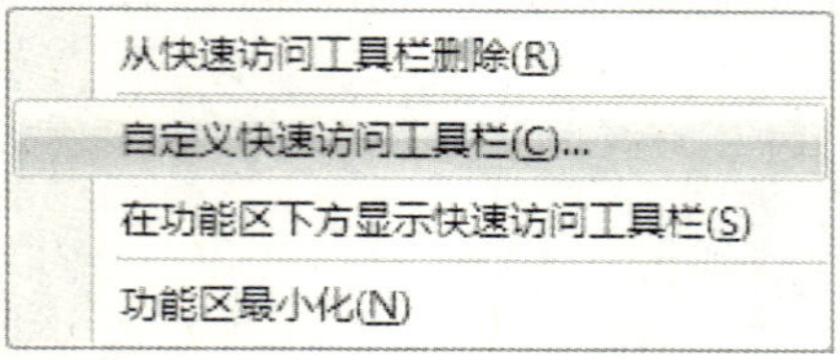

2 执行该命令后，系统就会弹出“自定义快速访问工具栏”对话框。

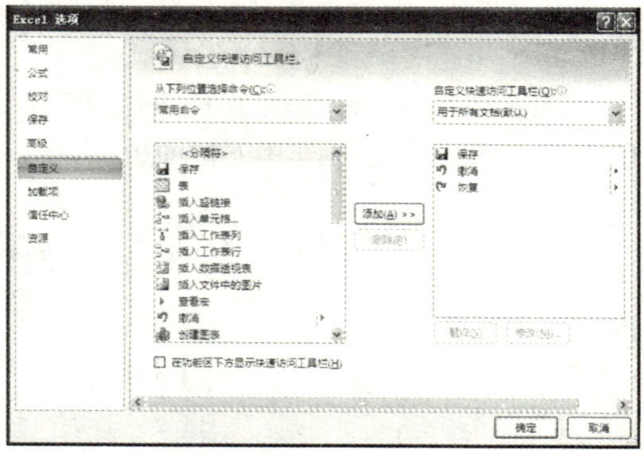

3 在该对话框的左边列表中选择需要添加的按钮的名称（如“打开”按钮），然后单击“添加”按钮，所添加的按钮名称则显示在右侧的列表框中。

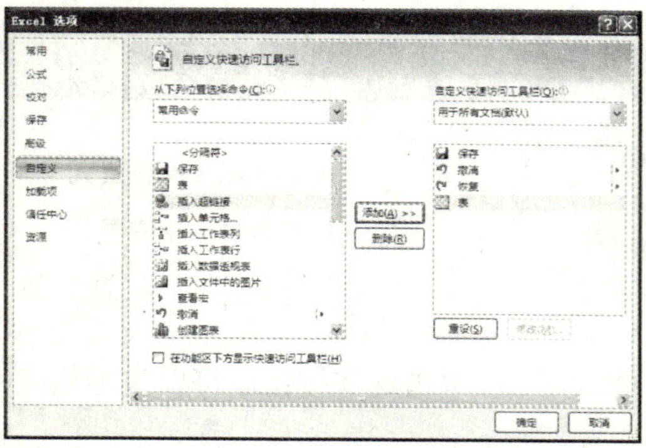

4 添加成功后，单击右下角的“确定”按钮，该对话框则会关闭。此时，在“快速访问”工具栏上就会显示添加的工具按钮。

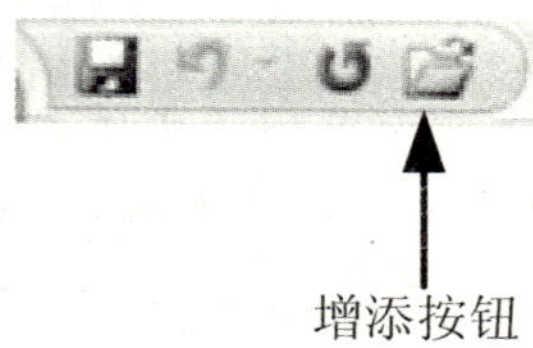

技巧：

自定义“快速访问”工具栏还可以通过单击快速访问工具栏后面的 ▾ 按钮，在弹出的下拉列表中选择取消添加到工具栏上的按钮的名字。

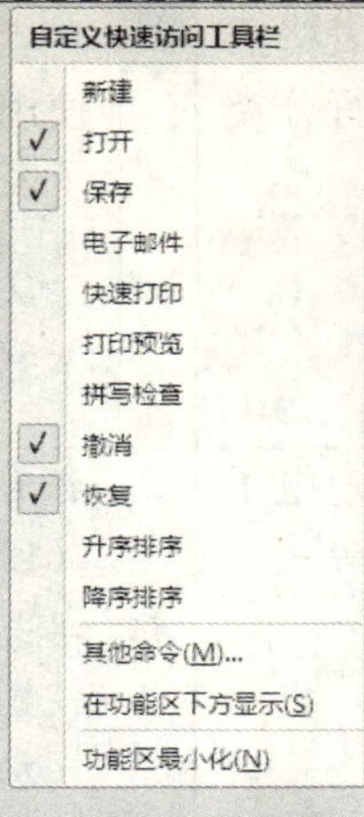

6.1.4 功能区

功能区上有多种选项卡，每个选项卡又由多个选项组组成，每个选项组上又集合了该选项有关的功能按钮。

1 “开始”选项卡：用于设置电子表格中文字的字体和对齐方式、数字的显示、单元格样式、单元格操作、查找和替换。

2 “插入”选项卡：用于在电子表格中插入图表、表格、超链接、文本、特殊符号等。

3 “页面布局”选项卡：用于设置电子表格的主题、纸张大小、打印标题、网格线和标题设置等。

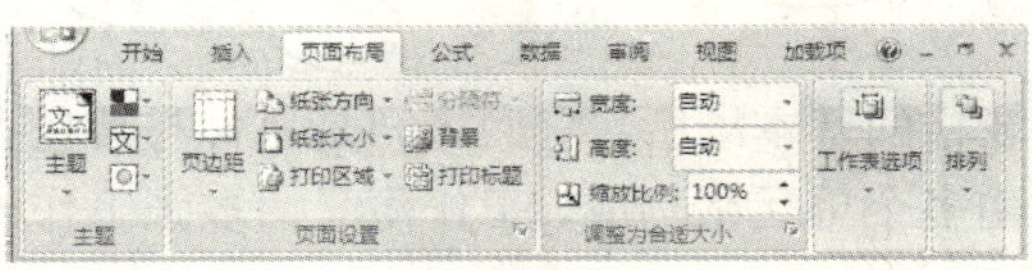

4 “公式”选项卡：用于给电子表格插入各种各样的公式和函数，以及公式计算和公式审核。

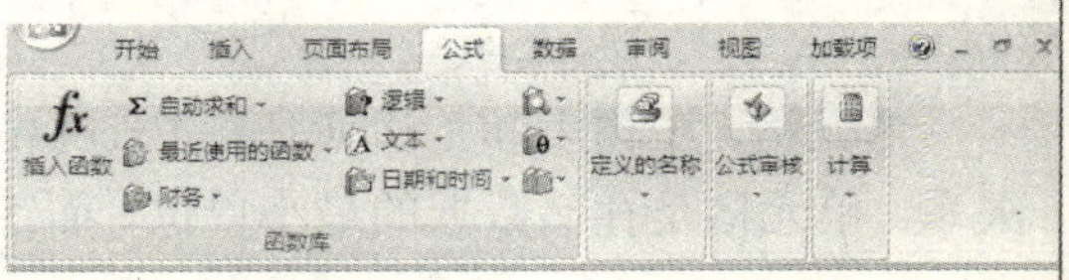

5 “数据”选项卡：用于给电子表格插入外部数据、筛选数据、对数据进行分类汇总。

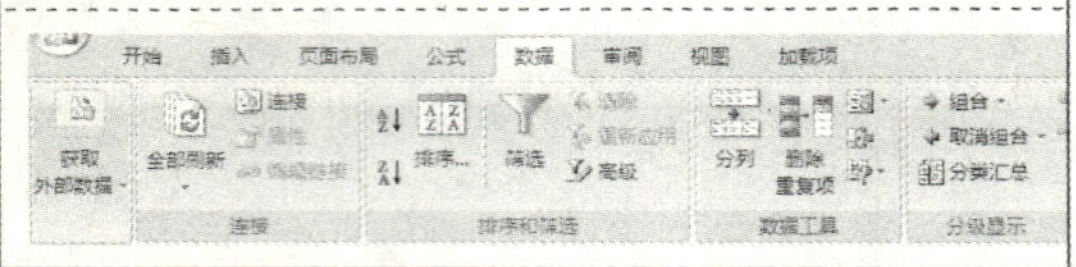

6 “审阅”选项卡：提供给审查的用户使用，这样可以轻易校对电子表格、对电子表格中的字进行简繁转换等。

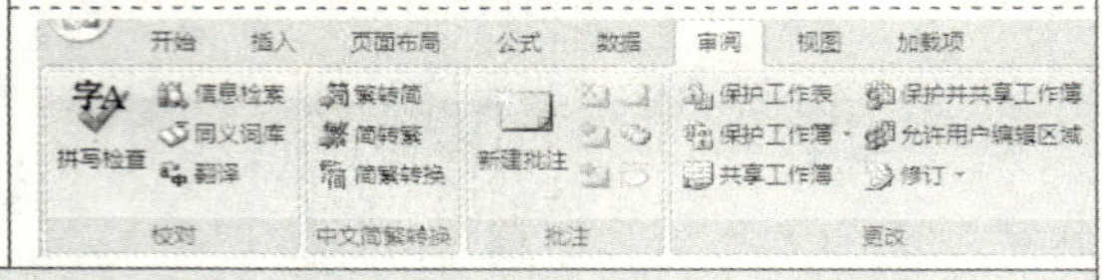

7 “视图”选项卡：用于设置用户电子表格的视图模式、显示大小、窗口等

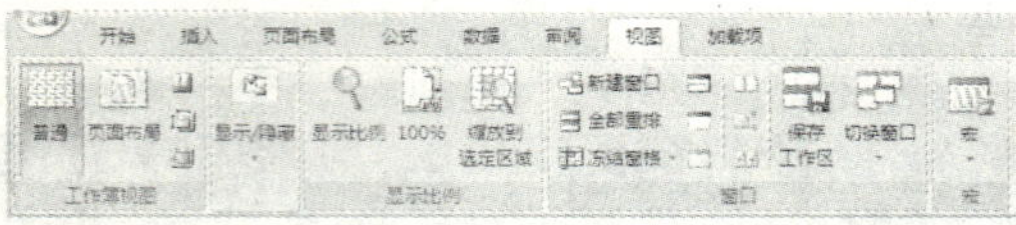

提示：

（1）在某些选项卡的选项组右下方会出现 按钮，单击该按钮，则会打开该选项组的对话框，进行具体设置。

（2）Excel 2007 的选项卡并不是只有以上列出的七个选项卡，有些选项卡需要选中相应的内容才会显示出来。如工作表中有图形，选中该图形，在功能区就会出现“绘图工具”选项卡，以黄色加亮方式显示。

6.1.5 工作表标签

工作表标签起着什么作用呢？
工作表标签主要用来记录创建或编辑的表格的位置。

在工作界面的状态栏上方有一条形栏，用来放置工作表标签和水平滚动条。

工作表标签用来记录创建或编辑的表格的位置，系统默认的名称为“Sheet1”、“Sheet2”、“Sheet3”等，一个标签代表一张工作表。

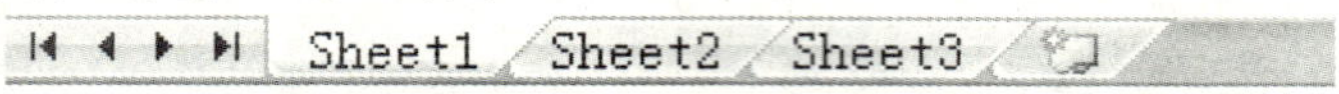
Sheet1
Sheet2
Sheet3

工作表标签

6.1.6 认识单元格、工作表和工作簿

工作簿、工作表、单元格有什么作用呢？
工作簿、工作表和单元格是制作表格的基本场所，接下来将对其进行详细的讲解。

单元格、工作表和工作簿是在 Excel 中制作表格的基本场所，它们之间是包含与被包含的关系。单元格是存储数据的最小单位，而工作表由多个单元格构成，工作簿又由多张工作表构成。一张工作表最多可由 65 536（行）×256（列）个单元格组成，一个工作簿中最多可以包含 255 张工作表。

1 **单元格：** 工作表中的每一个小格子叫单元格，是 Excel 中最基本的数据单元。通过指定其列标和行号来对其进行应用。

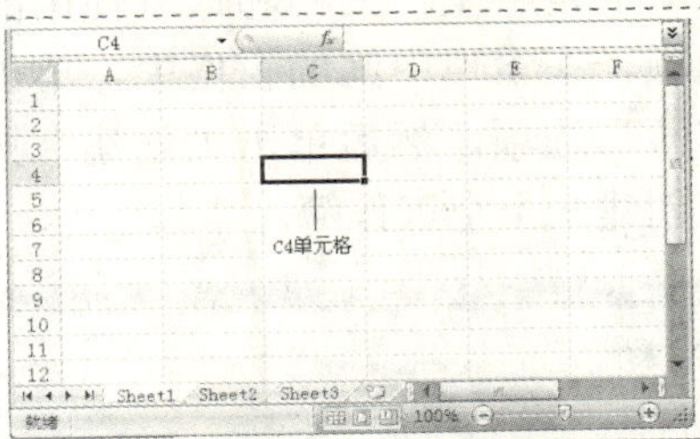
C4单元格

2 **工作表：** 工作表是工作簿窗口中由暗灰线组成的表格，在默认创建的工作簿中将自动创建“Sheet1、Sheet2、Sheet3”3张工作表。

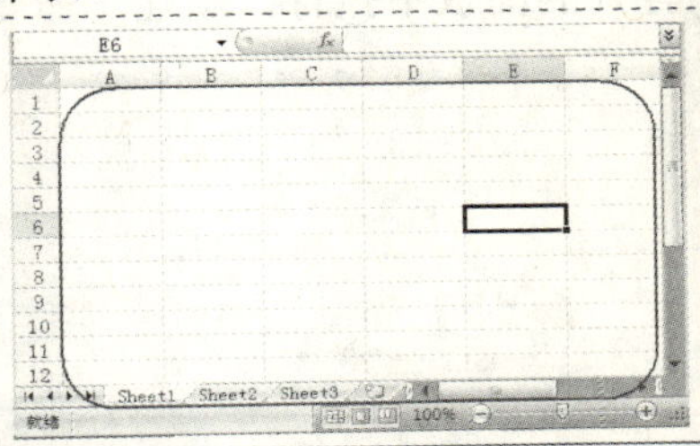

3 **工作簿：** 工作簿是所有相关工作表的集合。Excel 中的一个文件就是一个工作簿，它主要用于运算和保存数据。

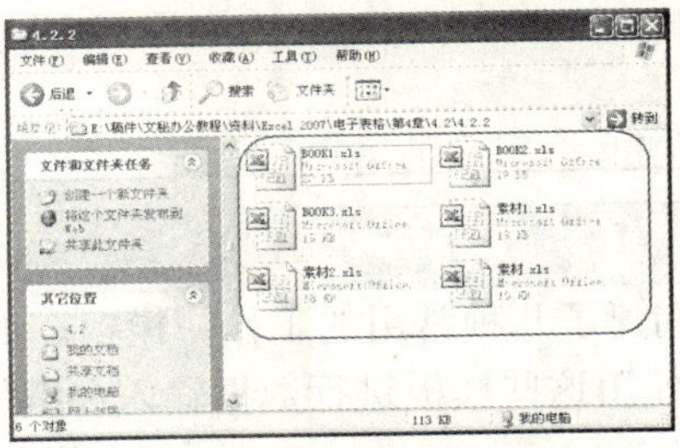

4 **单元格区域：** 单元格区域是多个单元格的集合。

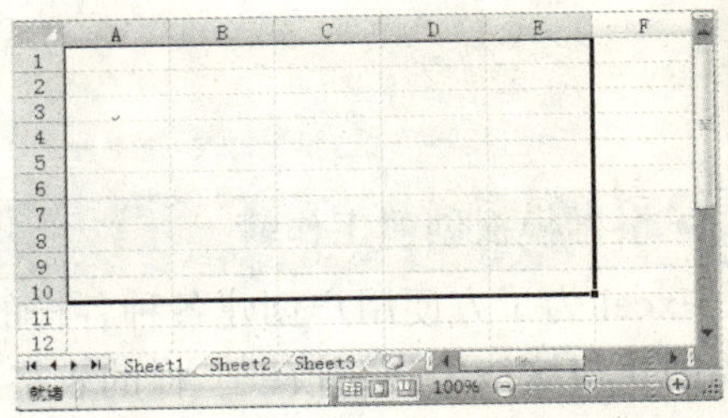

6.2 工作簿的基本操作

工作簿是用于运算和保存数据的文件，对工作簿的基本操作主要有新建、保存、打开和关闭等，其操作方法与新建、保存、打开和关闭 Word 文档的操作基本相同。

6.2.1 创建工作簿

怎样创建一个工作簿呢？
通过“Microsoft Office 按钮”下拉面板上的“新建”命令即可创建工作簿。

在 Excel 2007 中，工作簿的样式也有了变化，除了以前的空白工作簿以外，Excel 2007 还

提供了拥有各种样式的工作簿模板。

• 创建空工作簿

所谓空工作簿，即没有任何的格式在里面，除了 Excel 默认的网格线。新打开的 Excel 2007 就是以这种空工作簿来显示的。

1 单击“Microsoft Office”按钮，在打开的面板中执行“新建”命令。

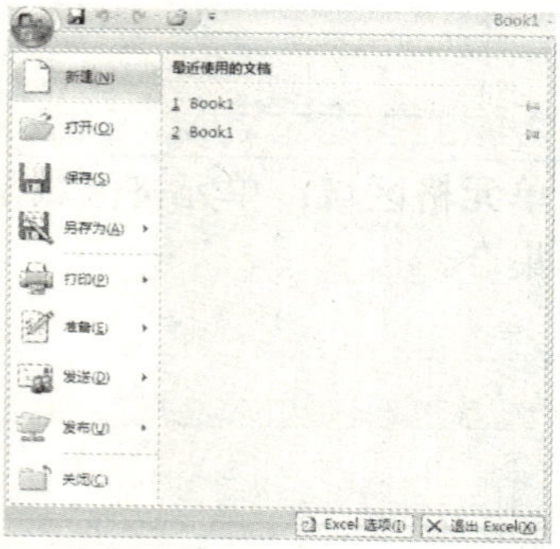

2 在打开“新建工作簿”窗口中，系统默认的是“空白文档和最近使用的文档”选项。在窗口中间的窗格中，单击“空工作簿”选项，然后单击“创建”按钮，即可创建一个空工作簿。

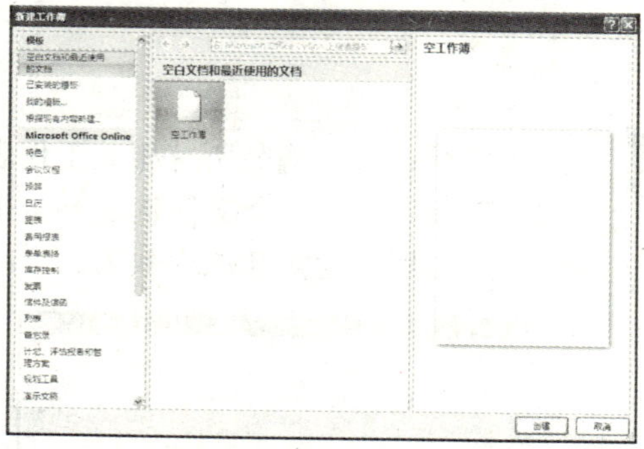

• 根据模板创建工作簿

Excel 为了方便用户创建各种各样的表格，预先创建了几种常用的工作簿模板。如果用户需要创建与这些工作簿模板一样的表格，则可以直接使用这些模板进行数据输入和编辑，这样大大节省了工作时间，提高了工作效率。

1 单击“Microsoft Office”按钮，在打开的面板中执行“新建”命令。

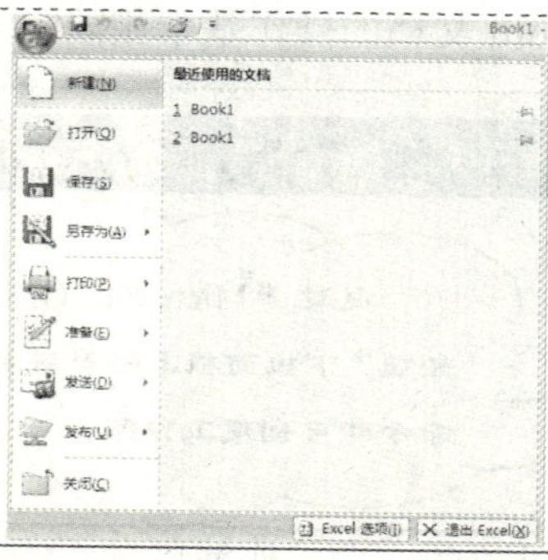

2 在打开“新建工作簿”窗口中，单击“模板”列表框中的“已安装的模板”列表。

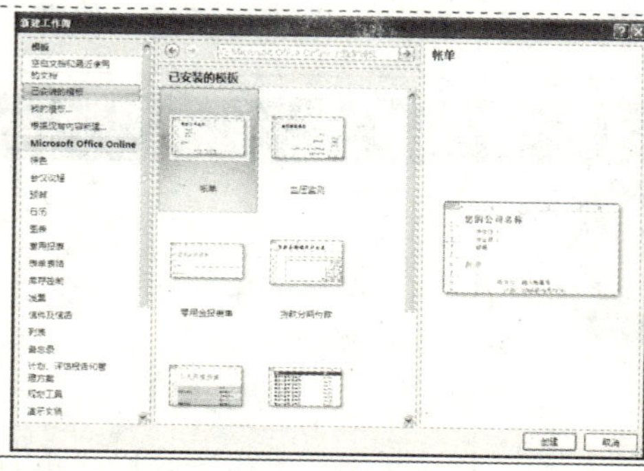

3 在该窗口的中间窗格中就会显示已安装的且含有模板的工作簿，右边窗格即为选中模板的详细图样，如选中“个人月预算”选项。

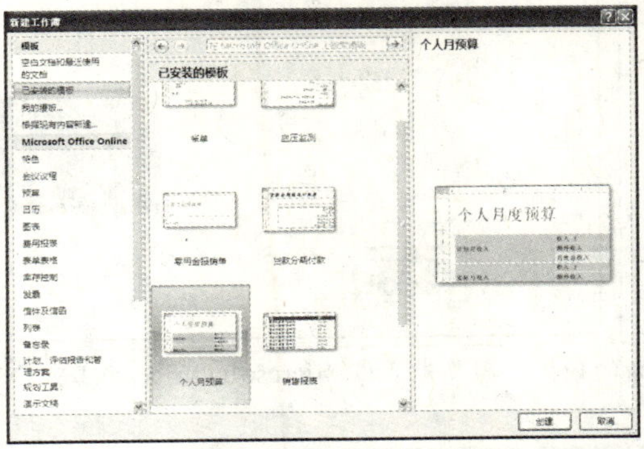

4 单击“创建”按钮，即可创建与该模板相同的工作簿。

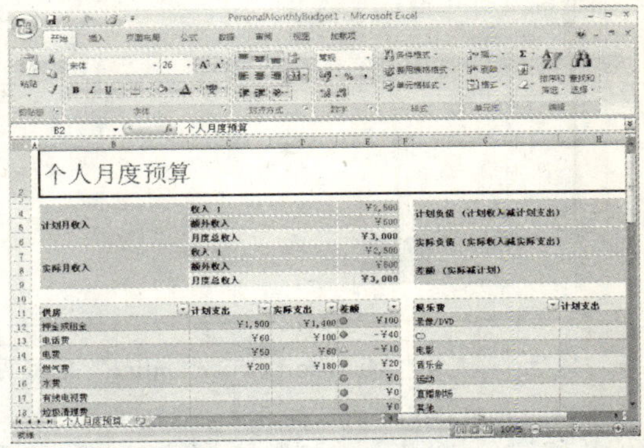

• 创建更多含有模板的工作簿

如果使用 Excel 2007 的计算机已经连接 Internet，则可以通过使用 Excel 提供的在线连接，查找到其他放在 Internet 上的模板。

1 单击“Microsoft Office”按钮 ，在打开的面板中执行“新建”命令。

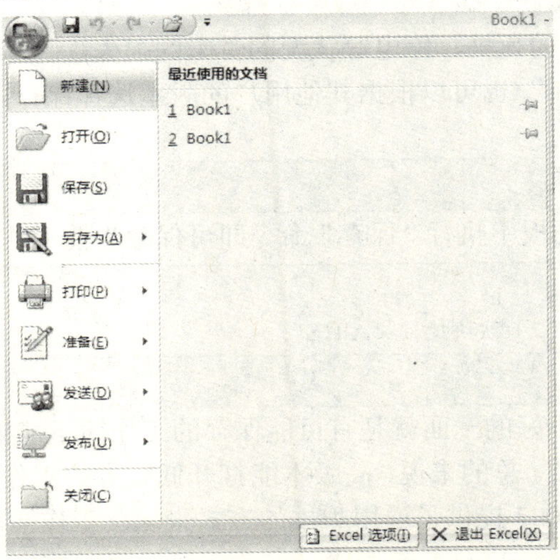

2 在打开“新建工作簿”窗口中，单击“Microsoft Office Online”列表框中的“日历”列表。

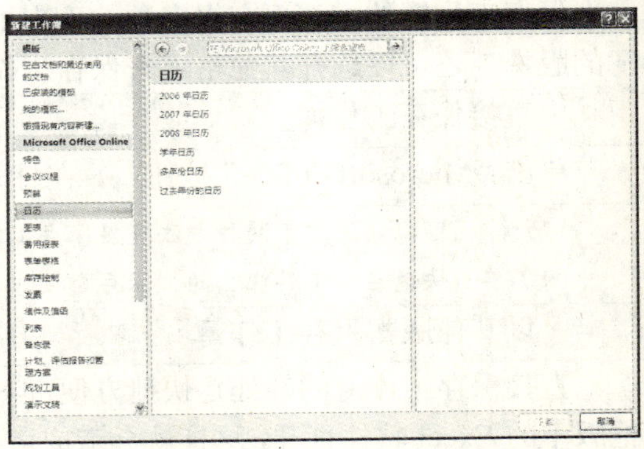

3 在该窗口的中间窗格中，单击“2007年日历”链接，Excel 会搜索含有该年日历的模板。

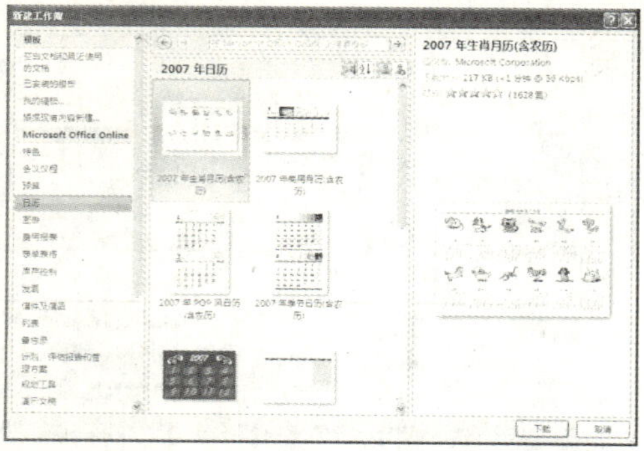

4 选择“2007 年月历（含农历）”选项，单击“下载”按钮，即可下载该模板。

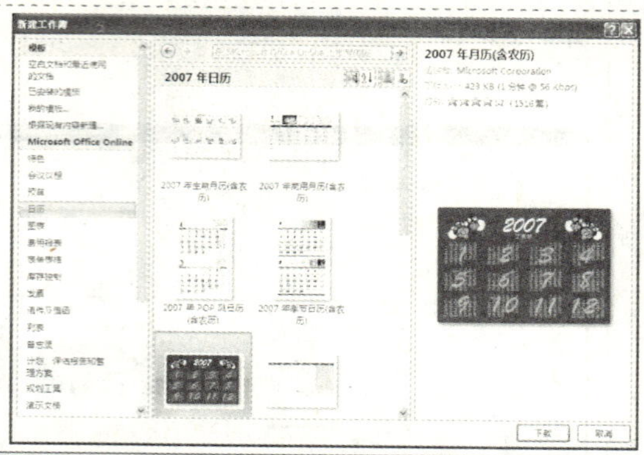

提示：使用“Microsoft Office Online”下载更多更新的模板，需要先通过 Microsoft Office 的正版验证，只有 Microsoft Office 的正版用户才能使用该功能。

6.2.2 保存工作簿

当工作簿完成了数据输入和编辑工作后，用户可以通过 Excel 提供的“保存”命令来保存自己的劳动成果。

适时保存工作簿还可以防止因意外原因导致的死机、停电等状况的带来的损失。

保存工作簿的方法也有很多种，可以直接保存，也可以根据其他用户的版本选择保存工作簿的版本，还可以选择其他格式来保存工作簿。

• 直接保存工作簿

单击“Microsoft Office”按钮，在打开的面板中执行“保存”命令即可保存当前工作簿。

技巧：还可以通过以下两种方法直接保存工作簿。

（1）单击快速启动工具栏上的“保存”按钮 。（2）按快捷键“Alt+S”。

• 以其他版本保存工作簿

直接保存工作簿的好处是快捷方便，但是它不好的一面就是有可能保存的工作簿不能被其他版本的 Excel 软件打开，这样就会造成诸多不便。总的来说，高版本能打开低版本的工作簿，低版本不能打开高版本的工作簿。因此，Excel 2007 提供了通用版本的方式来保存工作簿。

1 单击“Microsoft Office”按钮，在打开的面板中依次执行“另存为/Excel 97-2003”命令。

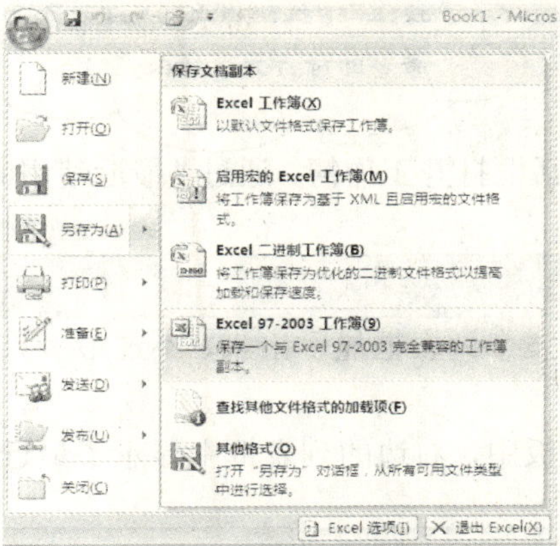

2 在弹出的“另存为”对话框中，选择工作簿的保存位置与文件名，最后单击“保存”按钮。

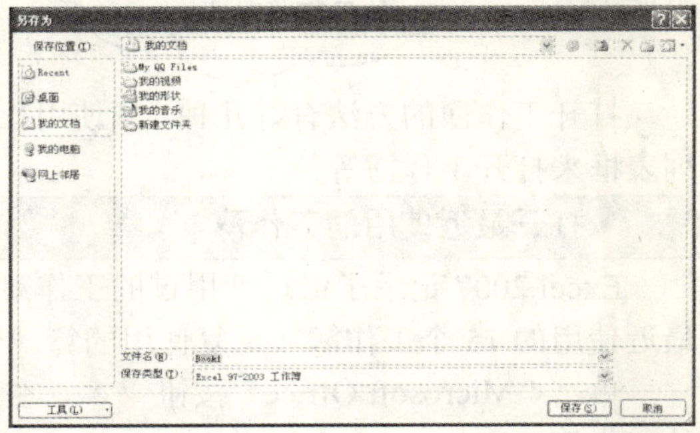

6.2.3 关闭工作簿

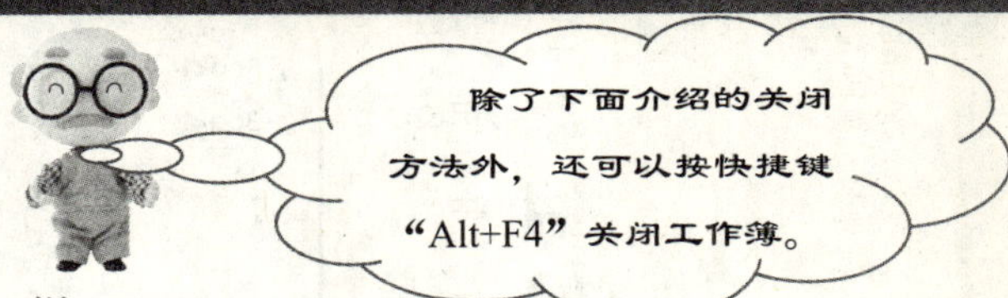

关闭工作簿和退出 Excel 2007 的方法一样。

1 单击“Microsoft Office”按钮，在弹出的面板中执行“关闭”命令。

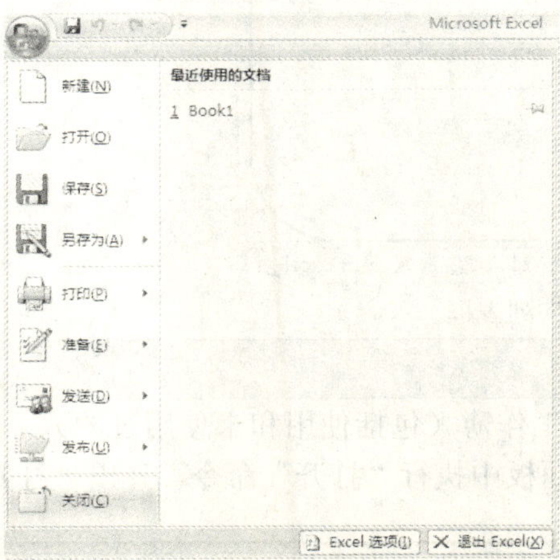

2 单击标题栏右侧的“关闭”按钮。

6.2.4 打开工作簿

打开工作簿的方法有好几种，如使用“打开”对话框打开工作簿，通过“最近使用的文档”列表框来打开工作簿等。

• 打开最近使用的工作簿

Excel 2007 记录了最近使用过的工作簿，并通过一个列表框显示出来，不过最多只能记录最近使用的 15 个工作簿（重复使用的算一个）。

单击“Microsoft Office”按钮 ，在弹出的面板中，右边的列表框中显示了最近使用过的工作簿。

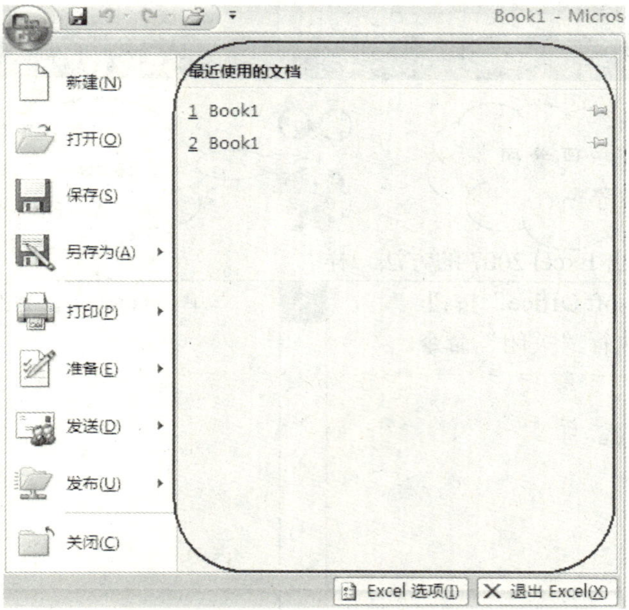

“最近使用的文档”列表框

• 使用“打开”对话框打开工作簿

使用“打开”对话框可以打开计算机中任意的工作簿（包括使用和未使用过的）。

单击“Microsoft Office”按钮 ，在弹出的面板中执行“打开”命令，弹出“打开”对话框。

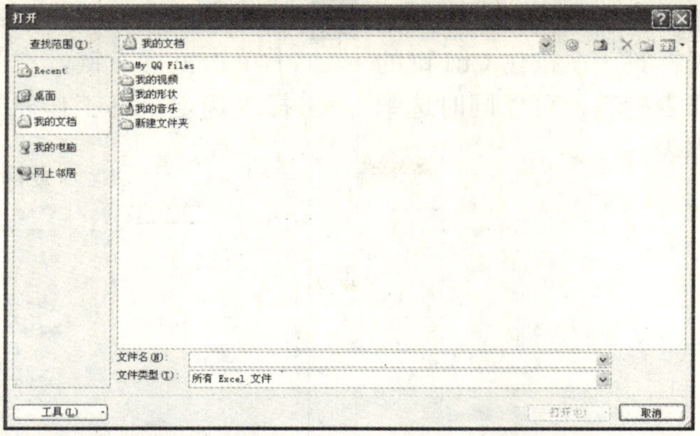

6.3 工作表的基本操作

每张工作表都有自己的名称，通过工作表左下方的标签栏可以对其进行选择、重命名、移动、复制和删除等操作。

6.3.1 选择工作表

要对工作表进行编辑，首先必须选择工作表。在 Excel 中选择工作表有多种方式，可以选择单个工作表、选择相邻的多个工作表、选择不相邻的多个工作表或选择全部工作表等。

1 选择单个工作表：在标签栏中单击某个工作表标签即可选择该张工作表。

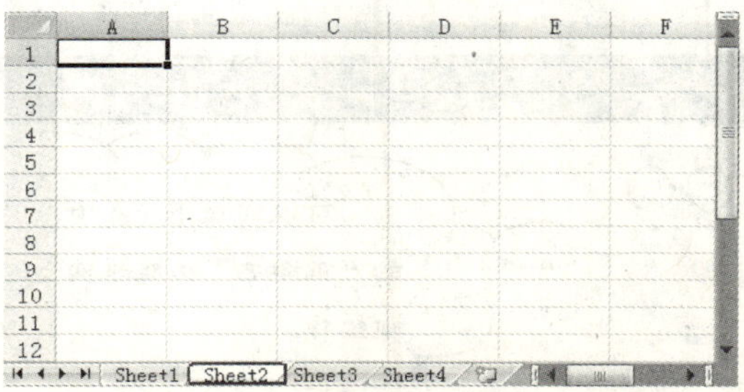

2 选择相邻的多个工作表：单击要选择的第一个工作表标签，再按住 Shift 键的同时单击另一个工作表标签，可以同时选中这两张工作表及其之间的所有工作表。

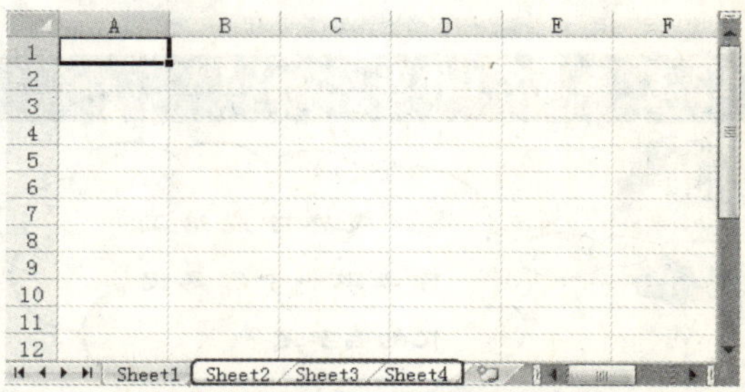

3 **选择不相邻的多个工作表：**单击要选择的第一个工作表标签，在按住 Ctrl 键的同时单击其他工作表标签，可以同时选中不相邻的多张工作表。

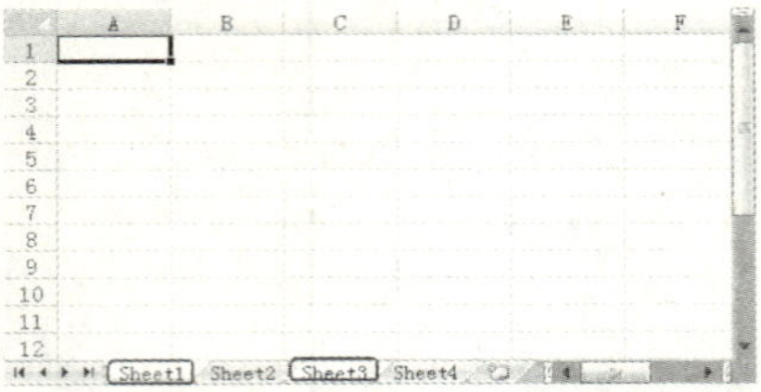

4 **选择全部工作表：**在任意工作表标签上单击鼠标右键，在弹出的快捷菜单中选择“选定全部工作表”命令即可选中所有工作表。

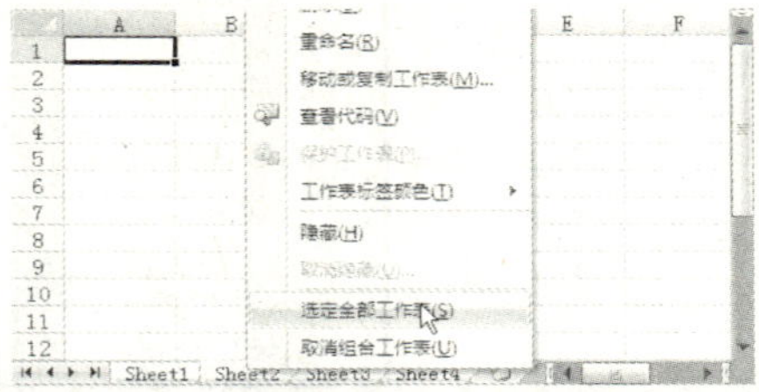

6.3.2 插入工作表

当工作簿中的工作表数量不足时，可以使用插入工作表功能，在 Excel 2007 中可使用以下两种方法来插入工作表。

1 **使用“插入工作表”按钮：**单击工作表标签后的“插入工作表”按钮，Excel 就会添加一张空白的工作表。

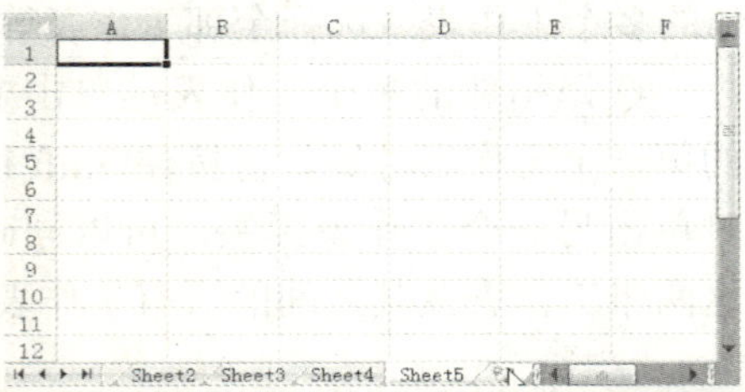

2 **使用快捷菜单命令：**在工作表标签上单击鼠标右键，在弹出的菜单中选择“插入”命令，在打开的“插入”对话框中选择相应的类型，再单击“确定”按钮即可。

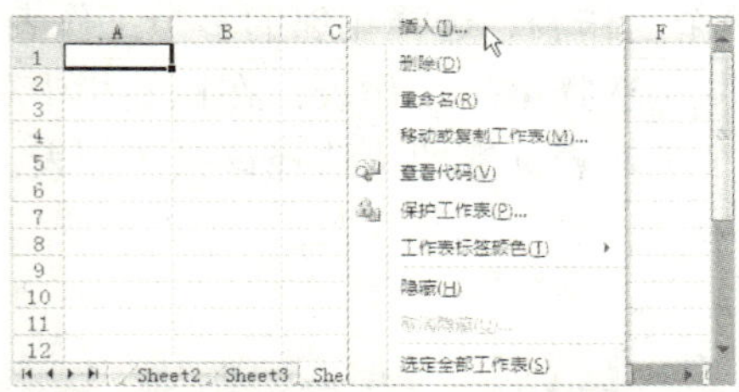

6.3.3 重命名工作表

为了便于区分与记忆工作表，一般需要重命名工作表。在需要重命名的工作表标签上单击鼠标右键，在弹出的快捷菜单中选择“重命名”命令即可重命名该工作表。

在 Excel 2007 中可通过以下三种方法重命名工作表：

1 使用选项组命令重命名工作表：选中需要重命名的工作表，单击“开始”选项卡，在“单元格”选项组中单击“格式”按钮，在弹出的菜单中选择“重命名工作表”命令，此时工作表名称处于修改状态，输入新名称，按下回车键即可完成重命名工作表操作。

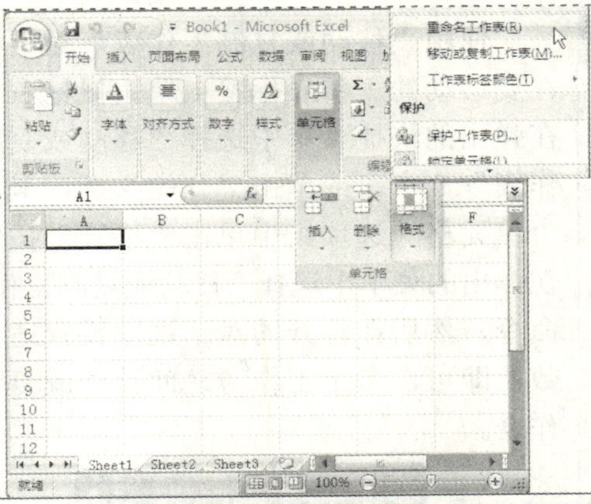

2 使用快捷菜单重命名工作表：选择好要重新命令的工作表，在该工作表标签上右击，在打开的快捷菜单中选择“重命名”命令，此时可以看到当前工作表标签位置，工作表名称处于修改状态，输入新名称，按下回车键即可完成重命名工作表操作。

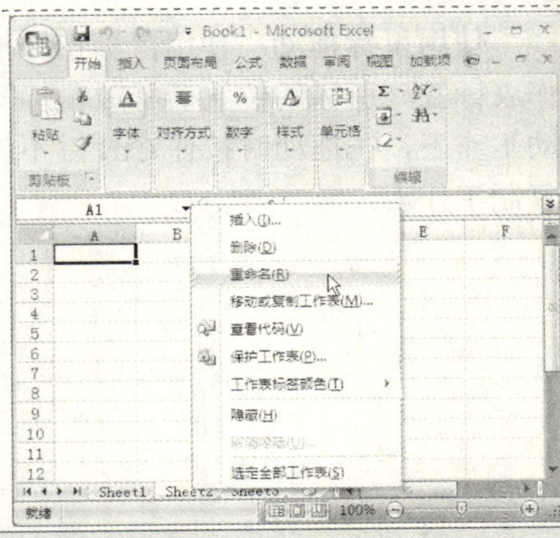

3 **使用鼠标重命名工作表**：选择好要重新命令的工作表，双击该工作表标签，此时工作表名称处于修改状态，输入新名称，按下回车键即可完成重命名工作表操作。

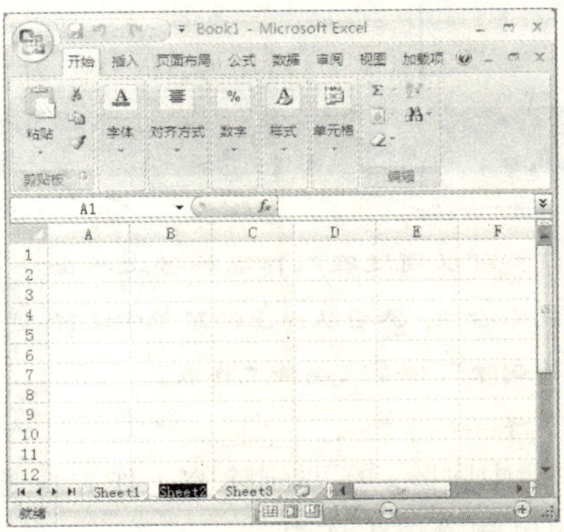

提示：

在重命名工作表时，一般采用第 3 种方法，既快捷又方便。

6.3.4 移动和复制工作表

如何才能移动
和复制工作表呢？
移动和复制工作表主要有两
种方法，即使用鼠标拖动法和使用
“移动或复制工作表”对话框。

根据需要，可以通过移动工作表重新排列它们在工作表标签栏中的位置，也可通过复制工作表创建与已有的工作表相似的工作表，以提高工作效率。

移动和复制工作表的方法主要有两种，即使用鼠标拖动和使用“移动或复制”工作表对话框移动和复制工作表。

1 **使用鼠标拖动：**使用鼠标指针拖动工作表标签到所需的位置后释放鼠标即可移动工作表，在拖动时按住 Ctrl 键不放即可复制工作表。

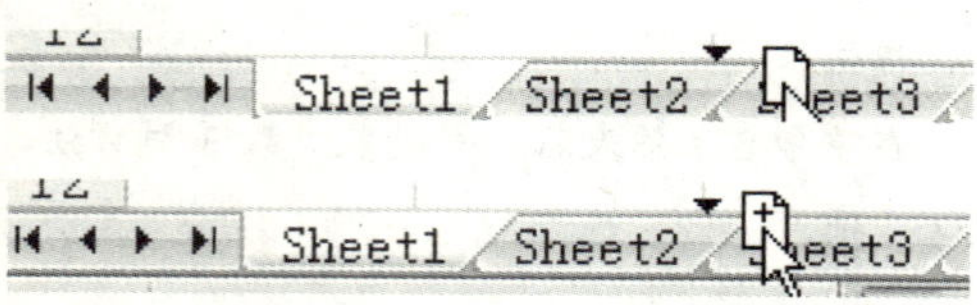
Sheet1
Sheet2
Sheet1
Sheet2

2 **使用“移动或复制工作表”对话框：**在要移动的工作表标签上单击鼠标右键，在弹出的快捷菜单中选择“移动或复制工作表”命令，或单击“开始”选项卡，在“单元格”选项组中单击“格式”按钮，在弹出的菜单中选择“移动或复制工作表”命令，然后在打开的对话框中设置适当参数，即可在多个工作簿之间移动或复制工作表。

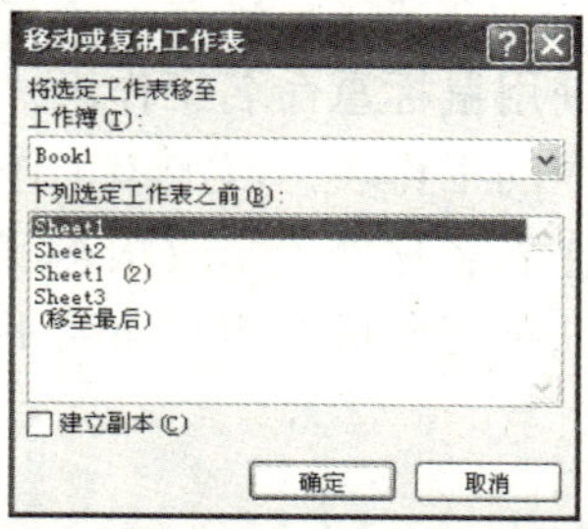
移动或复制工作表
将选定工作表移至
工作簿(T):
Book1
下列选定工作表之前(B):
Sheet1
Sheet2
Sheet1 (2)
Sheet3
(移至最后)
建立副本(C)
确定
取消

6.3.5 删除工作表

怎样将多余的
工作表删除呢？
可以通过在工作表标签上单击
鼠标右键，然后从弹出的菜单中选择
“删除”命令来删除工作表。

当不需要再使用某些工作表时，可以将其从工作簿中删除。在要删除的工作表标签上单击鼠标右键，在弹出的快捷菜单中选择“删除”命令即可删除该工作表。

当然也可通过单击“开始”选项卡，在“单元格”选项组中单击“删除”按钮，在弹出的菜单中选择“删除工作表”命令来删除选定的工作表。

6.4 单元格的基本操作

单元格是输入与处理数据的场所，在 Excel 2007 中，可对单元格进行各种管理操作，主要包括选择、插入、删除、合并、拆分、移动和复制等。

6.4.1 选择单元格

在什么情况下需
要选择单元格呢？
无论在工作表中
进行任何操作，都需要
选择单元格。

要对单元格进行编辑或在单元格中输入内容，首先必须对单元格进行选择，其选择方法主要有如下几种：

- 选择单个单元格：用鼠标单击某个单元格，即可选中单元格，被选择的单元格边框显示为粗黑线。
- 选择相邻的多个单元格：按住鼠标左键不放，拖动鼠标可以选中连续的单元格区域。
- 选择不相邻的多个单元格：按住 Ctrl 键不放，依次单击要选择的单元格或拖动鼠标，可以同时选择多个不连续的单元格或单元格区域。
- 选择多行单元格：单击行号可以选择相应的行，用鼠标指针按住行号拖动可以选中连续的多行，如果同时按住 Ctrl 键单击行号可以选择不相邻的多行。
- 选择多列单元格：单击列标可以选择相应的列，用鼠标指针按住列标拖动可以选中连续的多列，如果同时按住 Ctrl 键单击列标可以选择不相邻的多列。
- 选择全部单元格：按“Ctrl+A”快捷键或单击工作表左上角行号与列标交叉处的矩形框可以选择工作表的所有单元格。

6.4.2 插入单元格

如何在工作表
中插入单元格呢？
在 Excel 2007 中，通过“插
入”对话框即可插入单元格。

如果发现在已制作好的工作表中输漏了数据，用户可以在 Excel 工作表中活动单元格的上方或左侧插入空白单元格，同时将同一列中的其他单元格下移或将同一行中的其他单元格右移。

1 打开下载文件中“第 6 章”文件夹下的“素材.xls”文件，并将光标定位到需要插入单元格的位置。

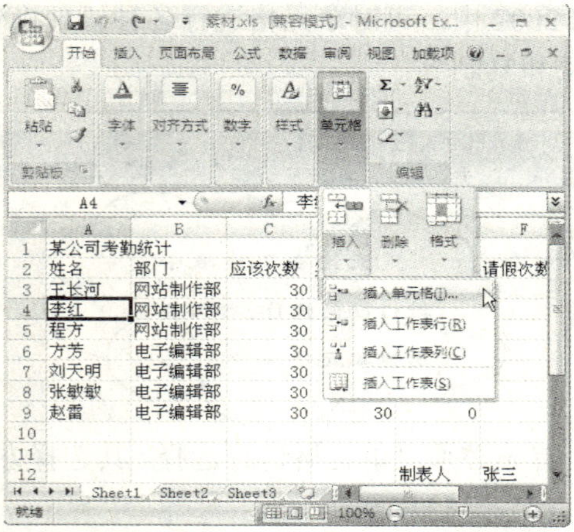

2 单击“开始”选项卡，在“单元格”选项组中单击“插入”按钮，在弹出的菜单中选择“插入单元格”命令，此时将弹出“插入”对话框。

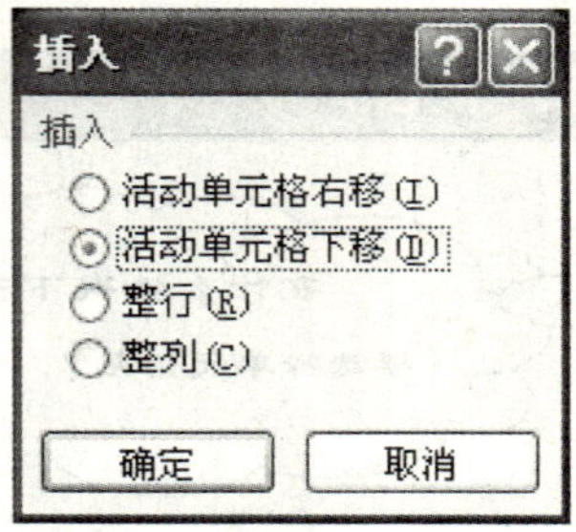

3 在该对话框中根据需要进行选择，然后单击“确定”按钮即可，如下图所示为选择“活动单元格下移”单选项后的效果。

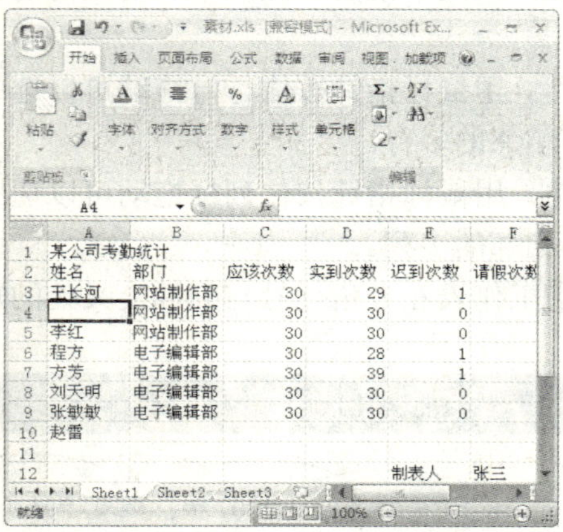

提示：

“插入”对话框中各选项的作用如下：

·“活动单元格右移”单选项：被选择的单元格及其右侧单元格中的数据都向右移动。

·“活动单元格下移”单选项：被选择的单元格及其下方单元格中的数据都向下移动。

·“整行”单选项：被选择的单元格所在行及其下方所有行都向下移动，以插入一整行单元格。

·“整列”单选项：被选择的单元格所在列及其右侧所有列都向右移动，以插入一整列单元格。

提示：

单击“开始”选项卡，在“单元格”选项组中单击“插入”按钮，在弹出的菜单中选择“插入工作表行”或“插入工作表列”菜单命令，即可在活动单元格处插入行或列，选择“插入工作表”命令将在当前工作表之前插入一张空白工作表。

6.4.3 合并与拆分单元格

如何对单元格进行合并和拆分操作呢？
在“开始”选项卡的“对齐方式”选项组中单击“合并”按钮后的小三角形按钮，然后在弹出的下拉菜单中选择相应的命令即可合并和拆分单元格。

在编辑数据过程中，往往会出现某些单元格需要与其他的单元格合并，组成一个大的单元格，或将一个大的单元格拆分成若干小的单元格的操作，这些操作都可以通过使用 Excel 提供的功能实现。

· 合并单元格

有时为了使表格结构更加完整，需要将某些单元格合并在一起，以加强感官效果。

1 在下载的文件夹中，打开“第 6 章”文件夹中的“素材.xls”文件。

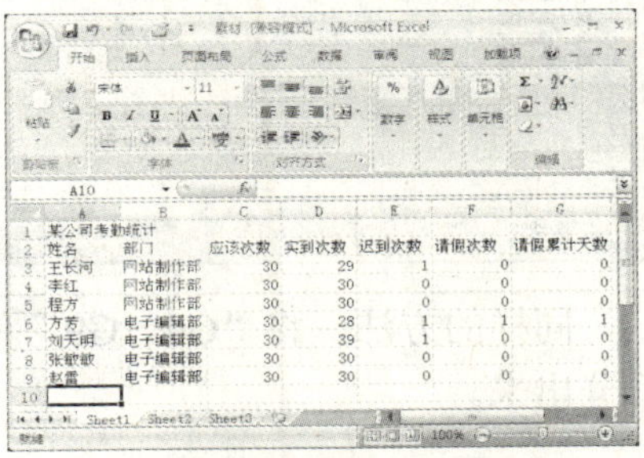

2 选中由“A1”～“G1”组成的单元格区域。

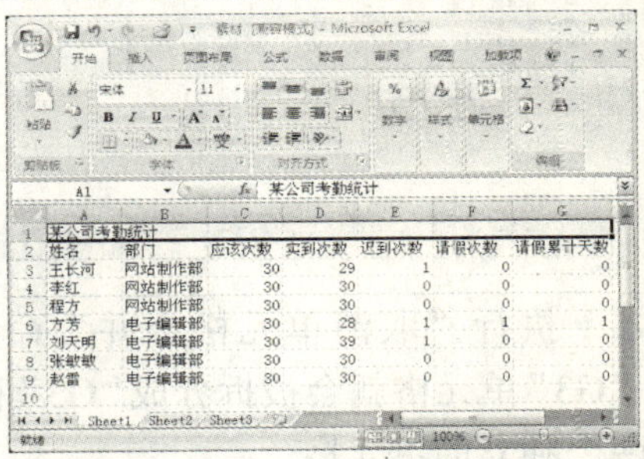

3 单击“开始”选项卡，在“对齐方式”选项组中，单击“合并”按钮后的下三角按钮，在弹出的下拉菜单中执行“合并单元格”命令。

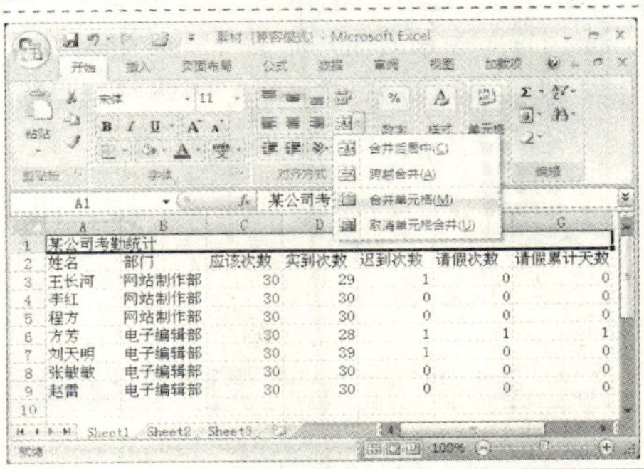

4 执行“合并单元格”命令后，选中的单元格区域就被合并成一个单元格。

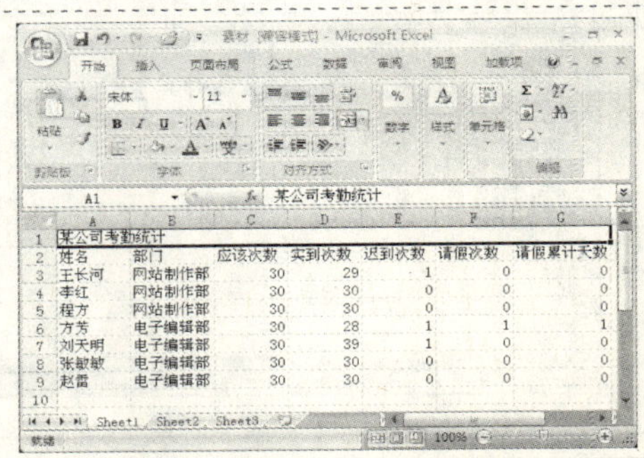

• 拆分单元格

在 Excel 中，可以合并单元格，当然也可以拆分单元格。当合并的单元格出现问题需要变回多个单元格时，可以使用拆分单元格的方法，将大的单元格以一分为几。

1 在下载的文件夹中，打开“第 6 章”文件夹中的“素材 1”文件。由于“G”和“H”列已经合并，现需要将其拆分成两列独立的单元格。

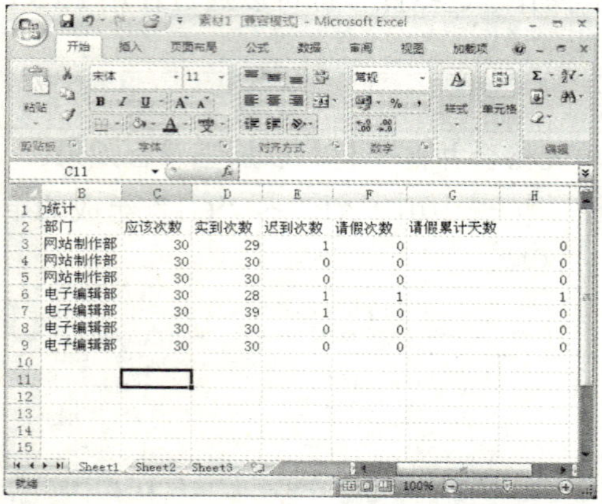

单击“G3”单元格，接着单击“开始”选项卡，在“对齐方式”选项组中，单击“合并”按钮后的下三角形按钮，在弹出的下拉菜单中执行“取消单元格合并”命令。

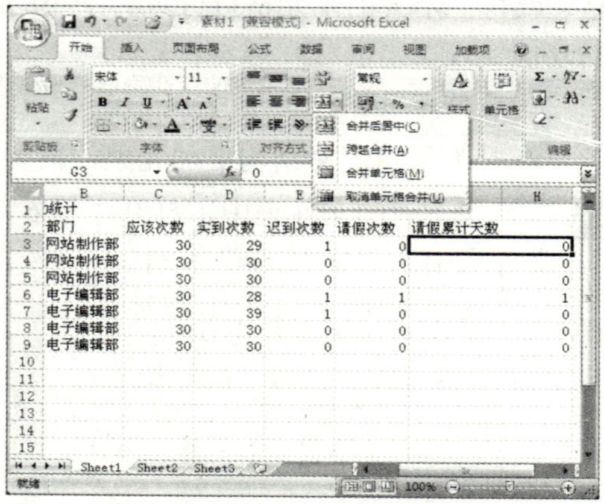

3 执行“取消单元格合并”命令后，“G3”单元格就会被拆分成“G3”和“H3”两个独立的单元格。

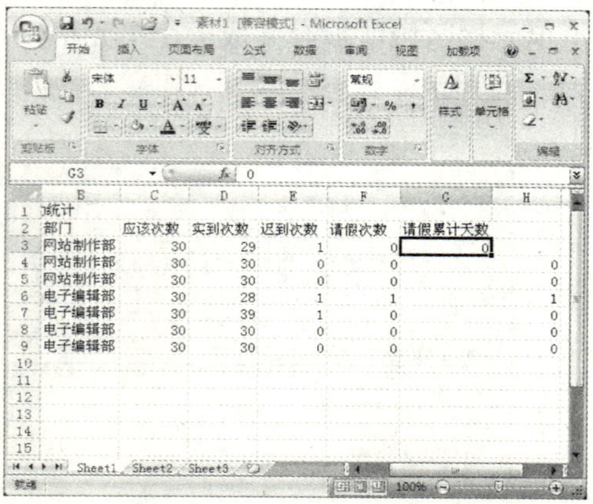

同样的方法，将“G4～G9”单元格都拆分出来。

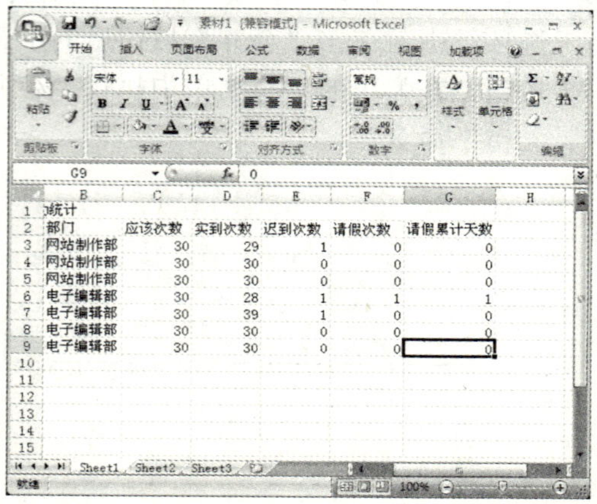

6.4.4 删除单元格

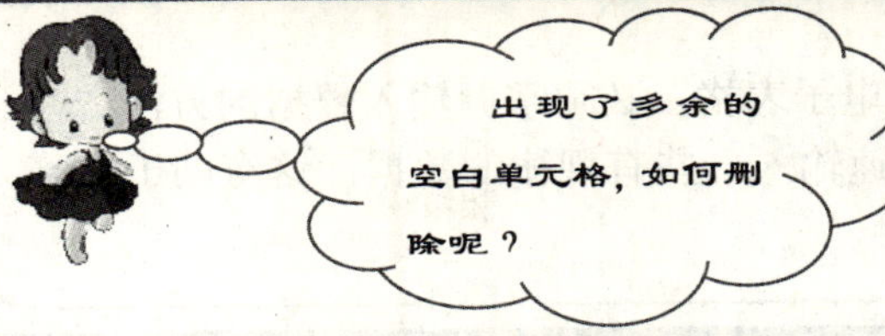

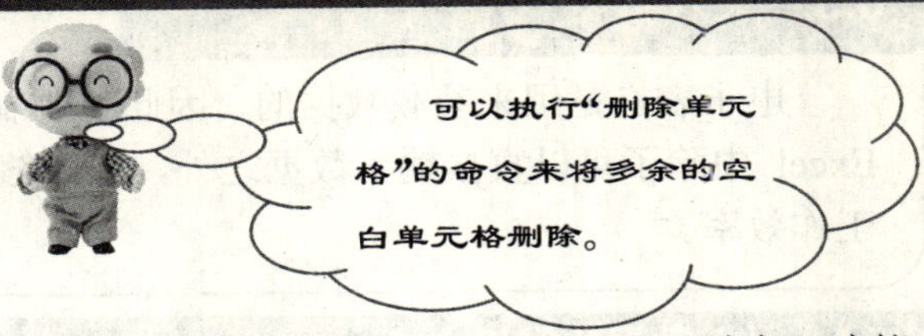

在编辑表格时，发现数据中有多余的空白单元格、行或列，于是可以使用“删除”功能，将多余的单元格、行或列删除。

这些单元格、行或列被删除后，其他的单元格、行或列也会相应的进行结构调整。

1 打开下载文件中“第 6 章”文件夹下的“素材 2.xls”文件，并将光标定位到需要删除的单元格。

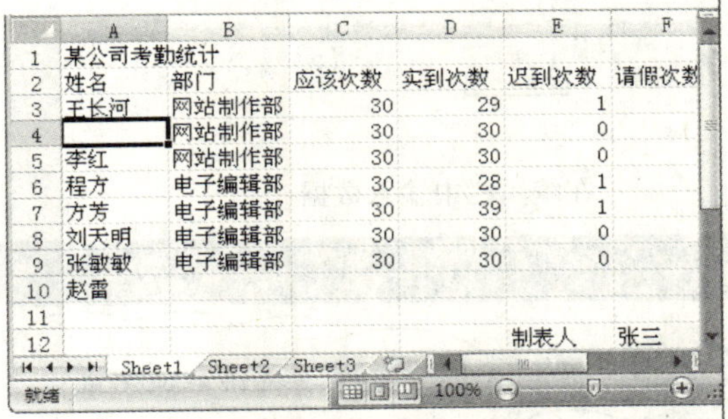

	A	B	C	D	E	F
1	某公司考勤统计					
2	姓名	部门	应该次数	实到次数	迟到次数	请假次数
3	王长河	网站制作部	30	29	1	
4		网站制作部	30	30	0	
5	李红	网站制作部	30	30	0	
6	程方	电子编辑部	30	28	1	
7	方芳	电子编辑部	30	39	1	
8	刘天明	电子编辑部	30	30	0	
9	张敏敏	电子编辑部	30	30	0	
10	赵雷					
11						
12					制表人	张三

2 单击“开始”选项卡，在“单元格”选项组中单击“删除”按钮，在弹出的菜单中选择“删除单元格”命令，此时将弹出“删除”对话框。

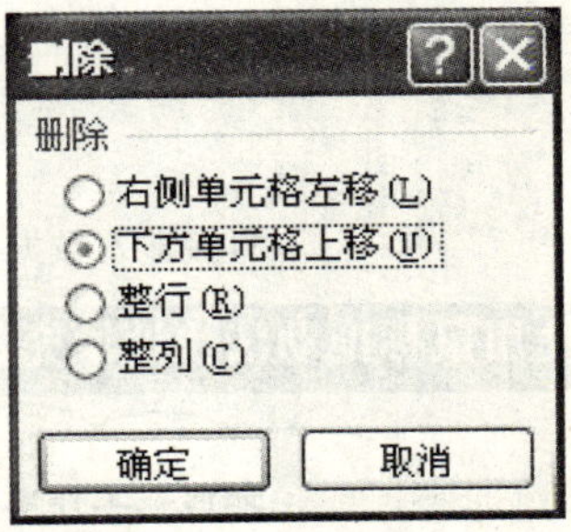

3 该对话框各选项含义与“插入”对话框大致相同，根据需要进行选择，然后单击“确定”按钮即可，如下图所示为选择“下方单元格上移”单选项后的效果。

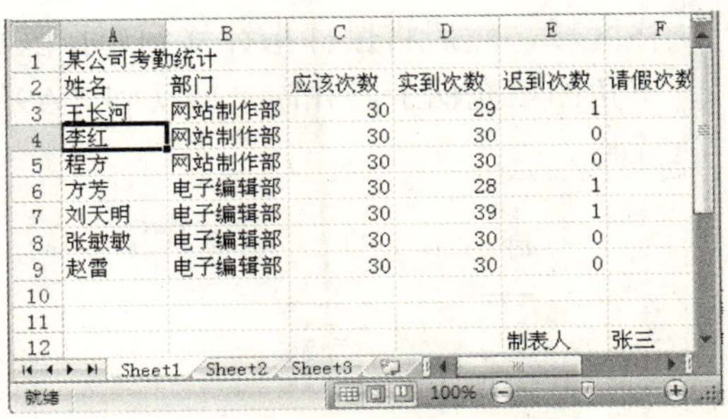

	A	B	C	D	E	F
1	某公司考勤统计					
2	姓名	部门	应该次数	实到次数	迟到次数	请假次数
3	王长河	网站制作部	30	29	1	
4	李红	网站制作部	30	30	0	
5	程方	网站制作部	30	30	0	
6	方芳	电子编辑部	30	28	1	
7	刘天明	电子编辑部	30	39	1	
8	张敏敏	电子编辑部	30	30	0	
9	赵雷	电子编辑部	30	30	0	
10						
11						
12					制表人	张三

提示：

单击“开始”选项卡，在“单元格”选项组中单击“删除”按钮，在弹出的菜单中选择“删除工作表行”或“删除工作表列”菜单命令，即可删除当前行或列，选择“删除工作表”命令将删除当前工作表。

6.5 录入数据

电子表格是用来装载数据的，因此若要制作电子表格，必须掌握输入数据的方法。在 Excel 中除了可以直接输入数据之外，还能够快速输入一些有规律的数据，这有助于提高工作效率。

6.5.1 录入数据的常用方法

在工作表中输入数据的操作非常简单，只需激活要输入数据的单元格，然后输入所需的数据即可。另外，在 Excel 中还可通过编辑栏输入数据。

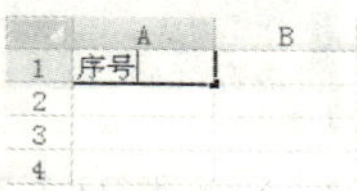

直接输入数据

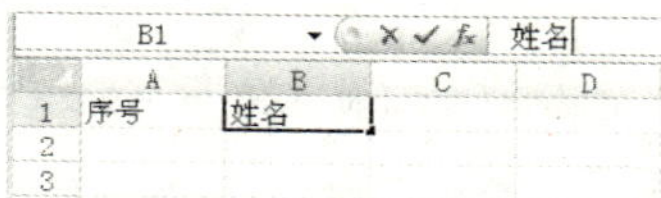

在编辑栏中输入数据

6.5.2 使用鼠标拖动法快速填充数据

可以通过鼠标拖动的方法在多个相邻单元格中输入相同数据或具有一定规律的数据。

1 打开下载文件中“第 6 章”文件夹下的“素材 3.xls”文件，并将光标定位到需要输入数据的单元格。

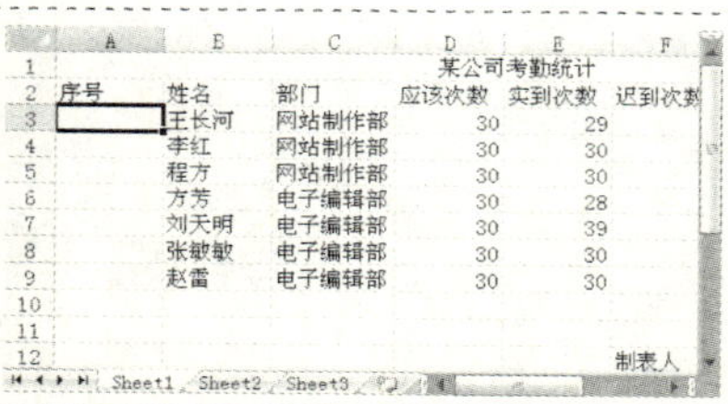

2 在“A3”单元格中输入“1”，在“A4”单元格中输入“2”，选择“A3～A4”单元格区域，然后将鼠标指针移到选择区域右下角的填充柄上，并向下拖动到“A9”单元格。

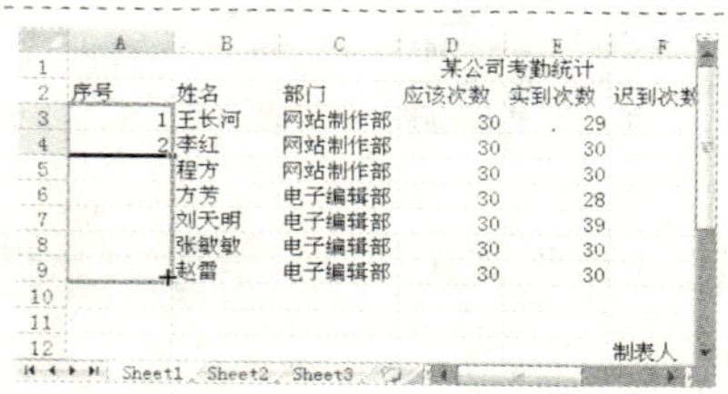

3 释放鼠标，在拖动过的区域即可依次填入差值为 1 的序列数据。

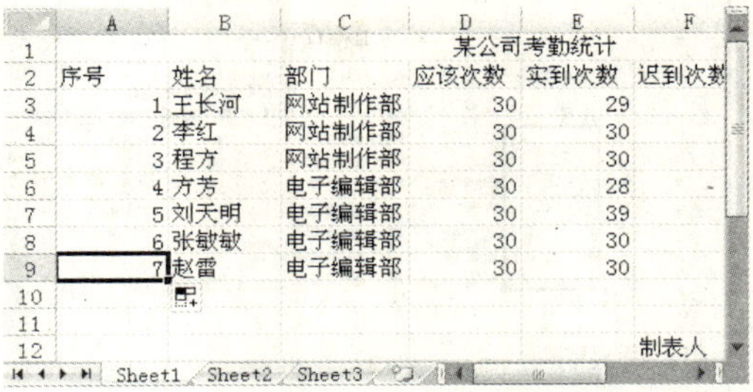

	A	B	C	D	E	F
1				某公司考勤统计		
2	序号	姓名	部门	应该次数	实到次数	迟到次数
3	1	王长河	网站制作部	30	29	
4	2	李红	网站制作部	30	30	
5	3	程方	网站制作部	30	30	
6	4	方芳	电子编辑部	30	28	
7	5	刘天明	电子编辑部	30	39	
8	6	张敏敏	电子编辑部	30	30	
9	7	赵雷	电子编辑部	30	30	
10						
11						
12						制表人

Sheet1 Sheet2 Sheet3

提示：

如果在“A3”单元格中输入“1”，然后将鼠标指针移到单元格右下角的填充柄上，并向下拖动，即可填充差值为 0 的序列数据，即全部填充数据“1”。

6.5.3 使用“序列”对话框填充数据

电脑博士，除了可以使用鼠标拖动法快速填充数据外，还有其他的方法吗？
小丽，使用“序列”对话框也可将数据快速填充到选定单元格中。

除了可以通过鼠标拖动的方法外，还可以使用“序列”对话框在多个相邻单元格中输入相同数据或具有一定规律的数据。

1 打开下载文件中“第 6 章”文件夹下的“素材 3.xls”文件，并将光标定位到需要输入数据的单元格。

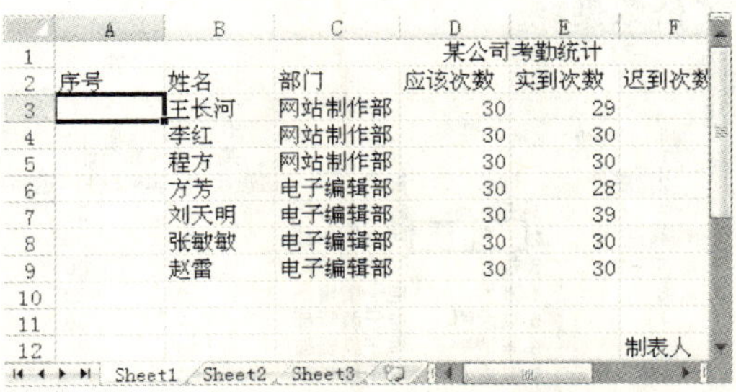

	A	B	C	D	E	F
1				某公司考勤统计		
2	序号	姓名	部门	应该次数	实到次数	迟到次数
3		王长河	网站制作部	30	29	
4		李红	网站制作部	30	30	
5		程方	网站制作部	30	30	
6		方芳	电子编辑部	30	28	
7		刘天明	电子编辑部	30	39	
8		张敏敏	电子编辑部	30	30	
9		赵雷	电子编辑部	30	30	
10						
11						
12						制表人

Sheet1 Sheet2 Sheet3

2 在“A3”单元格中输入“1”，选择“A3～A9”单元格区域。

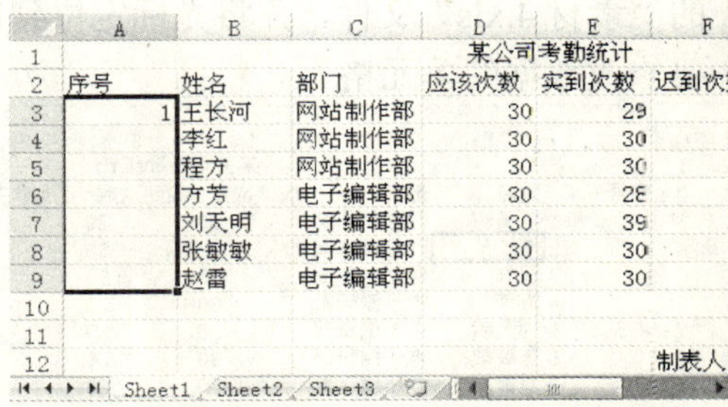

	A	B	C	D	E	F
1				某公司考勤统计		
2	序号	姓名	部门	应该次数	实到次数	迟到次数
3	1	王长河	网站制作部	30	29	
4		李红	网站制作部	30	30	
5		程方	网站制作部	30	30	
6		方芳	电子编辑部	30	28	
7		刘天明	电子编辑部	30	39	
8		张敏敏	电子编辑部	30	30	
9		赵雷	电子编辑部	30	30	
10						
11						
12						制表人

Sheet1 Sheet2 Sheet3

3 单击“开始”选项卡，在“编辑”选项组中单击“填充” 按钮，在打开的菜单中选择“系列”命令，此时将弹出“序列”对话框。

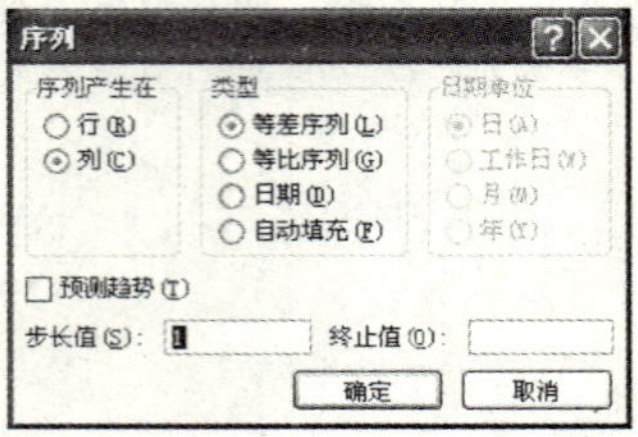

4 在“序列”对话框中根据需要设置各项参数，在此保持默认设置，单击“确定”按钮，填充效果如下图所示。

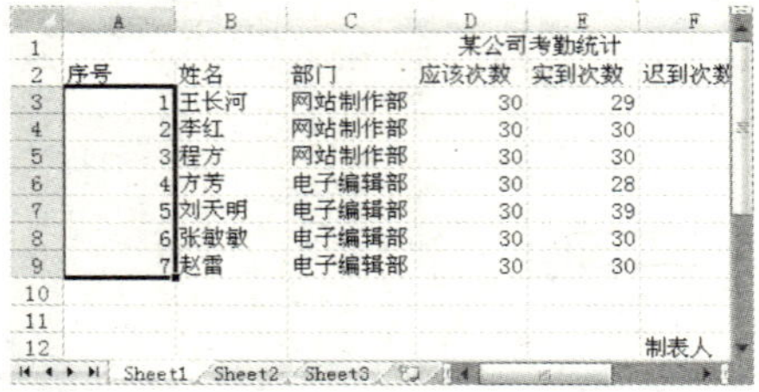

6.6 修改数据

在工作表中输入的数据难免会出错，需要修改。修改数据既可直接在单元格中进行，也可通过编辑栏进行修改，如果有大量相同的数据需要修改，可以使用查找和替换功能修改数据。

6.6.1 在单元格中修改数据

如果已经发现单元格中的数据有误，则需要双击该单元格，使其进入编辑状态，然后通过移动光标确定修改位置，最后进行修改。选择需要修改数据的单元格，直接输入新的数据也可修改数据。

1 打开下载文件中“第 6 章”文件夹下的“素材 4.xls”文件，并将光标定位到需要修改数据的单元格。

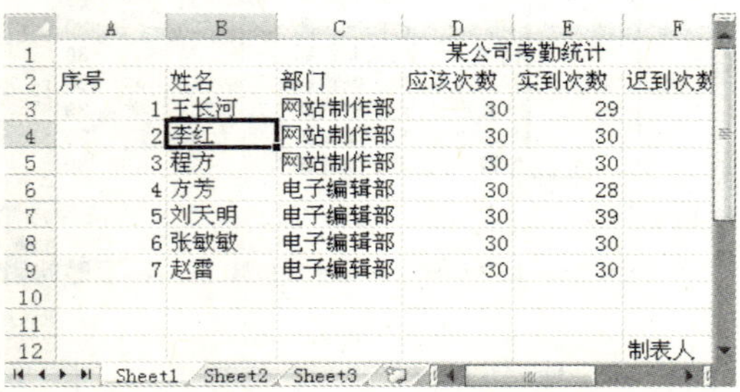

2 直接输入新的数据内容即可修改单元格数据。

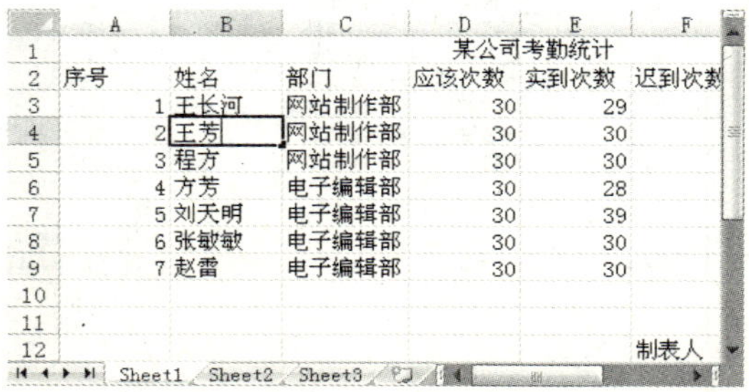

将光标定位到下一个需要修改数据的单元格，并双击鼠标，使其呈编辑状态。

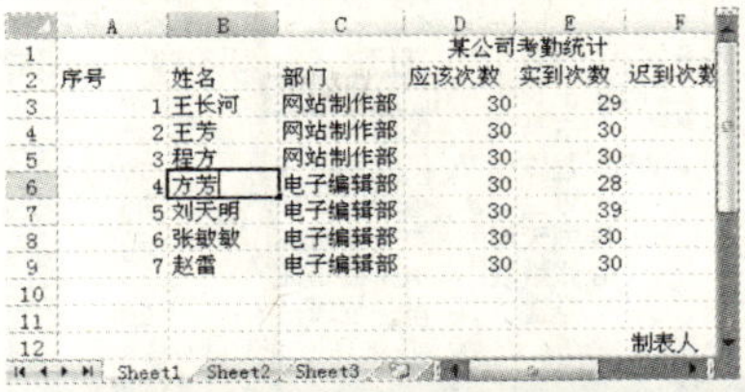

	A	B	C	D	E	F
1				某公司考勤统计		
2	序号	姓名	部门	应该次数	实到次数	迟到次数
3	1	王长河	网站制作部	30	29	
4	2	王芳	网站制作部	30	30	
5	3	程方	网站制作部	30	30	
6	4	方芳	电子编辑部	30	28	
7	5	刘天明	电子编辑部	30	39	
8	6	张敏敏	电子编辑部	30	30	
9	7	赵雷	电子编辑部	30	30	
10						
11						
12						制表人

按退格键（Backspace）向前删除一个字符，并输入“兰”字，然后按“Enter”键完成数据修改。

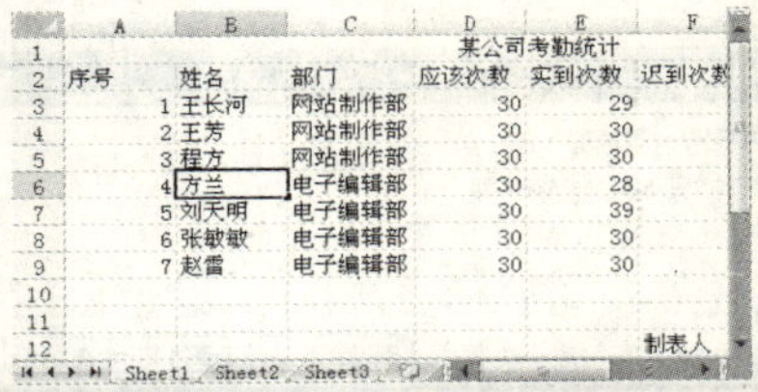

	A	B	C	D	E	F
1				某公司考勤统计		
2	序号	姓名	部门	应该次数	实到次数	迟到次数
3	1	王长河	网站制作部	30	29	
4	2	王芳	网站制作部	30	30	
5	3	程方	网站制作部	30	30	
6	4	方兰	电子编辑部	30	28	
7	5	刘天明	电子编辑部	30	39	
8	6	张敏敏	电子编辑部	30	30	
9	7	赵雷	电子编辑部	30	30	
10						
11						
12						制表人

6.6.2 使用编辑栏修改数据

修改数据还有其他方法吗？
还可以通过“编辑栏”来修改单元格中的数据。

除了在单元格中直接修改数据以外，用户还可以通过“编辑栏”中进行修改。

具体操作方法：选中需要修改数据的单元格，此时编辑栏中将出现该单元格的数据，将光标定位到编辑栏中，即可对数据进行输入和修改。

6.6.3 查找与替换

如何快速查找并替换工作表中的数据呢？
使用“查找”和“替换”功能可以对数据进行快速查找和替换。

使用查找和替换功能可以快速查看与修改多个相同数据，当需要在工作表中修改多个包含相同数据的单元格时，通过查找与替换功能可达到事半功倍的效果。其操作方法与使用 Word 查找和替换文本的方法基本相同。

打开下载文件中“第 6 章”文件夹下的“素材 5.xls”文件。

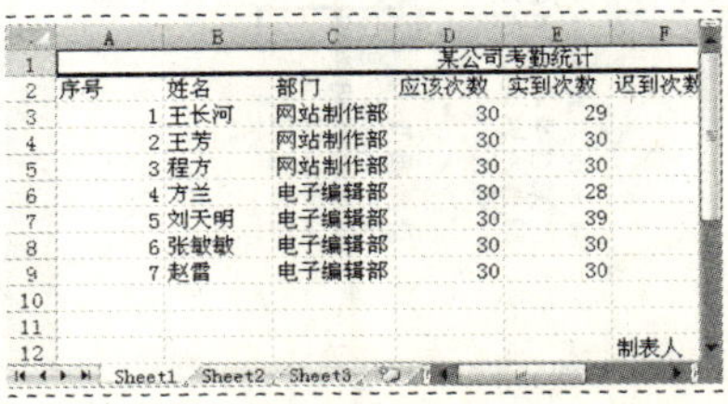

	A	B	C	D	E	F
1				某公司考勤统计		
2	序号	姓名	部门	应该次数	实到次数	迟到次数
3	1	王长河	网站制作部	30	29	
4	2	王芳	网站制作部	30	30	
5	3	程方	网站制作部	30	30	
6	4	方兰	电子编辑部	30	28	
7	5	刘天明	电子编辑部	30	39	
8	6	张敏敏	电子编辑部	30	30	
9	7	赵雷	电子编辑部	30	30	
10						
11						
12						制表人

在“开始”选项卡的“编辑”选项组中，单击“查找和选择”按钮，在弹出的下拉菜单中单击“查找”命令，此时将弹出“查找”对话框。

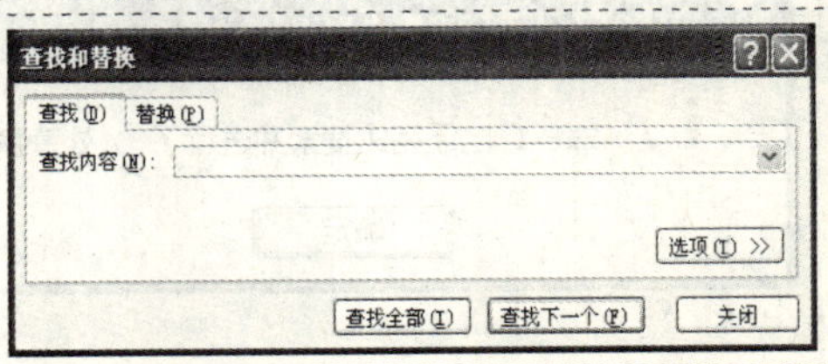
查找和替换
查找(D)
替换(P)
查找内容(N):
选项(T) >>
查找全部(I)
查找下一个(F)
关闭

3 在“查找内容”文本框中输入“网站制作部”。

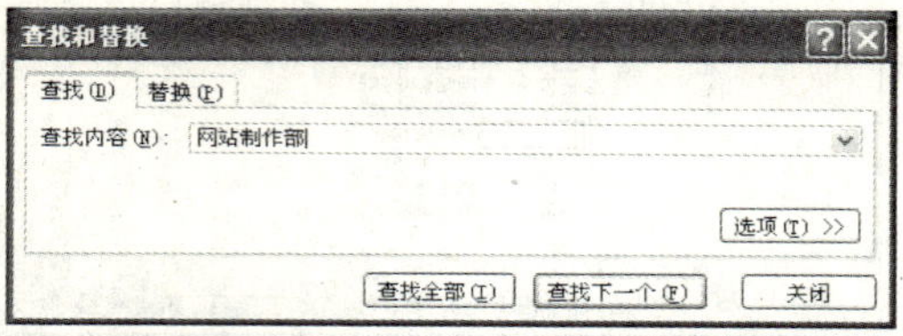

4 单击“查找下一个”按钮即可查找到符合条件的数据。

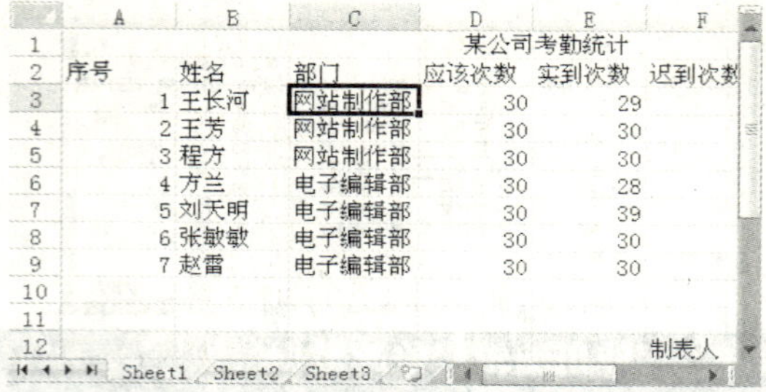

5 再次单击“查找下一个”按钮，Excel就会继续查找符合条件的数据。单击“查找全部”按钮，会打开一个列表框，列出所有符合条件的数据的详细信息。

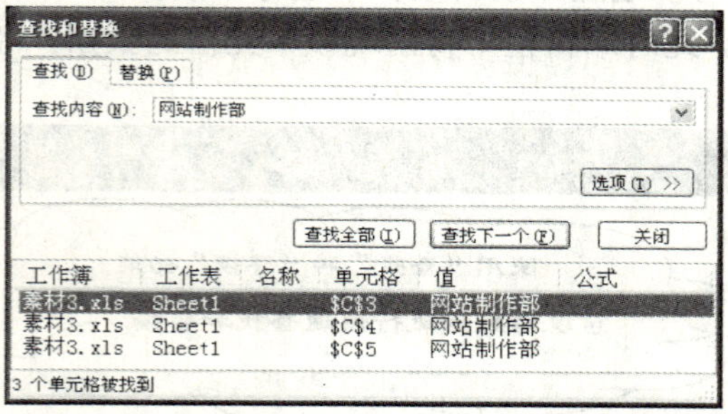

6 单击“替换”选项卡，即可将对话框切换到替换选项组，并在“替换为”文本框中输入需要替换的内容，在此输入“广告部”。

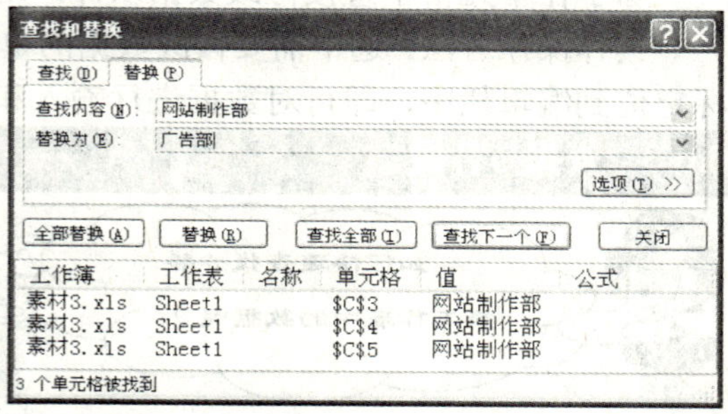

7 单击“查找下一个”按钮，Excel就会查找符合条件的数据，单击“替换”按钮，即可将查找到的数据进行替换，单击“全部替换”按钮，将打开一个提示框显示替换的个数。

8 单击“确定”按钮返回到“查找和替换”对话框，然后单击“关闭”按钮，即可完成数据的查找和替换操作。

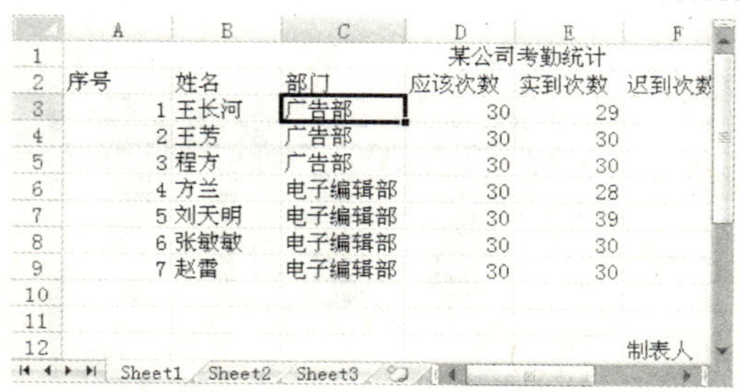

6.6.4 移动单元格数据

如何才能移动单元格中的数据呢？
移动单元格数据最常用、快捷的方法是使用鼠标直接拖动。

有时，在一个单元格中输入数据以后，却发现输入的位置不对，于是希望将这个单元格的内容移动到指定的单元格中，那么使用“移动”功能就可以完成要求。

1 打开下载文件中“第6章”文件夹下的“素材6.xls”文件，并将光标定位到需要移动数据的单元格

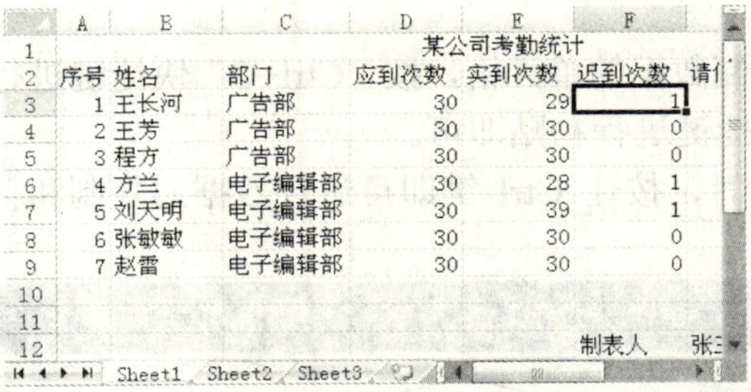

2 将鼠标移动到单元格的黑色边框上，此时鼠标就变成了一个✥图标

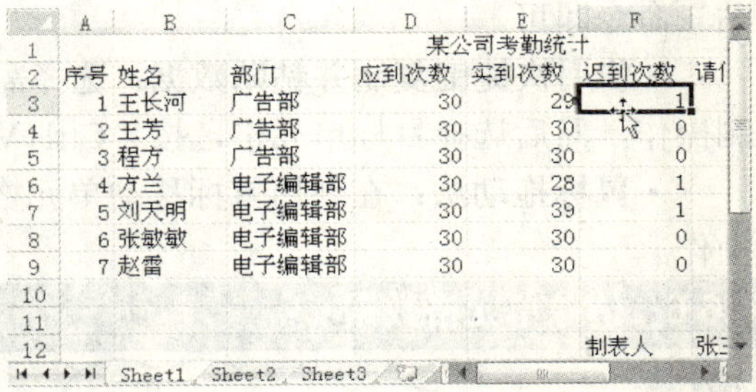

3 单击并拖动鼠标，在拖动过程中，会出现一个由灰色线条组成的边框，该边框表示被拖动的单元格内容

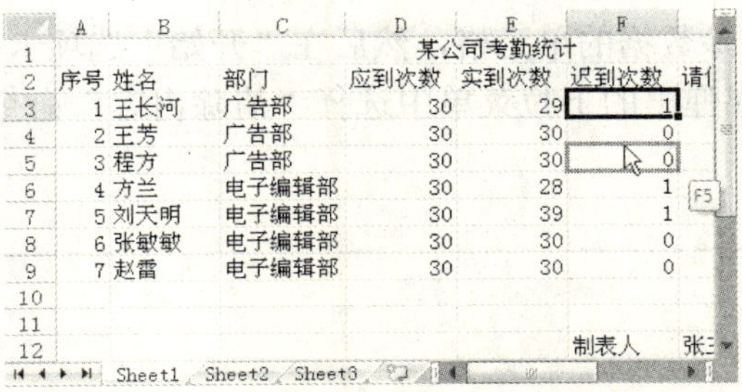

4 拖动到目标位置后，释放鼠标，此时Excel会弹出一个询问对话框，提示用户是否替换目标单元格的内容，单击“确定”按钮，即可完成数据的移动替换操作

Microsoft Office Excel
是否替换目标单元格内容?
确定
取消

6.6.5 复制单元格数据

如何才能复制单元格数据呢？
在 Excel 2007 中，复制单元格数据的方法有很多，接下来将讲解常用的一些复制方法。

在 Excel 2007 中，对于一些重复输入的数据，可以使用“复制”功能来提高工作效率。复制与粘贴单元格数据的方法主要有以下几种：

- **使用功能按钮复制并粘贴数据：**选择需要复制数据的单元格，单击“开始”选项卡“剪贴板”选项组上的“复制”按钮 进行复制操作，选择目标单元格，然后单击“开始”选项卡“剪贴板”选项组上的“粘贴”按钮 ，即可完成数据的复制与粘贴操作。
- **使用快捷菜单复制并粘贴数据：**选择需要复制数据的单元格，单击鼠标右键，从弹出的菜单中选择“复制”命令，然后选择目标单元格，单击鼠标右键，在弹出的菜单中选择“粘贴”命令即可。
- **使用快捷键复制并粘贴数据：**选择需要复制数据的单元格，按“Ctrl+C”快捷键进行复制操作，然后选择目标单元格，按“Ctrl+V”快捷键进行粘贴即可。
- **鼠标拖动法：**在使用鼠标移动单元格数据时，按住 Ctrl 键即可进行数据的复制和粘贴操作。

6.6.6 清除单元格数据

怎样删除单元格中的数据内容呢？
可以使用 Excel 提供的“清除”功能来删除单元格中的数据。

在输入过程中，难免会造成数据的输入错误，在找到错误的数据后，可通过清除单元格内容，将以前的数据删除，然后输入新的数据。

清除单元格数据的操作方法是：选择需要清除数据的单元格，然后在“开始”选项卡上，单击“编辑”选项组上的“清除”按钮 ，在弹出的下拉菜单中选择“清除内容”命令或按键盘上的 Delete 键即可清除单元格中的数据。

第 7 章 Excel 2007 的高级应用

本章要点：

- ◆ 美化工作表
- ◆ 公式和函数
- ◆ 管理数据
- ◆ 图表的应用

电脑博士，Excel 2007 的高级应用包括哪些操作呢？

小丽，Excel 2007 是一个功能强大的电子表格软件，它不仅可以方便地制作各种复杂的电子表格，还具有强大的数据综合管理与分析功能，可以方便快捷地对数据进行各种运算处理和统计分析。本章将讲解工作表的美化、公式和函数的使用、数据的管理和图表的应用等。

7.1 美化工作表

为了使工作表更加美观，数据更加清晰明了，可将不同类型数据的单元格设为不同的格式，主要包括数据格式设置、对齐方式及边框和底纹的设置等。

7.1.1 设置数据格式

如何设置数据格式呢？
在 Excel 2007 中，可通过“字体”功能面板和“单元格格式”对话框设置数据格式。

在单元格中输入数据后，其字体默认为宋体、字号为 12 号、颜色为黑色，在 Excel 2007 中，可以对单元格的字体、颜色、字形、字号进行设置，而且还可以为数据设置一些特殊效果，从而达到美化工作表的目的。

• 通过“字体”功能面板设置数据格式

在 Excel 中通过“字体”功能面板可以方便、直观地设置数据的格式，如数据的字体、字号和颜色等，设置时只需在“字体”功能面板中单击相应的按钮，或在相应的下拉列表框中进行选择即可。

1 打开下载文件中“第 7 章”文件夹下的“车间年产量统计表.xls”，选择需要设置格式的单元格，在此选择 A1 单元格。

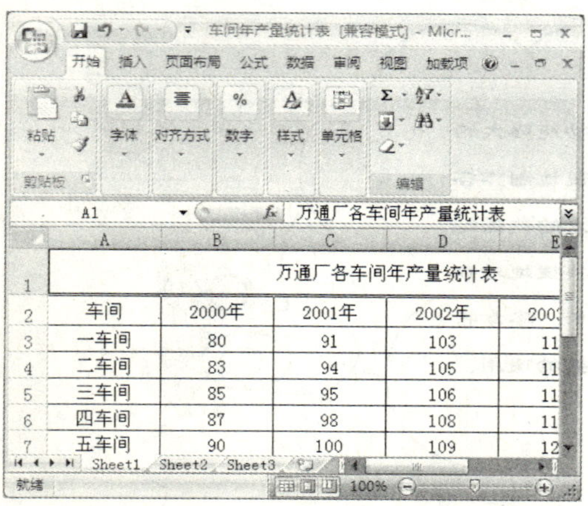

2 单击“开始”选项卡，然后在“字体”功能面板中单击“字体”下拉列表框中选择“黑体”。

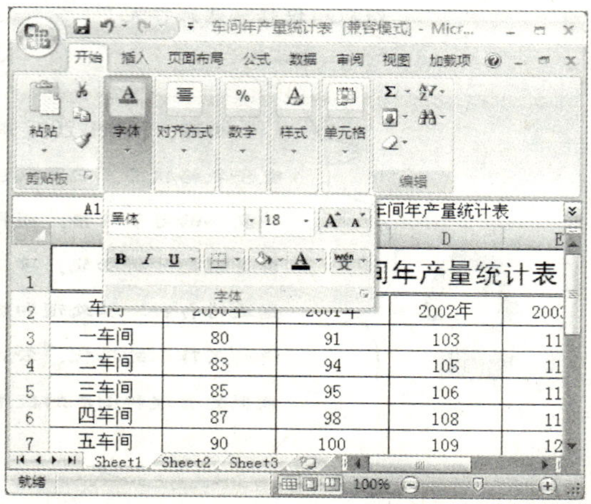

3 在“字号”下拉列表框中选择“18”号。

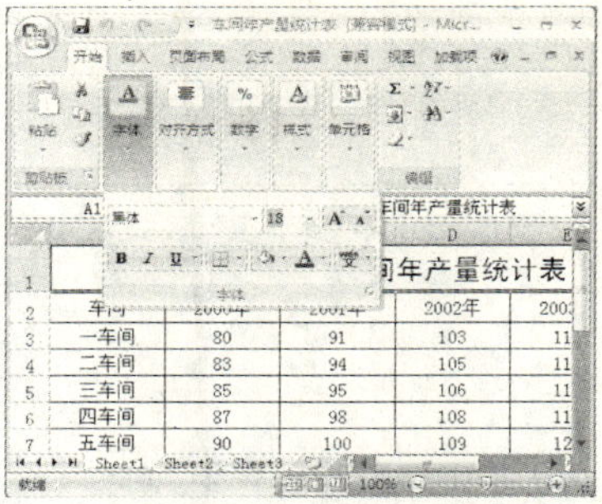

4 单击“加粗”按钮。

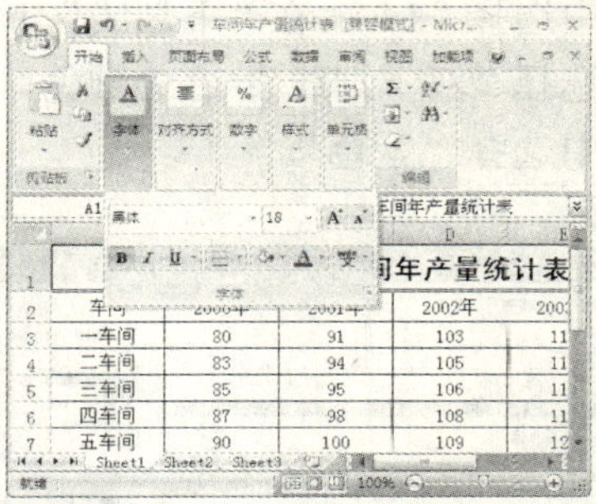

5 单击字体颜色“A·”按钮右侧的小三角形，在弹出的下拉列表中选择“蓝色”。

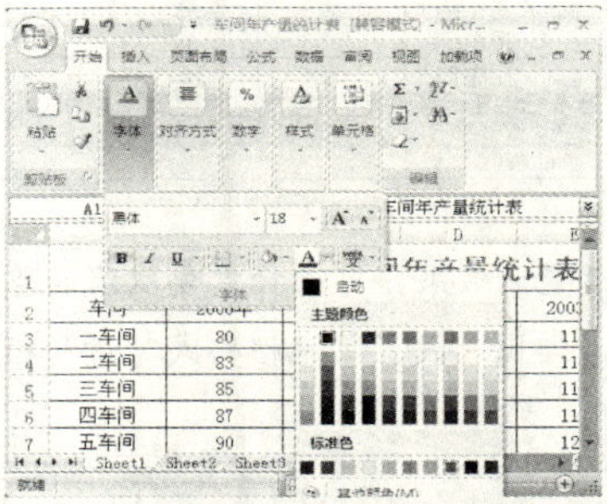

6 此时 A1 单元格中的文字变成下图所示的效果。

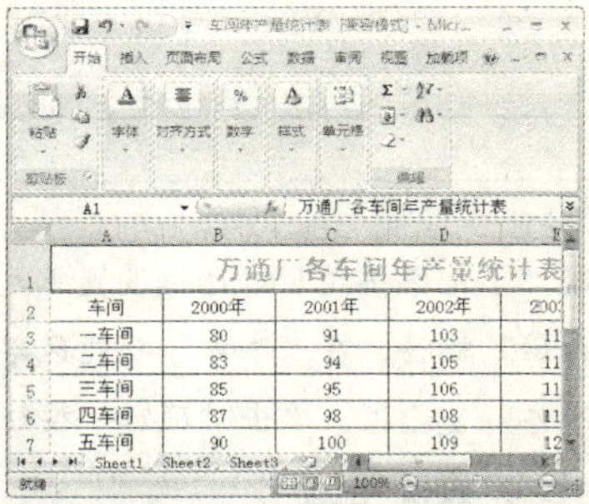

• 通过“单元格格式”对话框设置数据格式

通过“字体”功能面板只能设置一些简单的格式，而通过“单元格格式”对话框则可以设置更高级的单元格格式。

1 选择需要设置格式的单元格，在此选择单元格区域“A2~A10”。

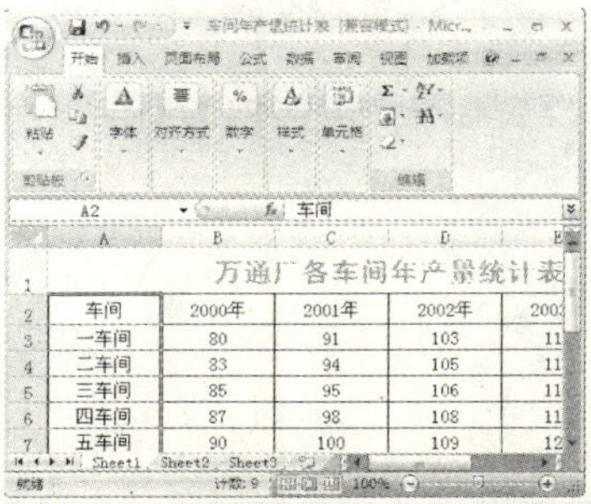

2 单击“开始”标签，在“字体”功能区单击右下角的 按钮，将弹出“设置单元格格式”对话框。

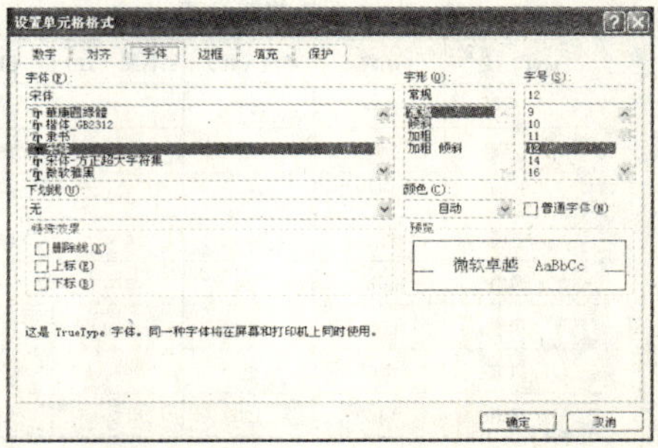

3 单击“字体”选项卡，在“字体”列表框中选择“华文中宋”；在“字号”列表框中选择“14”；在“下划线”下拉列表框中选择“双下划线”；在“颜色”下拉列表框中选择“紫色”。

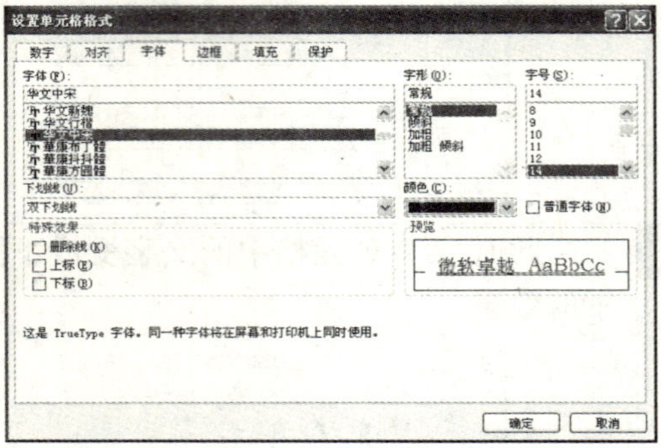

4 单击“确定”按钮，效果如下图所示。

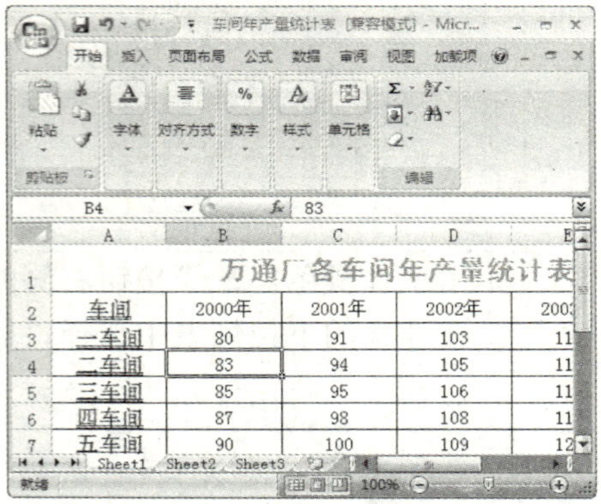

技巧：

通过“单元格格式”对话框设置单元格格式后，若要取消设置的效果，可选择需要取消的单元格，然后单击“开始”标签，在“字体”功能区单击右下角的 按钮，弹出“设置单元格格式”对话框，从中选择“普通字体”复选框，单击“确定”按钮即可。

• 设置数值格式

数字格式是指数字、日期、时间等各种数据在工作表中的显示方式。

1 打开下载文件中“第 7 章”文件夹下的“销售统计表”，并选择需要设置数据格式的单元格。

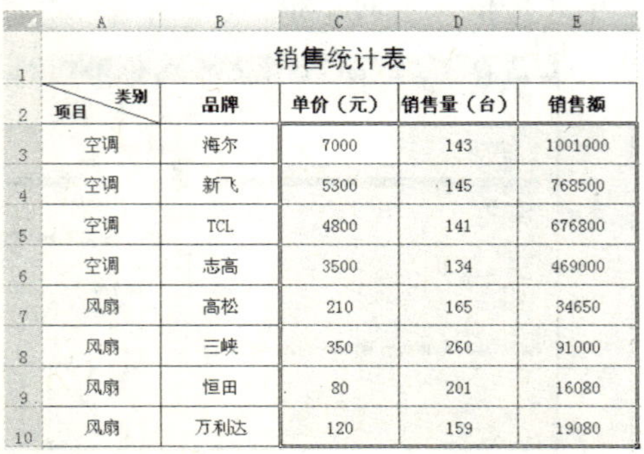

销售统计表

类别 项目	品牌	单价（元）	销售量（台）	销售额
空调	海尔	7000	143	1001000
空调	新飞	5300	145	768500
空调	TCL	4800	141	676800
空调	志高	3500	134	469000
风扇	高松	210	165	34650
风扇	三峡	350	260	91000
风扇	恒田	80	201	16080
风扇	万利达	120	159	19080

2 单击“开始”标签，在“字体”功能区单击右下角的 按钮，将弹出“设置单元格格式”对话框，单击“数字”选项卡。

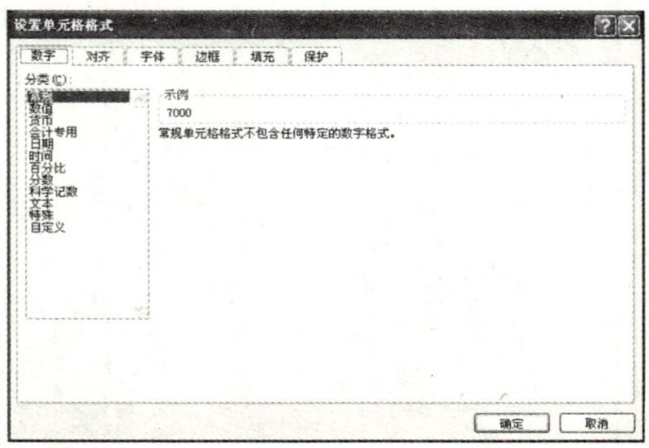

在“分类”列表框中选择数字格式的类型；在“类型”列表框中选择该类型的具体数字格式。

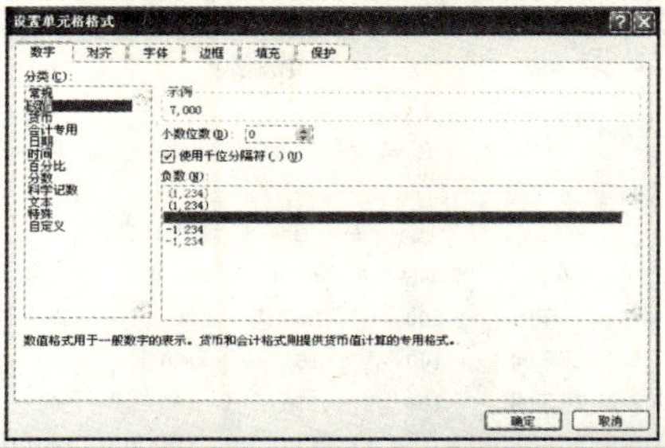

设置完毕后，单击“确定”按钮即可将单元格设置成需要的类型。

销售统计表				
类别/项目	品牌	单价（元）	销售量（台）	销售额
空调	海尔	7,000	143	1,001,000
空调	新飞	5,300	145	768,500
空调	TCL	4,800	141	676,800
空调	志高	3,500	134	469,000
风扇	高松	210	165	34,650
风扇	三峡	350	260	91,000
风扇	恒田	80	201	16,080
风扇	万利达	120	159	19,080

7.1.2 设置对齐方式

Excel 2007 的对齐方式主要有哪些呢？

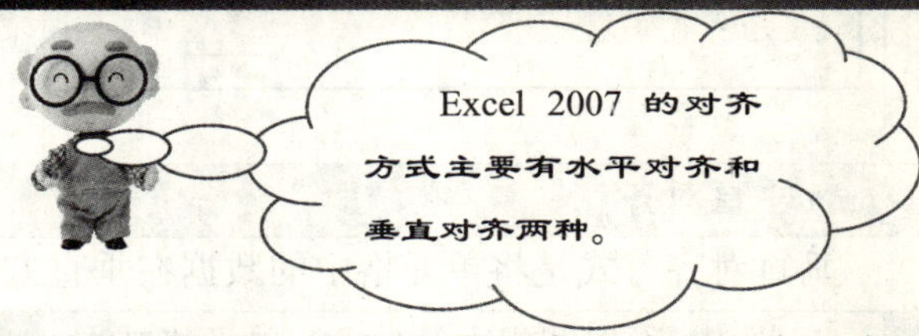
Excel 2007 的对齐方式主要有水平对齐和垂直对齐两种。

单元格对齐方式是指文本在单元格中的字符排列规则，包括水平对齐方式和垂直对齐方式。默认情况下，在创建表格数据时，水平对齐方式为左对齐，垂直对齐方式为底端对齐。

• 水平对齐

可通过“对齐方式”功能面板和“单元格格式”对话框设置单元格的水平对齐方式。

打开下载文件中“第 7 章”文件夹下的“销售统计表”。选中需要设置对齐方式的单元格或单元格区域

某厂各车间产量统计表					
车间	2000年	2001年	2002年	2003年	2004年
一车间	200	205	100.5	130	190
二车间	140	160	180	190	185
三车间	100	130	190	160	195
四车间	110	170	130	140	210
五车间	110	120	160	150	197
六车间	120	150	170	200	205

单击“开始”标签，在“对齐方式”功能区中有一排水平对齐按钮，单击这些按钮即可设置数据的水平对齐方式；单击“对齐方式”功能区右下角的按钮，将弹出“设置单元格格式”对话框，单击“对齐”选项卡。

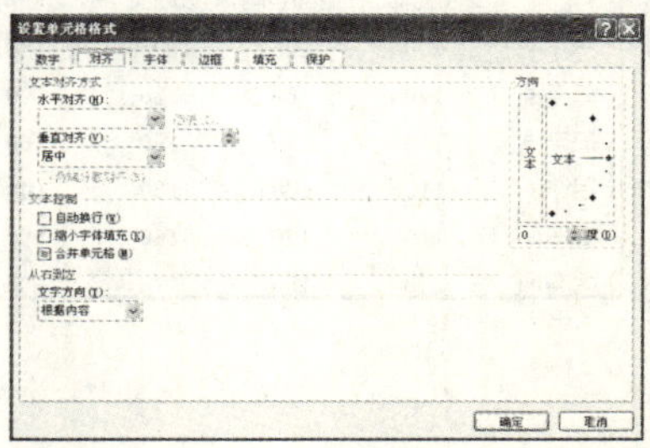

3 在“对齐”选项卡中的“水平对齐”下拉列表中选择需要的对齐方式，在此选择“居中”。

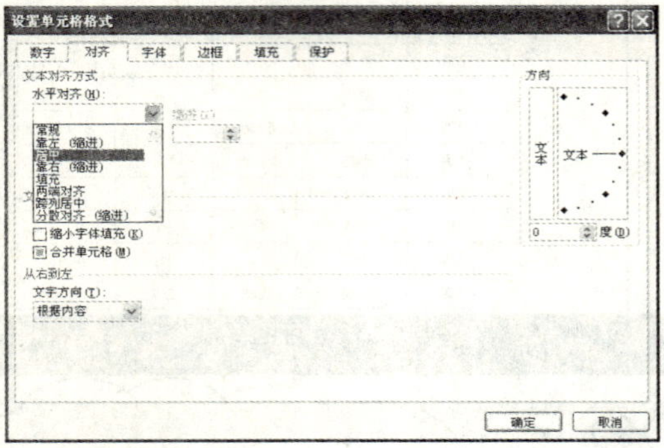

4 单击“确定”按钮即可得到对齐后的效果。

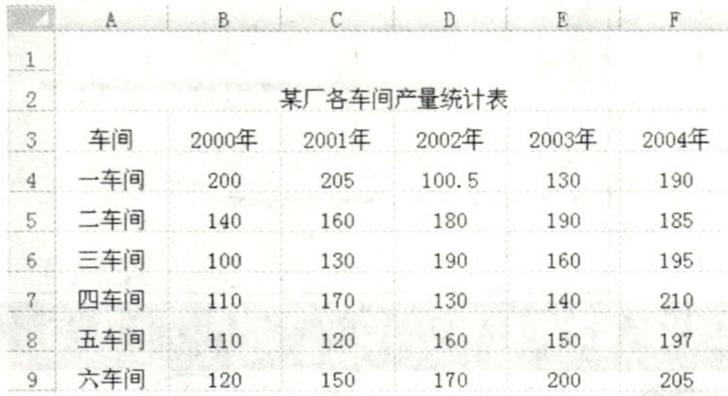

	A	B	C	D	E	F
1						
2	某厂各车间产量统计表					
3	车间	2000年	2001年	2002年	2003年	2004年
4	一车间	200	205	100.5	130	190
5	二车间	140	160	180	190	185
6	三车间	100	130	190	160	195
7	四车间	110	170	130	140	210
8	五车间	110	120	160	150	197
9	六车间	120	150	170	200	205

• 垂直对齐

垂直对齐方式是将单元格中的数据在垂直方向上对齐。其设置方法和水平对齐方式一样。

1 选中需要设置对齐方式的单元格或单元格区域。

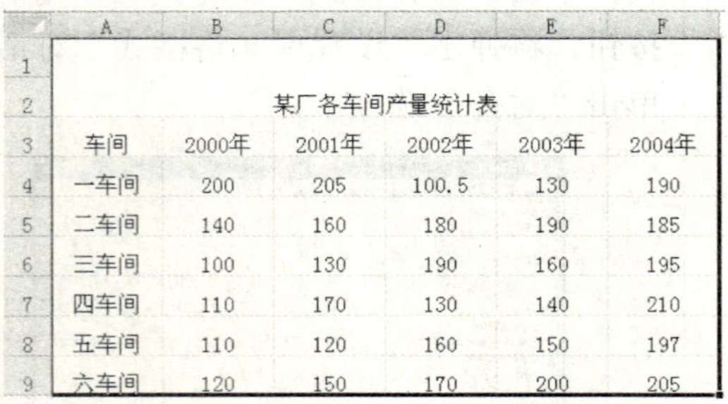

	A	B	C	D	E	F
1						
2	某厂各车间产量统计表					
3	车间	2000年	2001年	2002年	2003年	2004年
4	一车间	200	205	100.5	130	190
5	二车间	140	160	180	190	185
6	三车间	100	130	190	160	195
7	四车间	110	170	130	140	210
8	五车间	110	120	160	150	197
9	六车间	120	150	170	200	205

2 单击“开始”选项卡，在“对齐方式”功能区中有一排垂直对齐按钮 ，单击这些按钮即可设置数据的垂直对齐方式；单击鼠标右键，从中选择“设置单元格格式”命令，在弹出的对话框中单击“对齐”选项卡。

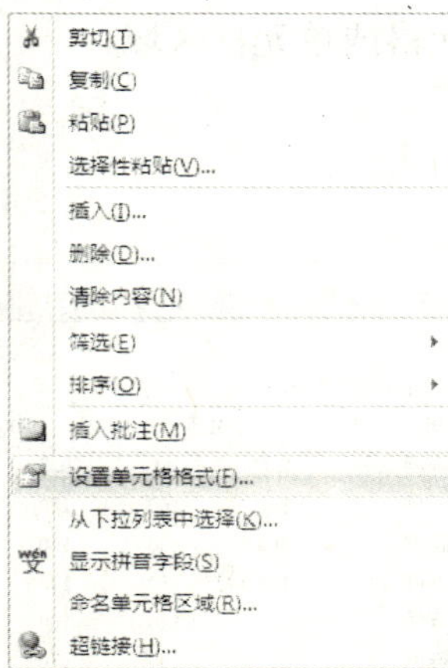

3	在“对齐”选项卡中的“垂直对齐”下拉列表中选择需要的对齐方式，在此选择“居中”。	4	单击“确定”按钮即可查看到对齐后的效果。

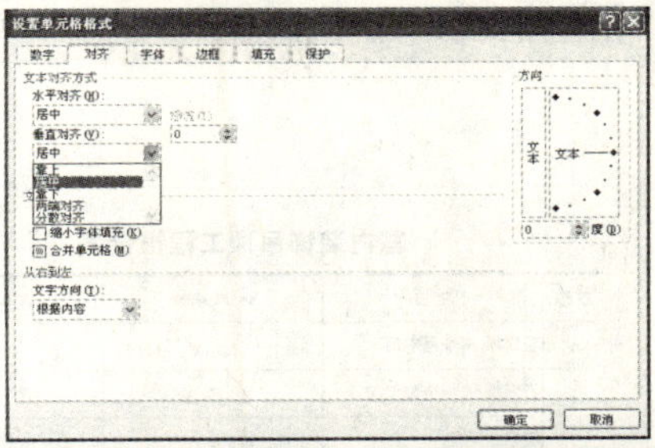

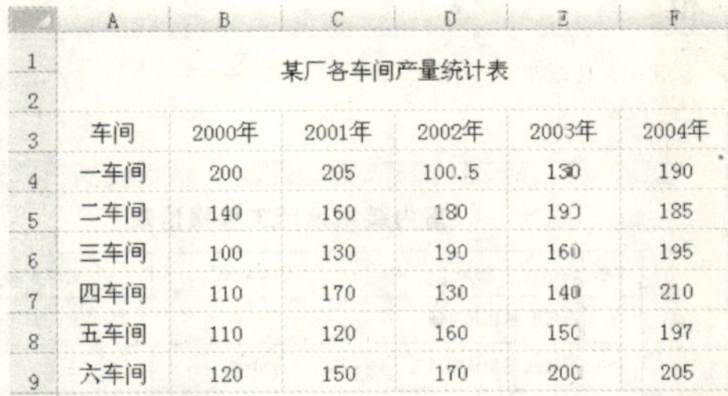

	A	B	C	D	E	F
1	某厂各车间产量统计表					
2						
3	车间	2000年	2001年	2002年	2003年	2004年
4	一车间	200	205	100.5	130	190
5	二车间	140	160	180	190	185
6	三车间	100	130	190	160	195
7	四车间	110	170	130	140	210
8	五车间	110	120	160	150	197
9	六车间	120	150	170	200	205

7.1.3 添加边框

如何才能给单元格添加边框呢？
在 Excel 2007 中，可使用“字体”功能面板和“单元格格式”对话框添加边框。

表格制作好后，需要添加边框，这样可以使表格的内容更加清晰美观，使数据一目了然。在 Excel 2007 中可以通过“字体”功能面板和“单元格格式”对话框添加表格边框，还可以用手绘的方法来绘制表格的边框。

• 通过“字体”功能面板添加边框

通过“字体”功能面板添加边框是最方便快捷的，具体操作步骤如下：

1	打开下载文件中“第 7 章”文件夹下的“室内装饰吊顶工程报价表”工作簿，选择除表头外的单元格区域。	2	单击“开始”选项卡，在“字体”功能区中单击“边框”按钮右侧的三角按钮，在弹出的下拉列表中选择“所有框线”命令。

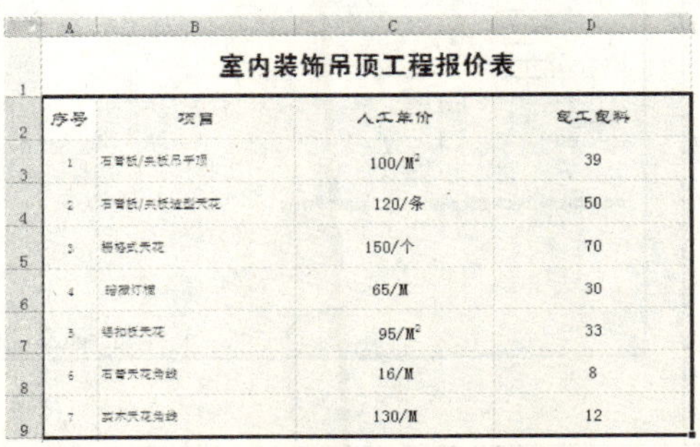

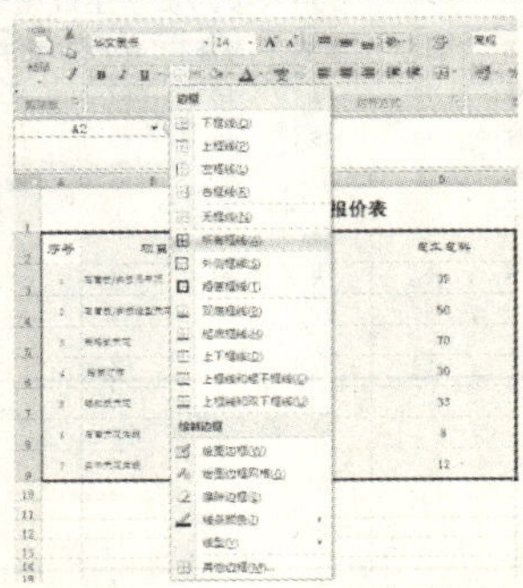

3 此时所选单元格区域被添加上边框。当然选择“边框”下拉面板“绘制边框”下方的相关命令还可以手绘边框和擦除边框。

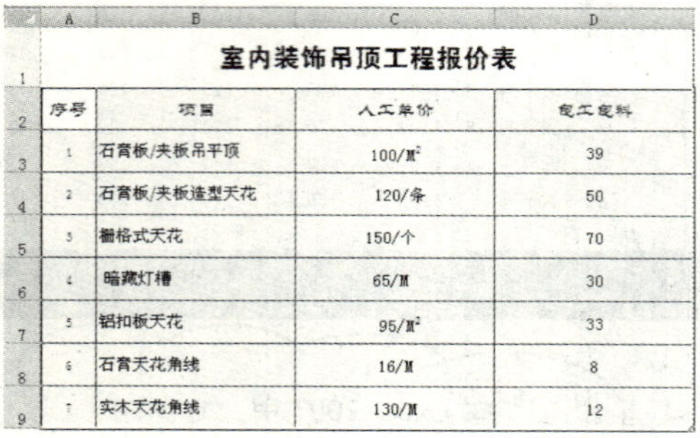

室内装饰吊顶工程报价表

序号	项目	人工单价	包工包料
1	石膏板/夹板吊平顶	100/M²	39
2	石膏板/夹板造型天花	120/条	50
3	栅格式天花	150/个	70
4	暗藏灯槽	65/M	30
5	铝扣板天花	95/M²	33
6	石膏天花角线	16/M	8
7	实木天花角线	130/M	12

4 一般表格的外边框都是以粗线绘制，在“字体”功能区中单击“边框”按钮右侧的三角按钮，在弹出的下拉列表中选择“粗匣框线”命令即可。

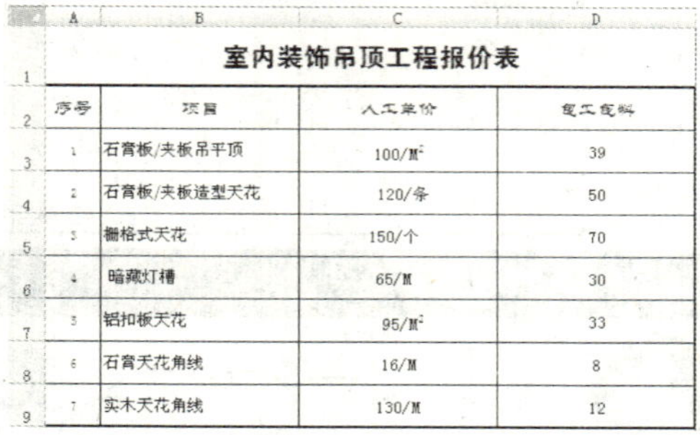

室内装饰吊顶工程报价表

序号	项目	人工单价	包工包料
1	石膏板/夹板吊平顶	100/M²	39
2	石膏板/夹板造型天花	120/条	50
3	栅格式天花	150/个	70
4	暗藏灯槽	65/M	30
5	铝扣板天花	95/M²	33
6	石膏天花角线	16/M	8
7	实木天花角线	130/M	12

• 通过“单元格格式”对话框添加边框

通过“字体”功能区只能添加一些简单的边框，而通过“单元格格式”对话框可以方便地设置边框的线型和颜色，使添加的边框更丰富多彩。

1 打开下载文件中“第 7 章”文件夹下的“二 00 六级四班学生成绩表”工作簿，选择需要添加边框的单元格区域。

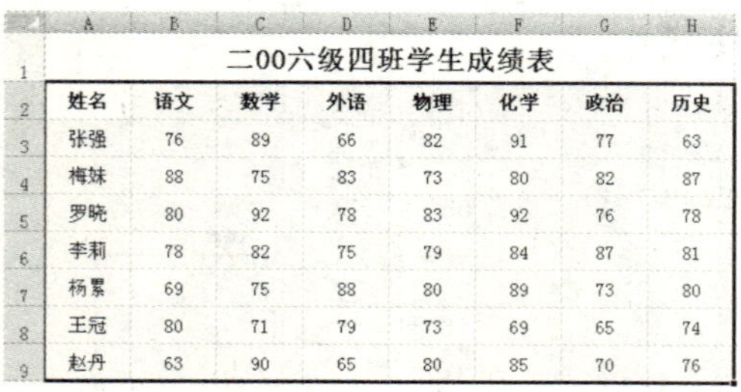

二00六级四班学生成绩表

姓名	语文	数学	外语	物理	化学	政治	历史
张强	76	89	66	82	91	77	63
梅妹	88	75	83	73	80	82	87
罗晓	80	92	78	83	92	76	78
李莉	78	82	75	79	84	87	81
杨累	69	75	88	80	89	73	80
王冠	80	71	79	73	69	65	74
赵丹	63	90	65	80	85	70	76

2 单击“开始”标签，在“字体”功能区单击右下角的 按钮，将弹出“设置单元格格式”对话框，单击“边框”选项卡。

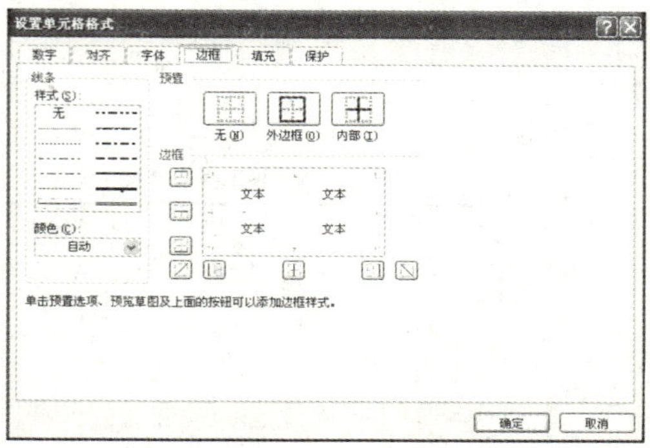

3 在“样式”列表框中选择虚线型，在“颜色”下拉列表框中选择“紫色”，然后在“预置”栏中单击“内部”按钮。

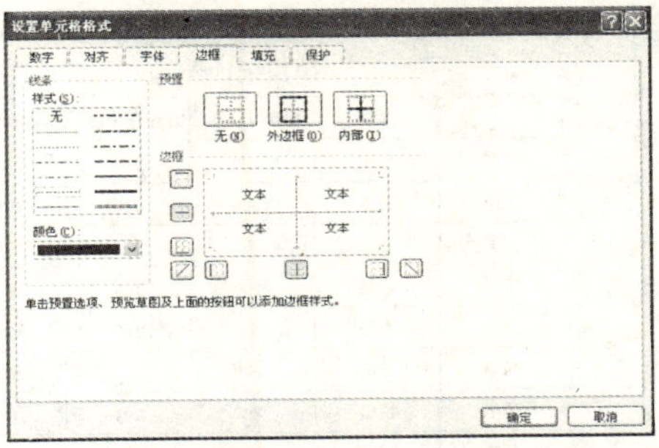

4 在“样式”列表框中选择较粗的实线，在“颜色”下拉列表框中选择“橙色”，然后在“预置”栏中单击“外边框”按钮。

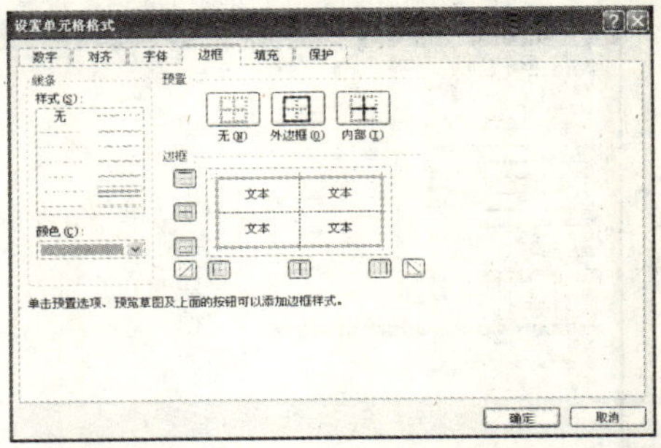

5 单击“确定”按钮，此时选择区域将添加上边框。

二00六级四班学生成绩表

姓名	语文	数学	外语	物理	化学	政治	历史
张强	76	89	66	82	91	77	63
梅妹	88	75	83	73	80	82	87
罗晓	80	92	78	83	92	76	78
李莉	78	82	75	79	84	87	81
杨累	69	75	88	80	89	73	80
王冠	80	71	79	73	69	65	74
赵丹	63	90	65	80	85	70	76

提示：

单击“单元格格式”对话框的“外边框”和“内部”按钮添加边框线后，“边框”栏中的一些按钮处于凹陷状态，表示该边框被选择。单击该栏中的按钮可以为选择的单元格区域添加对应的边框线，再次单击凹陷的按钮可取消对应的边框线。

• 添加表头斜线

在 Excel 中除了可以为单元格添加外边框外，还可为某个单元格添加斜线，根据需要用户还可在斜线的两侧输入相应的内容。

1 打开下载文件中“第 7 章”文件夹下的“销售统计表”工作簿，选择需要添加斜线的表头单元格。

销售统计表

	品牌	单价（元）	销售量（台）	销售额
空调	海尔	7000	143	1001000
空调	新飞	5300	145	768500
空调	TCL	4800	141	676800
空调	志高	3500	134	469000
风扇	高松	210	165	34650
风扇	三峡	350	260	91000
风扇	恒田	80	201	16080
风扇	万利达	120	159	19080

2 单击“开始”标签，在“字体”功能区单击右下角的 按钮，将弹出“设置单元格格式”对话框，单击“边框”选项卡。

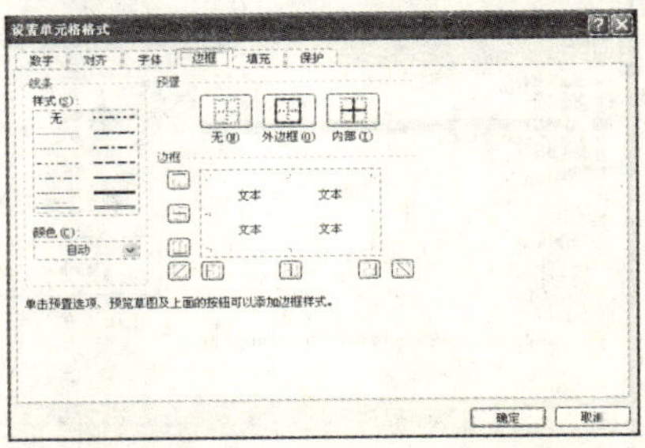

3 在“边框”栏中单击 [按钮图标] 按钮即可在预览框中预览到添加斜线后的效果。

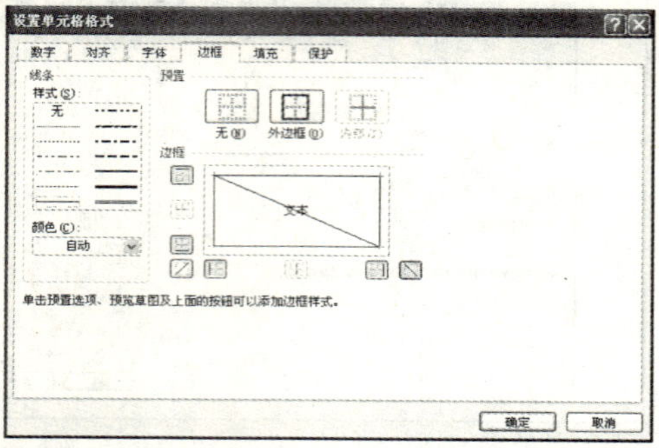

4 单击“确定”按钮，返回到工作区中，即可看到在选择的单元格中添加了一条斜线。

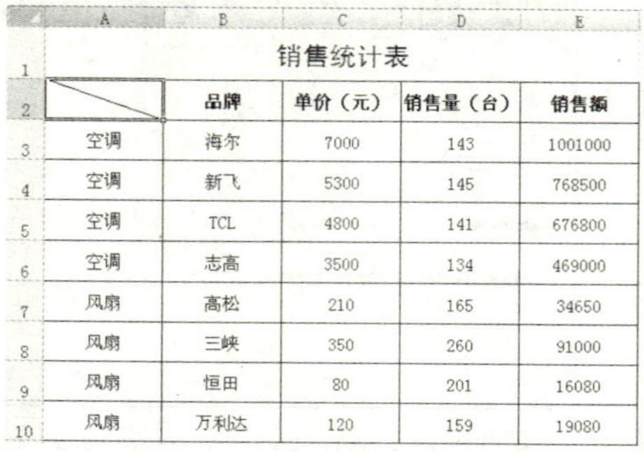

5 选择插入斜线的单元格，在编辑框中输入表头文本“项目类别”，单击编辑栏中的 [按钮图标] 按钮。

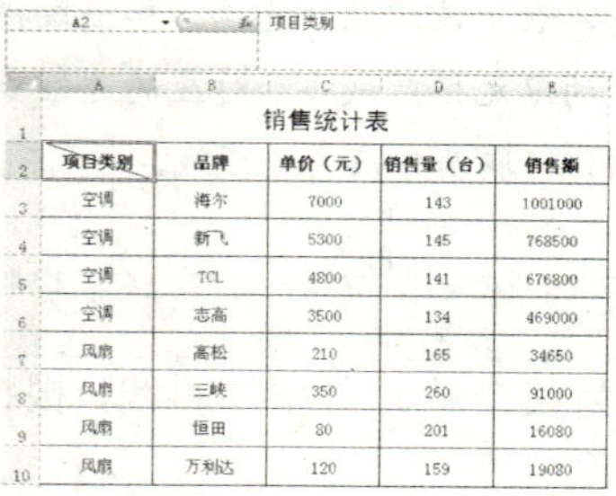

6 在编辑栏中选中“项目”文本，然后单击右键，从弹出的标签中选择“设置单元格格式”命令。

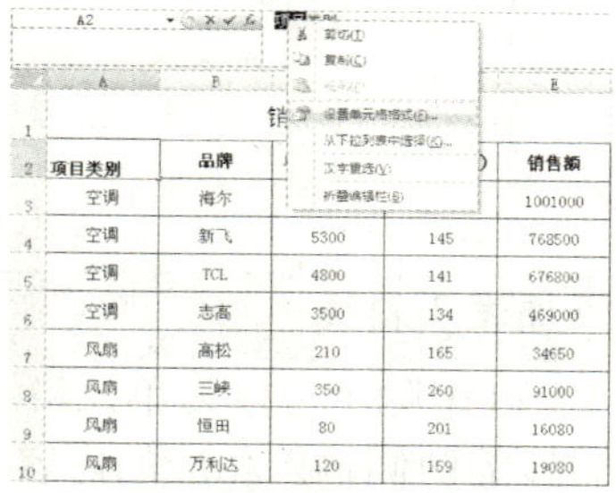

7 在弹出的“设置单元格格式”对话框会发现只包含一个“字体”选项卡，从中勾选“下标”复选框。

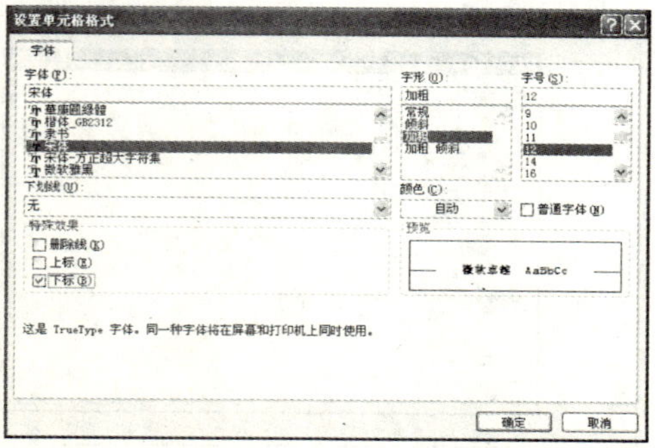

8 单击“确定”按钮，返回到工作区中，即可看到“项目”文本在斜线的下方。

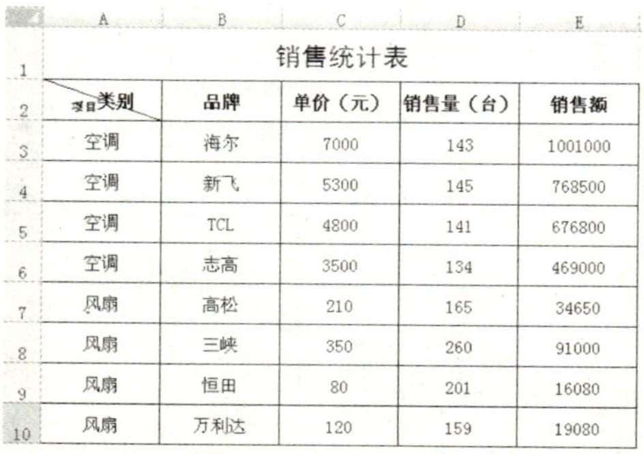

9 使用同样的方法将“类别”文本设置为上标，并适当设置表头的文字大小。

销售统计表

类别 项目	品牌	单价（元）	销售量（台）	销售额
空调	海尔	7000	143	1001000
空调	新飞	5300	145	768500
空调	TCL	4800	141	676800
空调	志高	3500	134	469000
风扇	高松	210	165	34650
风扇	三峡	350	260	91000
风扇	恒田	80	201	16080
风扇	万利达	120	159	19080

10 在“项目”和“类别”之间添加空格，使“项目”靠右对齐，“类别”靠左对齐。

销售统计表

类别 项目	品牌	单价（元）	销售量（台）	销售额
空调	海尔	7000	143	1001000
空调	新飞	5300	145	768500
空调	TCL	4800	141	676800
空调	志高	3500	134	469000
风扇	高松	210	165	34650
风扇	三峡	350	260	91000
风扇	恒田	80	201	16080
风扇	万利达	120	159	19080

7.1.4 添加底纹

为表格中的某些重要区域添加底纹既可以美化表格，又可以突出显示数据，从而起到醒目的效果。

• 通过“字体”功能面板添加底纹

通过“字体”功能区的“填充颜色”按钮可以简单、快捷地为选择的单元格添加底纹。

1 打开下载文件中“第7章”文件夹下的“销售统计表”工作簿，选择需要添加底纹的单元格区域。

销售统计表

类别 项目	品牌	单价（元）	销售量（台）	销售额
空调	海尔	7000	143	1001000
空调	新飞	5300	145	768500
空调	TCL	4800	141	676800
空调	志高	3500	134	469000
风扇	高松	210	165	34650
风扇	三峡	350	260	91000
风扇	恒田	80	201	16080
风扇	万利达	120	159	19080

2 单击“开始”标签，在“字体”功能区单击“填充颜色”按钮右侧的 按钮，在弹出的下拉列表框中选择“橙色”。

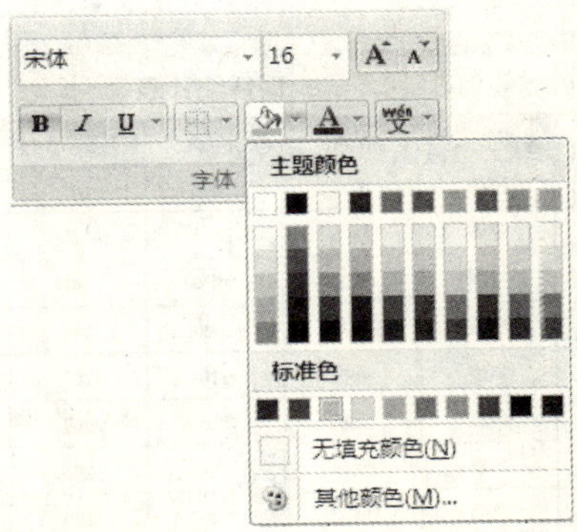

3 此时选中的单元格区域将被添加橙色的底纹。

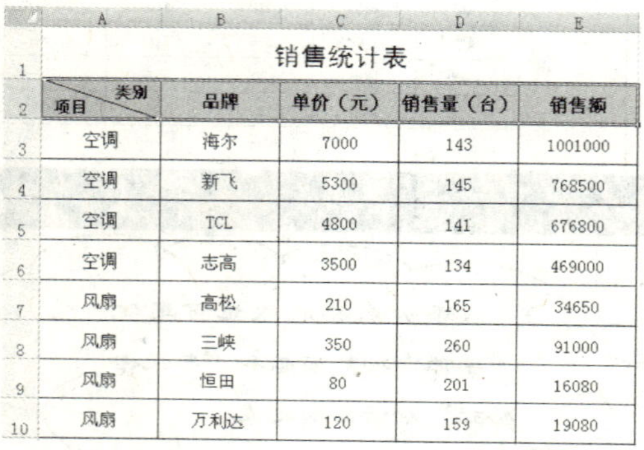

类别 / 项目	品牌	单价（元）	销售量（台）	销售额
空调	海尔	7000	143	1001000
空调	新飞	5300	145	768500
空调	TCL	4800	141	676800
空调	志高	3500	134	469000
风扇	高松	210	165	34650
风扇	三峡	350	260	91000
风扇	恒田	80	201	16080
风扇	万利达	120	159	19080

4 在“填充颜色”列表框中选择“其他颜色”命令，将弹出“颜色”对话框，在该对话框中可以任意选择和调配自己喜欢的颜色，选择完毕，单击“确定”按钮即可。

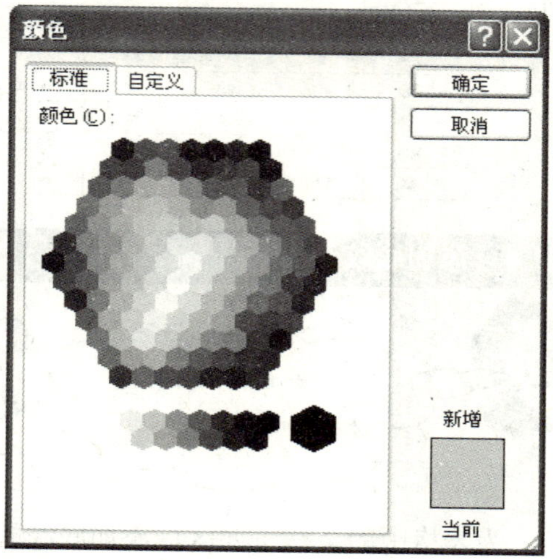

• 通过“单元格格式”对话框添加底纹

通过“字体”功能面板可以为单元格填充单一颜色的底纹，而通过“单元格格式”对话框不仅可以填充颜色底纹，还可以填充图案。

1 打开下载文件中“第7章”文件夹下的“销售统计表”工作簿，选择需要添加底纹的单元格区域。

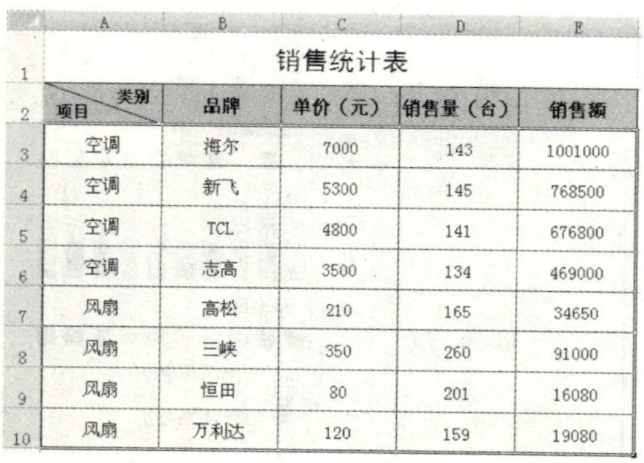

类别 / 项目	品牌	单价（元）	销售量（台）	销售额
空调	海尔	7000	143	1001000
空调	新飞	5300	145	768500
空调	TCL	4800	141	676800
空调	志高	3500	134	469000
风扇	高松	210	165	34650
风扇	三峡	350	260	91000
风扇	恒田	80	201	16080
风扇	万利达	120	159	19080

2 单击鼠标右键，从弹出的标签中选择“设置单元格格式”命令，在弹出的对话框中单击“填充”选项卡。

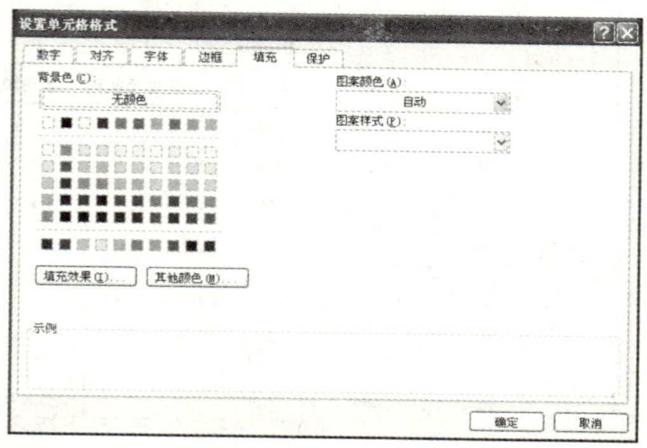

3 在“背景色”选项栏中选择浅橙色；在“图案颜色”列表框中选择红色；在“图案样式”列表框中选择“6.25%灰色”图案。

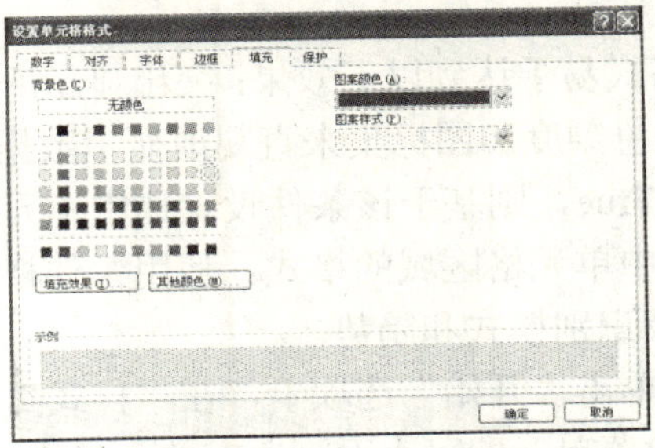

4 单击“确定”按钮，此时选中的单元格区域将被添加底纹。

销售统计表

类别 项目	品牌	单价（元）	销售量（台）	销售额
空调	海尔	7000	143	1001000
空调	新飞	5300	145	768500
空调	TCL	4800	141	676800
空调	志高	3500	134	469000
风扇	高松	210	165	34650
风扇	三峡	350	260	91000
风扇	恒田	80	201	16080
风扇	万利达	120	159	19080

5 在“设置单元格格式”对话框的“填充”选项卡中单击“填充效果”按钮，此时将弹出一对话框，在该对话框中可设置“渐变”填充参数。

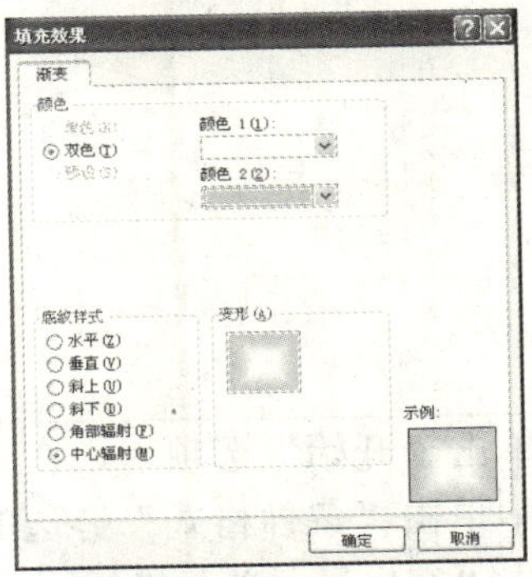

6 设置完毕后，单击“确定”按钮，此时选中的单元格区域将被渐变底纹填充。

销售统计表

类别 项目	品牌	单价（元）	销售量（台）	销售额
空调	海尔	7000	143	1001000
空调	新飞	5300	145	768500
空调	TCL	4800	141	676800
空调	志高	3500	134	469000
风扇	高松	210	165	34650
风扇	三峡	350	260	91000
风扇	恒田	80	201	16080
风扇	万利达	120	159	19080

提示：如果需要取消底纹设置，可执行以下操作：

· 在“字体”功能区单击“填充颜色”按钮右侧的 ▾ 按钮，在弹出的下拉列表框中选择“无填充颜色”。

· 在“设置单元格格式”对话框中，单击“填充”选项卡中的“无颜色”按钮。

7.1.5 套用格式

套用格式有什么作用呢？
套用格式主要是为了突出显示数据，并达到美化表格的作用。

·套用条件格式

在分析数据时，经常会遇到一些问题，如：

过去两年的营销调查反映出哪些倾向？

这个月谁的成绩高于 80 分？

这个月哪些员工的加班费最高？

条件格式有助于解答以上问题，因为采用这种格式易于达到以下效果：突出显示所关注的单元格或单元格区域；强调异常值；使用数据条、颜色刻度和图标集来直观地显示数据。条件格式基于条件更改单元格区域的外观。如果条件为 True，则基于该条件设置选中单元格区域的格式；如果条件为 False，则不基于该条件设置选中单元格区域的格式。使用条件格式可以帮助用户直观地查看和分析数据、发现关键问题以及识别模式和趋势。

在 Excel 2007 中，条件格式主要分为五大类，单击“开始”选项卡，在“样式”选项组中单击“条件格式”旁边的箭头，此时将弹出一下拉菜单，即可查看到所有的条件格式类型。接下来将以套用“突出显示单元格规则”条件格式为例讲解套用条件格式具体操作步骤

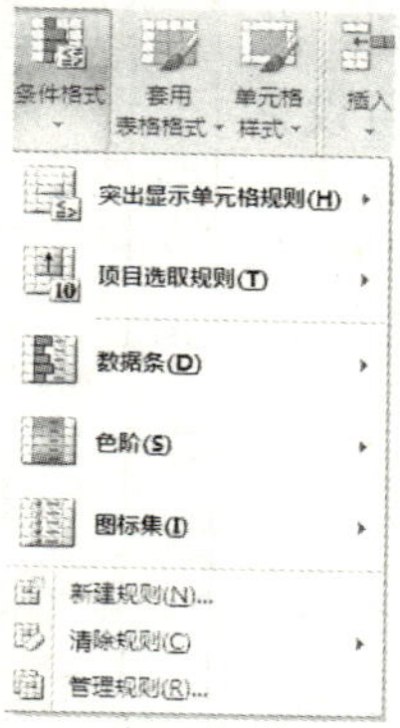

1 打开下载文件中“第 7 章”文件夹下的“工资统计表”，选择单元格区域或确保活动单元格在一个表或数据透视表中。

工资统计表

姓 名	基本工资	岗位津贴	加班费	职位津贴	补助生活费	实发总工资
王学才	900	100	60	200	200	1460
罗晓丹	800	100	50	100	200	1250
梅 花	800	100	60	100	200	1260
李 君	600		80	60	200	940
郑 易	600		50	60	200	910
周 菊	600		70	60	200	930
罗 川	600		70	60	200	930
罗雪花	600		60	60	200	920
李 丽	600		70	60	200	930
罗 寿	600		90	120	200	1010

2 单击“开始”选项卡，在“样式”功能区中单击“条件格式”旁边的箭头，然后单击“突出显示单元格规则”选项。

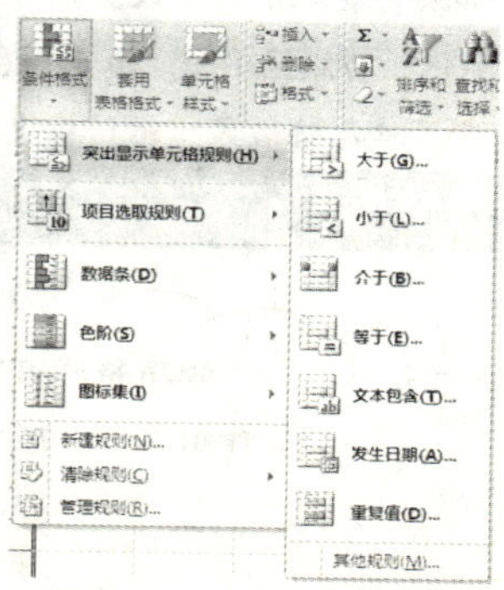

3 选择所需的命令，如“介于”、“文本包含”或“发生日期”。在此选择“等于”，然后在弹出的对话框中设置等于的值为“100”，设置颜色为“绿填充色深绿色文本”。

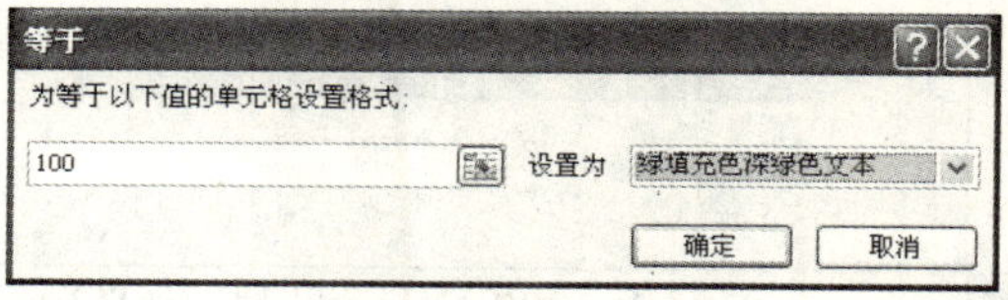

4 单击“确定”按钮，即可看到设置的效果。

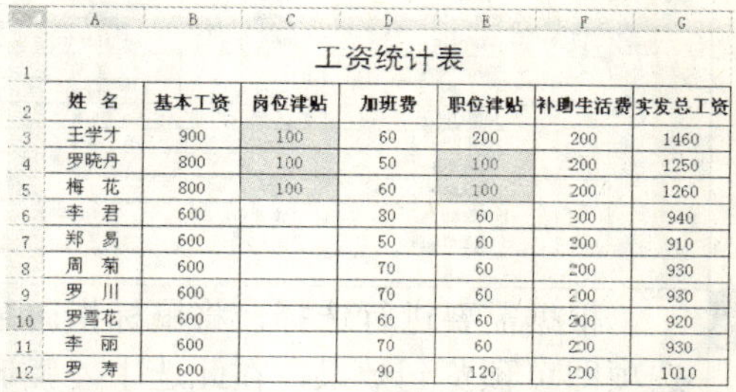

	A	B	C	D	E	F	G
1	工资统计表						
2	姓 名	基本工资	岗位津贴	加班费	职位津贴	补助生活费	实发总工资
3	王学才	900	100	60	200	200	1460
4	罗晓丹	800	100	50	100	200	1250
5	梅 花	800	100	60	100	200	1260
6	李 君	600		80	60	200	940
7	郑 易	600		50	60	200	910
8	周 菊	600		70	60	200	930
9	罗 川	600		70	60	200	930
10	罗雪花	600		60	60	200	920
11	李 丽	600		70	60	200	930
12	罗 寿	600		90	120	200	1010

5 在“突出显示单元格规则”面板中单击“其他规格”命令，将弹出一对话框，在该对话框中可对突出显示单元格进行格式设置。

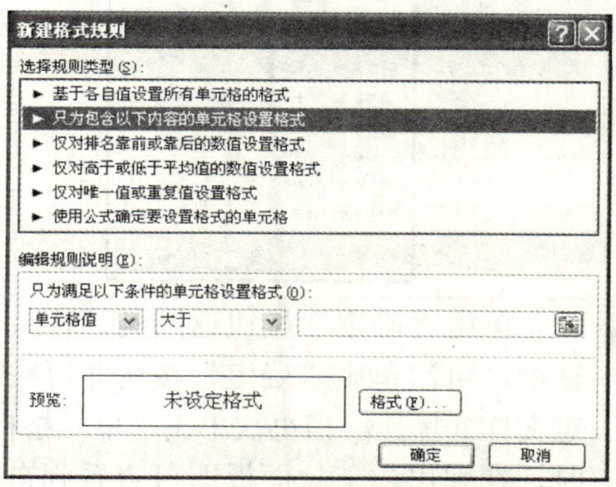

6 单击“格式”按钮，在弹出的对话框中还可进行一系列的设置，设置完毕后，单击“确定”按钮即可。

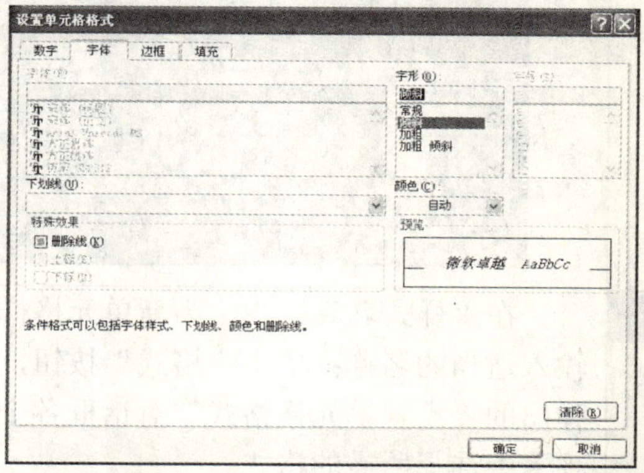

• 套用单元格格式

要在一个步骤中应用几种格式，并确保各个单元格格式一致，可以使用单元格样式。单元格样式是一组已定义的格式特征，如字体、字号、数字格式、单元格边框和单元格底纹。要防止任何人对特定单元格进行更改，还可以使用锁定单元格的单元格样式。

Excel 2007 中有几种可以应用或修改的内置单元格样式。用户还可以修改或复制单元格样式以创建自己的自定义单元格样式。

提示：单元格样式基于应用于整个工作簿的文档主题。当切换到另一文档主题时，单元格样式会更新，以便与新文档主题相匹配。

1 选择单元格区域，或确保活动单元格在一个表或数据透视表中。

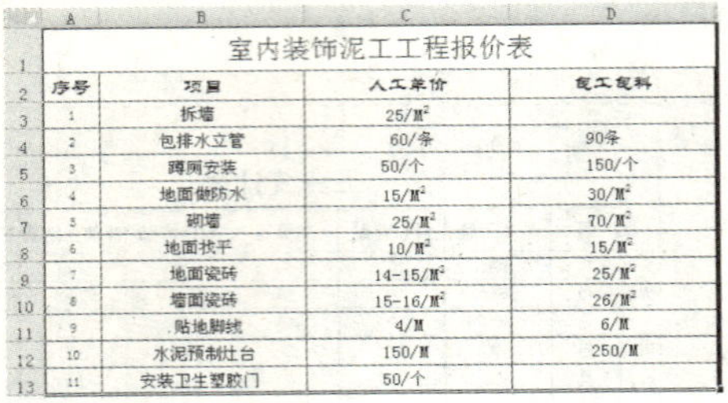

室内装饰泥工工程报价表			
序号	项目	人工单价	包工包料
1	拆墙	25/M²	
2	包排水立管	60/条	90条
3	蹲厕安装	50/个	150/个
4	地面做防水	15/M²	30/M²
5	砌墙	25/M²	70/M²
6	地面找平	10/M²	15/M²
7	地面瓷砖	14-15/M²	25/M²
8	墙面瓷砖	15-16/M²	26/M²
9	贴地脚线	4/M	6/M
10	水泥预制灶台	150/M	250/M
11	安装卫生塑胶门	50/个	

2 单击“开始”选项卡，在“样式”功能区中单击“单元格样式”，此时将弹出一下拉面板。

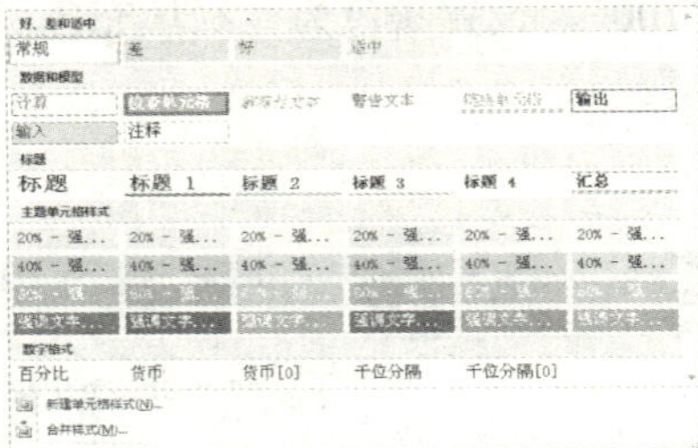

3 根据需要进行选择，将鼠标指向某个选项即可预览到效果，在此选中“强调文字颜色 4”选项，即可在选中的单元格中查看到效果。

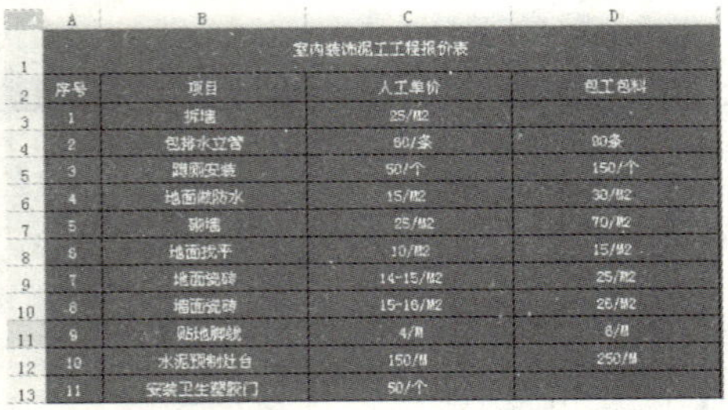

室内装饰泥工工程报价表			
序号	项目	人工单价	包工包料
1	拆墙	25/M2	
2	包排水立管	60/条	90条
3	蹲厕安装	50/个	150/个
4	地面做防水	15/M2	30/M2
5	砌墙	25/M2	70/M2
6	地面找平	10/M2	15/M2
7	地面瓷砖	14-15/M2	25/M2
8	墙面瓷砖	15-16/M2	26/M2
9	贴地脚线	4/M	6/M
10	水泥预制灶台	150/M	250/M
11	安装卫生塑胶门	50/个	

4 在 Excel 2007 中还可以自定义单元格样式。单击“开始”选项卡，在“样式”功能区中单击“单元格样式”，此时将弹出一下拉面板，从中选择“新建单元格格式”命令，将弹出“样式”对话框。

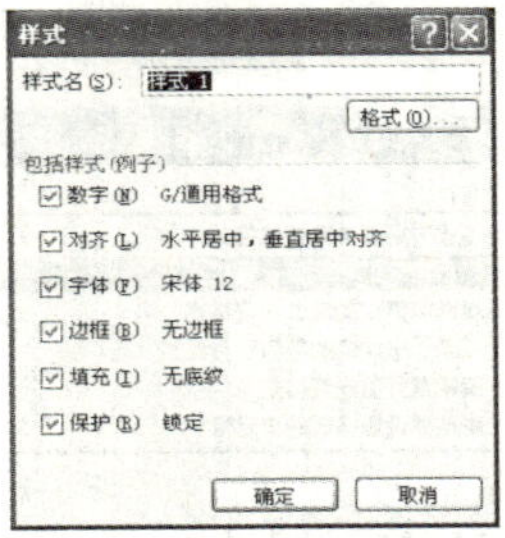

5 在“样式名”框中，为新单元格样式输入适当的名称；单击“格式”按钮，在弹出的“设置单元格格式”对话框各个选项卡中选择所需的格式。

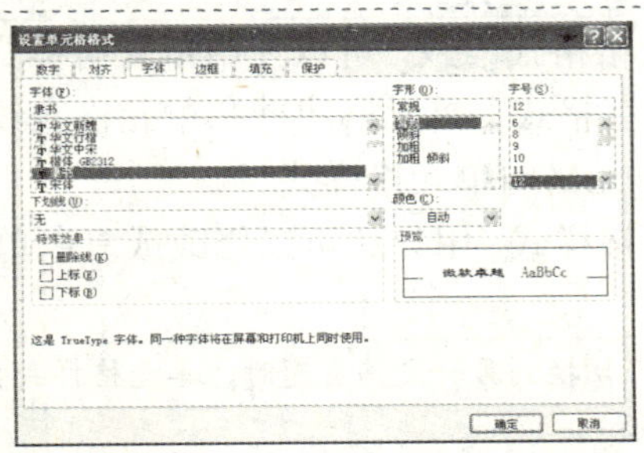

6 单击“确定”按钮返回到“样式”对话框，再次单击“确定”按钮即可完成自定义样式操作。当再次单击“单元格样式”时，在弹出的下拉面板即可查看到自定义的样式。

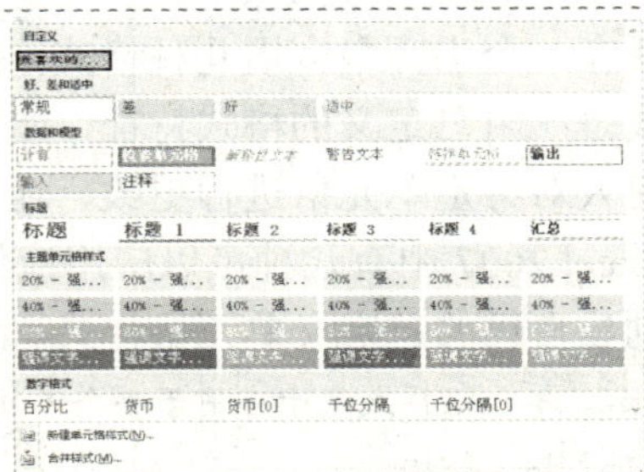

- **套用表格格式**

通过选择预定义的表格样式，可以快速应用一组单元格的格式，并将其转换为表。

Excel 2007 提供了许多预定义的表样式，使用这些样式，可快速套用表格式。如果预定义的表样式不能满足用户的需要，可以创建并应用自定义的表样式。虽然用户只能删除自定义的表样式，但是可以去除任何表样式，以便数据不再应用它。

通过为表元素选择“快速样式”选项，可以进一步调整表格式。

1 在工作表上，选择要快速设置为表格式的一系列单元格。

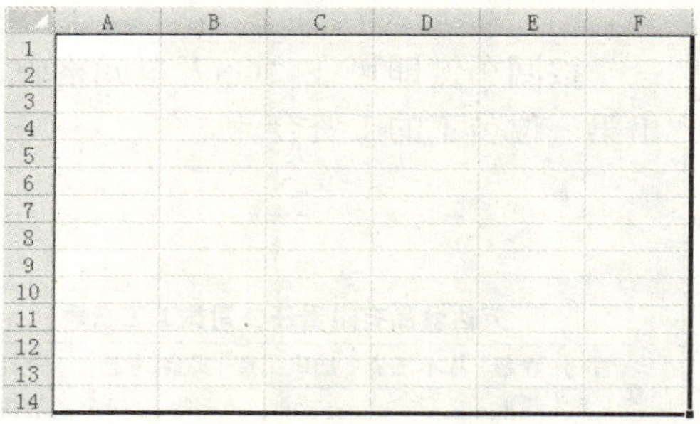

2 单击“开始”选项卡，在“样式”功能区中单击“套用表格格式”，此时将弹出一下拉面板，在“浅色”、“中等深浅”或“深色”中选择需要使用的表格样式即可。

提示：创建一个或多个表样式之后，它们位于“自定义”中。

7.2 公式和函数

工作表中的某些数据是需要通过其他单元格中的数据计算得到的，如果通过人工计算的方法再进行输入，不仅会增加工作量，而且很容易出错，通过 Excel 2007 中的公式与函数可以自动对数据进行精确的运算处理。

7.2.1 输入公式

Excel 中的公式必须遵守一个特定的语法或次序：最前面必须是等号“=”，后面是参与计算的元素和运算符，元素可以是不变的常量数值、单元格、引用的单元格区域、名称或工作表函数等。

1 打开下载文件中“第 7 章”文件夹下的“素材 1.xls”文件，选择“G3”单元格，并输入等号“=”。

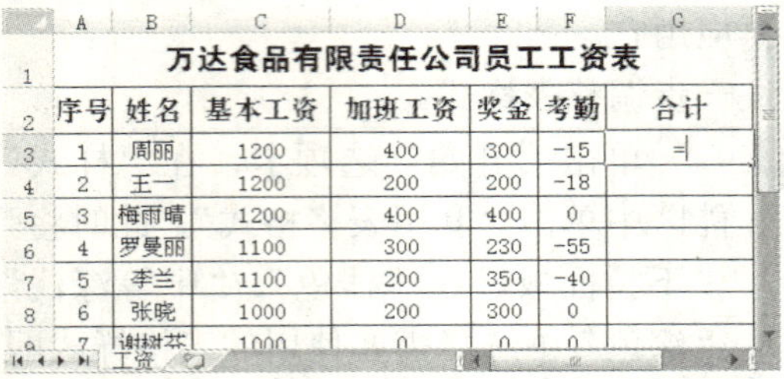

万达食品有限责任公司员工工资表

序号	姓名	基本工资	加班工资	奖金	考勤	合计
1	周丽	1200	400	300	-15	=
2	王一	1200	200	200	-18	
3	梅雨晴	1200	400	400	0	
4	罗曼丽	1100	300	230	-55	
5	李兰	1100	200	350	-40	
6	张晓	1000	200	300	0	
7	谢树芬	1000	0	0	0	

2 单击“C3”单元格，将该单元格地址自动输入到编辑栏和“G3”单元格中。

万达食品有限责任公司员工工资表

序号	姓名	基本工资	加班工资	奖金	考勤	合计
1	周丽	1200	400	300	-15	=C3
2	王一	1200	200	200	-18	
3	梅雨晴	1200	400	400	0	
4	罗曼丽	1100	300	230	-55	
5	李兰	1100	200	350	-40	
6	张晓	1000	200	300	0	
7	谢树芬	1000	0	0	0	

3 输入运算符。再输入“+”，并单击“D3”单元格，将其地址添加到加号后，然后使用同样的方法依次添加其他单元格地址。

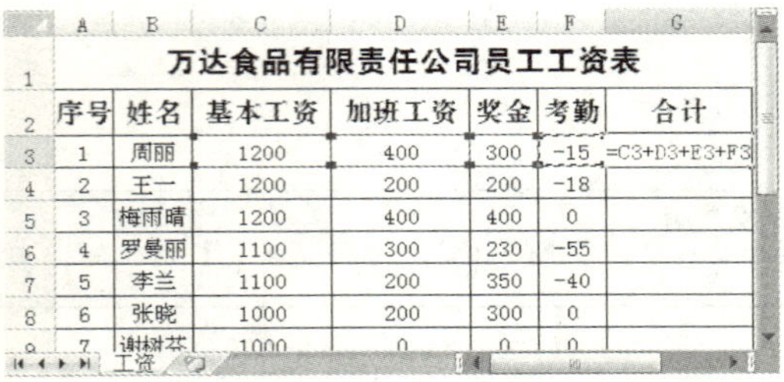

万达食品有限责任公司员工工资表

序号	姓名	基本工资	加班工资	奖金	考勤	合计
1	周丽	1200	400	300	-15	=C3+D3+E3+F3
2	王一	1200	200	200	-18	
3	梅雨晴	1200	400	400	0	
4	罗曼丽	1100	300	230	-55	
5	李兰	1100	200	350	-40	
6	张晓	1000	200	300	0	
7	谢树芬	1000	0	0	0	

4 按回车键即可在“G3”单元格中计算出第一位员工的工资合计。

万达食品有限责任公司员工工资表

序号	姓名	基本工资	加班工资	奖金	考勤	合计
1	周丽	1200	400	300	-15	1885
2	王一	1200	200	200	-18	
3	梅雨晴	1200	400	400	0	
4	罗曼丽	1100	300	230	-55	
5	李兰	1100	200	350	-40	
6	张晓	1000	200	300	0	
7	谢树芬	1000	0	0	0	

7.2.2 复制公式

如何复制表格中的公式呢？
除了下面讲解的方法外，还可以通过“剪贴板”功能区中的“复制”和“粘贴”按钮来完成。

复制公式是在 Excel 中快速计算同类数据的最佳方法，在复制公式的过程中，Excel 会自动改变引用单元格的地址，这样就可以避免手动大量输入公式的麻烦。

1 打开下载文件中“第 7 章”文件夹下的“素材 2.xls”文件，选择 G3 单元格，并按“Ctrl+C”快捷键进行复制

2 选中“G4～G9”单元格区域，然后按 Ctrl+V 快捷键进行粘贴，此时系统自动计算出其他员工的合计工资。

	A	B	C	D	E	F	G
1	万达食品有限责任公司员工工资表						
2	序号	姓名	基本工资	加班工资	奖金	考勤	合计
3	1	周丽	1200	400	300	-15	1885
4	2	王一	1200	200	200	-18	
5	3	梅雨晴	1200	400	400	0	
6	4	罗曼丽	1100	300	230	-55	
7	5	李兰	1100	200	350	-40	
8	6	张晓	1000	200	300	0	
9	7	谢树芬	1000	0	0	0	

	A	B	C	D	E	F	G
1	万达食品有限责任公司员工工资表						
2	序号	姓名	基本工资	加班工资	奖金	考勤	合计
3	1	周丽	1200	400	300	-15	1885
4	2	王一	1200	200	200	-18	1582
5	3	梅雨晴	1200	400	400	0	2000
6	4	罗曼丽	1100	300	230	-55	1575
7	5	李兰	1100	200	350	-40	1610
8	6	张晓	1000	200	300	0	1500
9	7	谢树芬	1000	0	0		1000

提示：

选中“G3”单元格，将鼠标指针移动到单元格右下角，当鼠标指针变为**+**形状时，向下拖动鼠标也可完成公式的复制操作。

7.2.3 使用函数

函数是一些预定义的公式，是一种在需要时可以直接调用的表达式，它们使用一些被称为参数的特定数值按照特定的顺序或结构进行计算。函数及其参数可以手工输入，也可单击“编辑”栏中的 *fx* 按钮，在打开的“插入函数”对话框中输入。

1 打开下载文件中“第 7 章”文件夹下的“素材 3.xls”文件，并选中 C10 单元格。

	A	B	C	D	E	F	G
1	万达食品有限责任公司员工工资表						
2	序号	姓名	基本工资	加班工资	奖金	考勤	合计
3	1	周丽	1200	400	300	-15	1885
4	2	王一	1200	200	200	-18	1582
5	3	梅雨晴	1200	400	400	0	2000
6	4	罗曼丽	1100	300	230	-55	1575
7	5	李兰	1100	200	350	-40	1610
8	6	张晓	1000	200	300	0	1500
9	7	谢树芬	1000	0	0	0	1000
10	合计						

2 单击编辑栏中的 *fx* 按钮，此时将打开“插入函数”对话框。

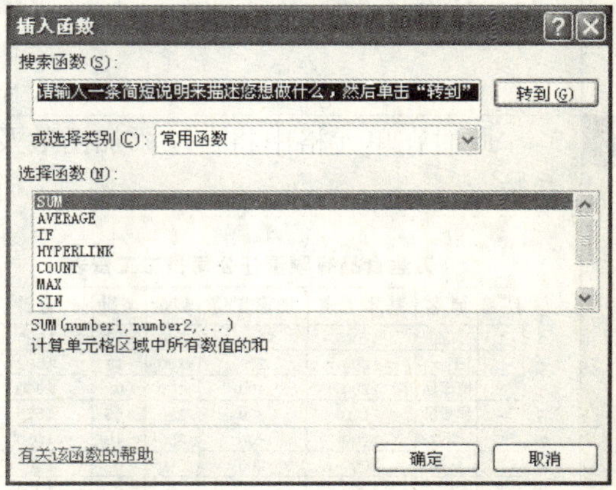

3 在“插入函数”对话框中选择函数，在此选择“SUM”函数，然后单击“确定”按钮，将打开“函数参数”对话框。

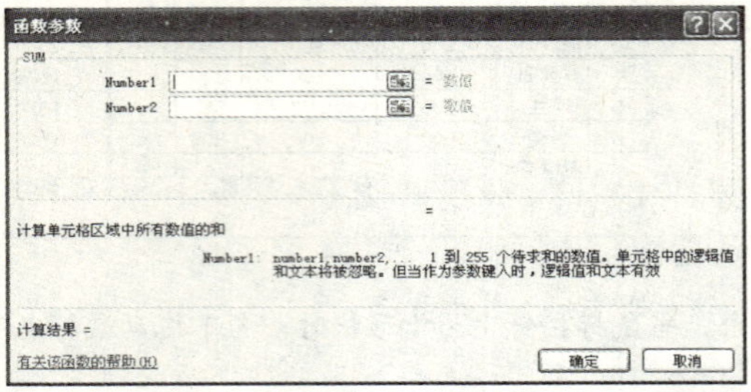

4 单击 按钮折叠“函数参数”对话框，并选择需要添加运算的参数，在此选择“C3~C9”。

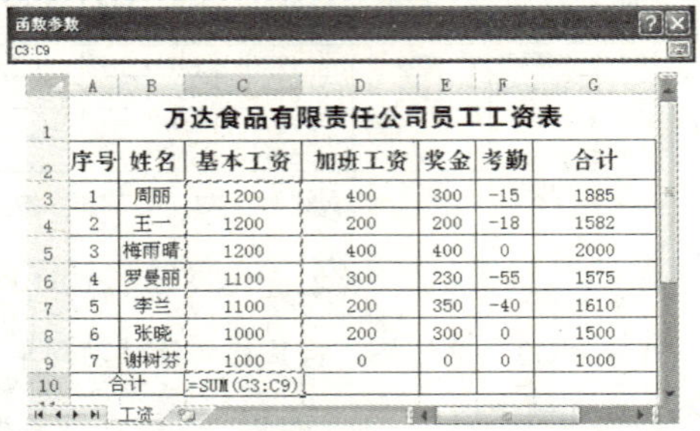

5 再次单击 按钮恢复“函数参数”对话框，单击“确定”按钮即可计算出结果。

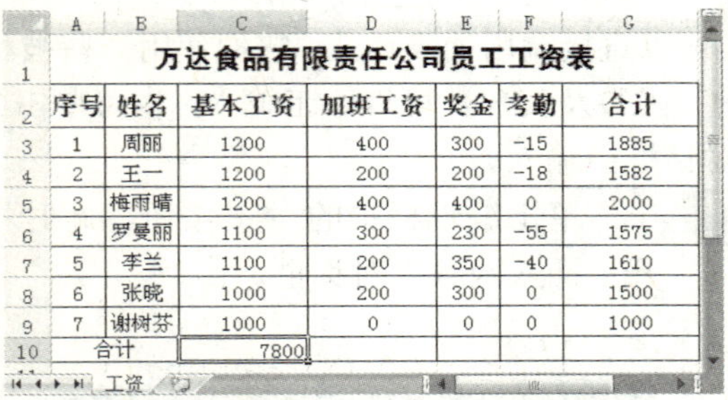

6 选择“D10”单元格，单击“开始”选项卡，在“编辑”选项组中单击 Σ 按钮旁的小箭头，从弹出的下拉菜单中选择“求和”命令。

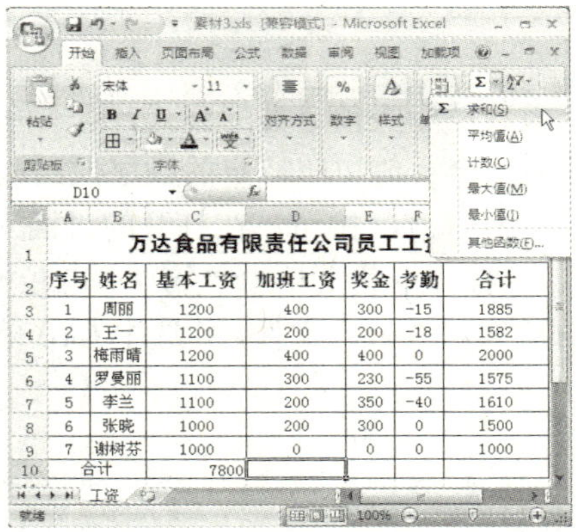

7 此时在单元格中将自动添加函数及其参数。

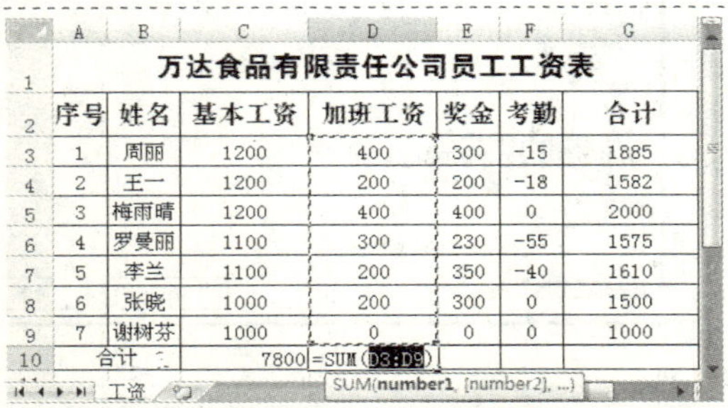

8 按回车键即可计算出“加班工资”的合计金额。

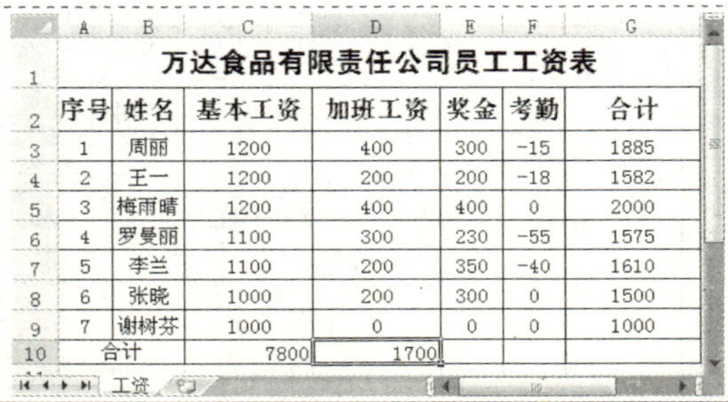

9 选中“D10”单元格，将鼠标指针移动到单元格右下角，当鼠标指针变为“**+**”形状时，向右拖动鼠标。

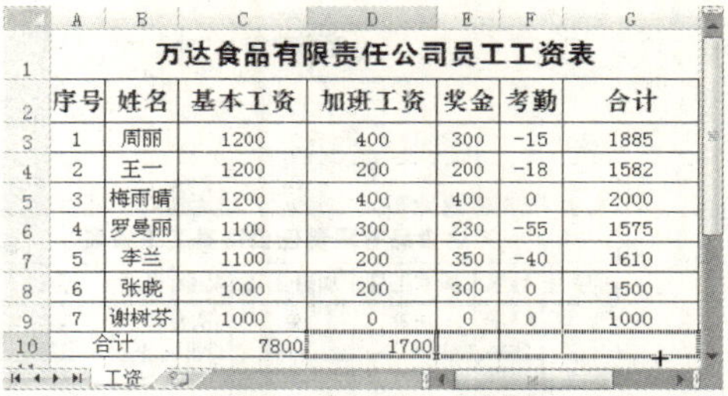

	A	B	C	D	E	F	G
1	万达食品有限责任公司员工工资表						
2	序号	姓名	基本工资	加班工资	奖金	考勤	合计
3	1	周丽	1200	400	300	-15	1885
4	2	王一	1200	200	200	-18	1582
5	3	梅雨晴	1200	400	400	0	2000
6	4	罗曼丽	1100	300	230	-55	1575
7	5	李兰	1100	200	350	-40	1610
8	6	张晓	1000	200	300	0	1500
9	7	谢树芬	1000	0	0	0	1000
10	合计		7800	1700			

10 拖动到适当位置后，释放鼠标，即可计算出其他项目的合计金额，这就是函数的复制操作。

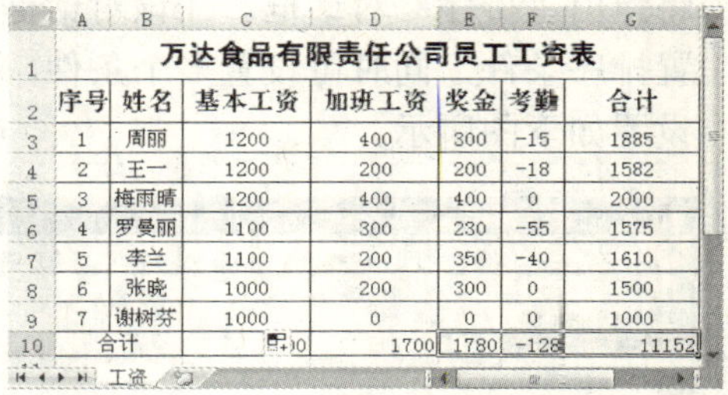

	A	B	C	D	E	F	G
1	万达食品有限责任公司员工工资表						
2	序号	姓名	基本工资	加班工资	奖金	考勤	合计
3	1	周丽	1200	400	300	-15	1885
4	2	王一	1200	200	200	-18	1582
5	3	梅雨晴	1200	400	400	0	2000
6	4	罗曼丽	1100	300	230	-55	1575
7	5	李兰	1100	200	350	-40	1610
8	6	张晓	1000	200	300	0	1500
9	7	谢树芬	1000	0	0	0	1000
10	合计		[illegible]00	1700	1780	-128	11152

7.3 管理数据

面对电子表格中成千上万的各种数据，要对数据进行分析和统计，或要快速地找到某个数据，单凭手动查找是很困难的，这时就需要先对这些数据进行有效的管理，以便不同的用户使用，数据的管理主要包括排序、筛选和汇总等操作。

7.3.1 数据的排序

如何对数据进行排序操作呢？
通过“排序”对话框即可完成数据的排序操作。

利用 Excel 数据排序功能可以使工作表中的数据按照需要的顺序或规律进行排列。

1 在下载文件中打开“第 7 章”文件夹下的“素材 4.xls”文件，并选择需要排序的区域。

	A	B	C	D	E	F	G
1	万达食品有限责任公司员工工资表						
2	序号	姓名	基本工资	加班工资	奖金	考勤	合计
3	1	周丽	1200	400	300	-15	1885
4	2	王一	1200	200	200	-18	1582
5	3	梅雨晴	1200	400	400	0	2000
6	4	罗曼丽	1100	300	230	-55	1575
7	5	李兰	1100	200	350	-40	1610
8	6	张晓	1000	200	300	0	1500
9	7	谢树芬	1000	0	0	0	1000
10	合计		7800	1700	1780	-128	11152

2 单击“开始”选项卡，在“编辑”选项组中单击“排序和筛选”按钮，在弹出的下拉列表中选择“升序”选项，将对选择区域进行升序排列。

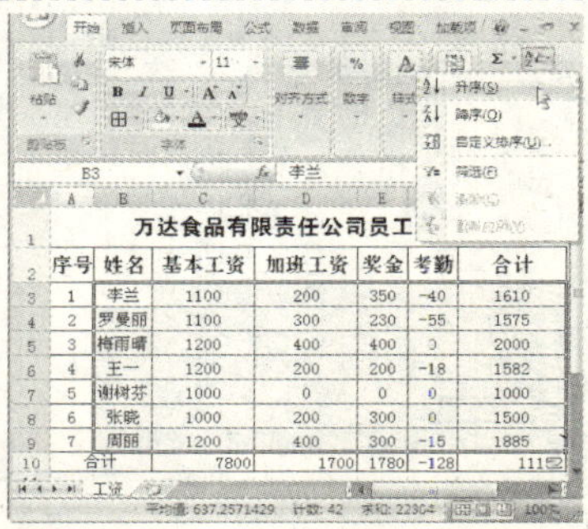

	A	B	C	D	E	F	G
1	万达食品有限责任公司员工						
2	序号	姓名	基本工资	加班工资	奖金	考勤	合计
3	1	李兰	1100	200	350	-40	1610
4	2	罗曼丽	1100	300	230	-55	1575
5	3	梅雨晴	1200	400	400	0	2000
6	4	王一	1200	200	200	-18	1582
7	5	谢树芬	1000	0	0	0	1000
8	6	张晓	1000	200	300	0	1500
9	7	周丽	1200	400	300	-15	1885
10	合计		7800	1700	1780	-128	111[illegible]

3 单击“开始”选项卡，在“编辑”选项组中单击“排序和筛选”按钮，在弹出的下拉列表中选择“自定义排序”选项，将弹出“排序”对话框。在该对话框中设置排序条件，同时可设置多个条件，此处设置如下图所示。

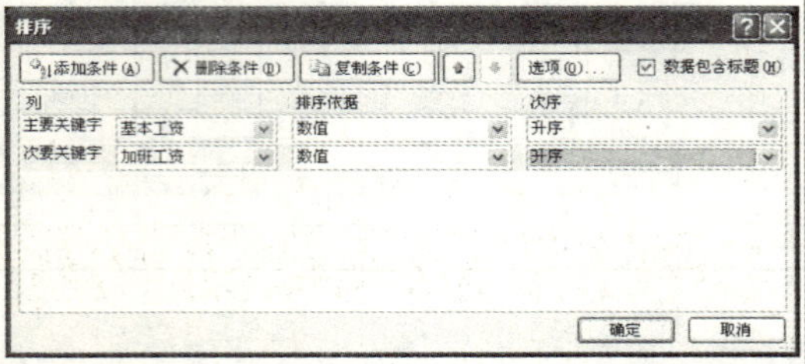

4 设置完毕后，单击“确定”按钮，其排序效果如下图所示。

万达食品有限责任公司员工工资表

序号	姓名	基本工资	加班工资	奖金	考勤	合计
1	谢树芬	1000	0	0	0	1000
2	张晓	1000	200	300	0	1500
3	李兰	1100	200	350	-40	1610
4	罗曼丽	1100	300	230	-55	1575
5	王一	1200	200	200	-18	1582
6	周丽	1200	400	300	-15	1885
7	梅雨晴	1200	400	400	0	2000
合计		7800	1700	1780	-128	11152

7.3.2 筛选数据

要在数据表中查找某一条记录时，可以使用筛选功能让 Excel 自动列出那些符合条件的记录，设置的条件越多、条件越准确，也越容易准确地找到所需的记录。利用数据筛选功能可以显示满足设定条件的数据记录，将不符合条件的隐藏起来。

1 在下载的文件夹中，打开“第 7 章”文件夹中的“素材 5.xls”文件。

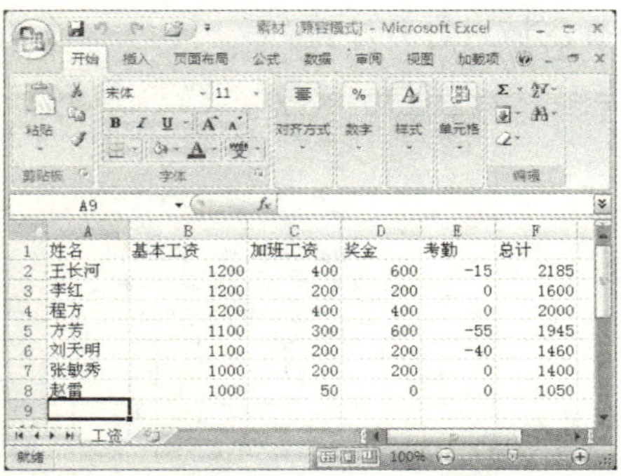

2 单击“开始”选项卡，在“编辑”选项组中单击“排序和筛选”按钮，在弹出的下拉菜单中执行“筛选”命令。

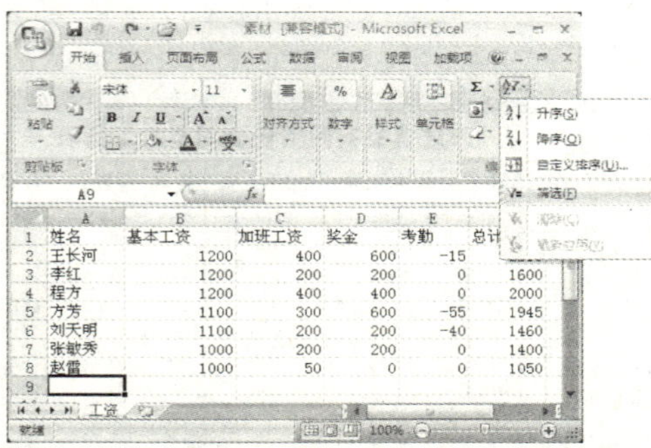

3 执行“筛选”命令后，Excel 会分析数据列表，并且在标题行的字段中添加下拉箭头。

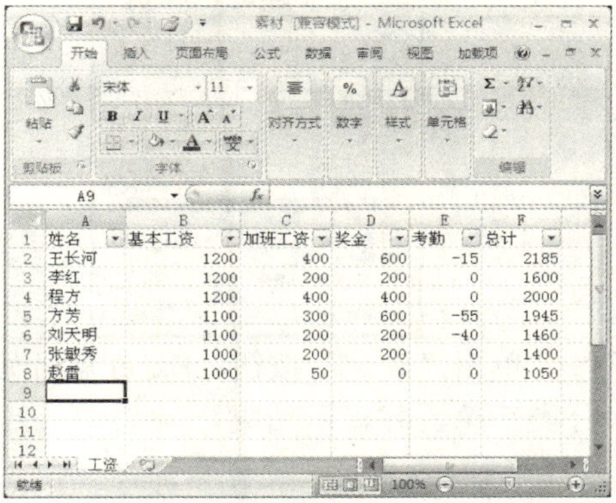

4 单击“基本工资”列标题的下拉箭头 ，此时将弹出一下拉面板，选择“数字筛选”下的“等于”选项。

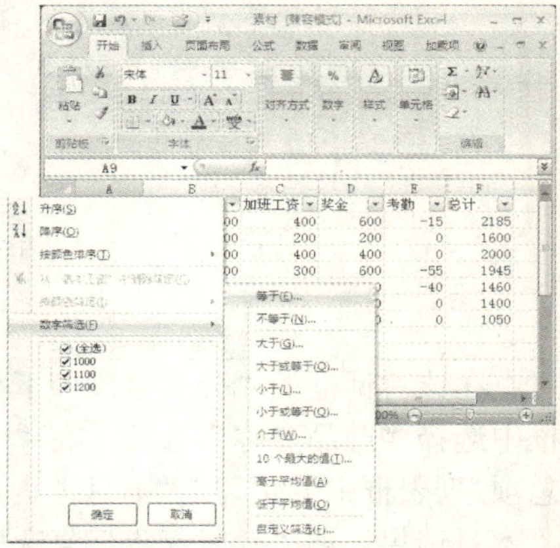

5 选择“数字筛选”下的“等于”选项，就会打开“自定义自动筛选方式”对话框，并设置筛选条件,如下图所示。

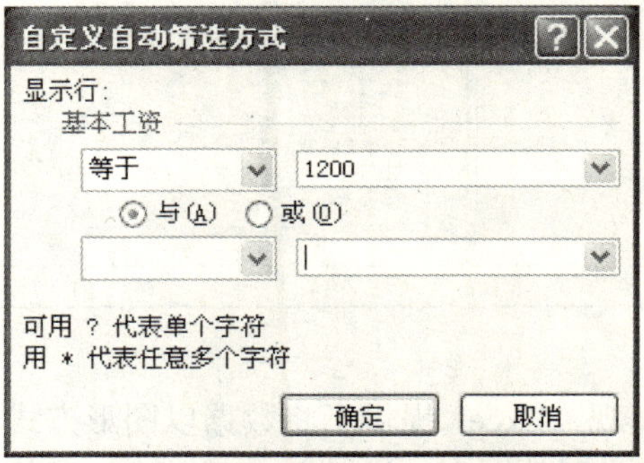

6 单击“确定”按钮，Excel 就会根据筛选条件来自动筛选数据，并显示符合条件的数据信息，其他的则被隐藏。

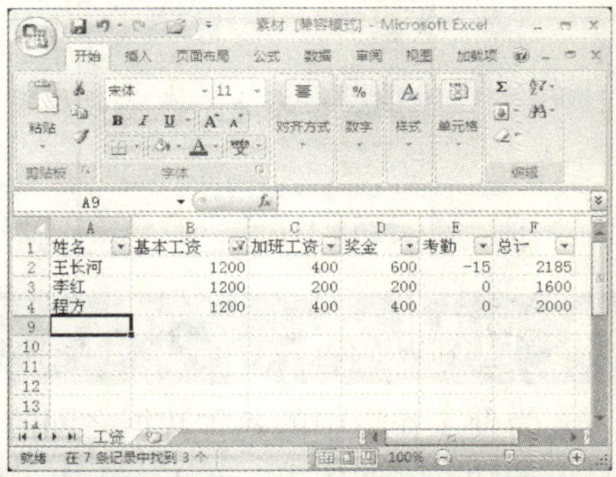

7.3.3 数据的分类汇总

利用分类汇总功能可以对同一类记录进行统计运算。为使用这一特性，列表必须先被排序。因为当特定的字段改变时，分类汇总是被插入进行的。

1 在下载的文件夹中，打开“第 7 章”文件夹中的“素材 6.xls”文件。

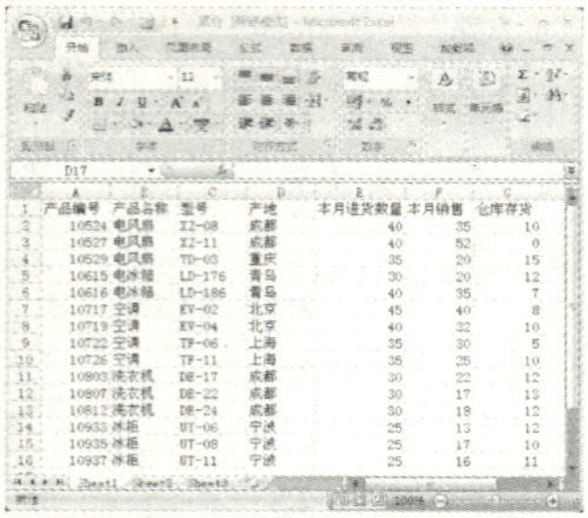

2 单击“数据”选项卡，在“分级显示”选项组中单击“分类汇总”按钮，打开“分类汇总”对话框。

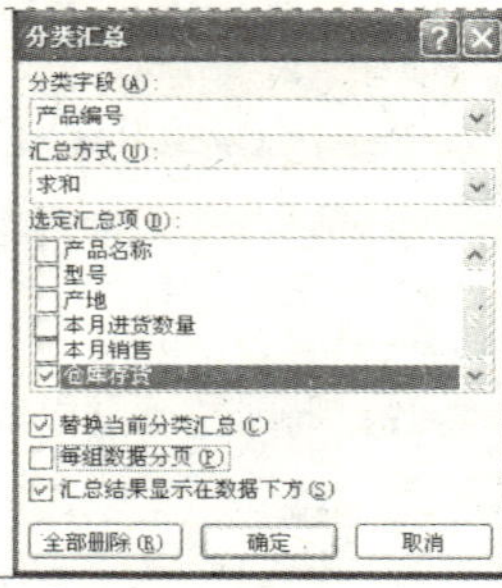

3 在该对话框的“分类字段”下拉列表框中选择“产品名称”选项；在“选定汇总项”列表框中分别勾选“本月进货数量”、“本月销售”和“仓库存货”复选框。

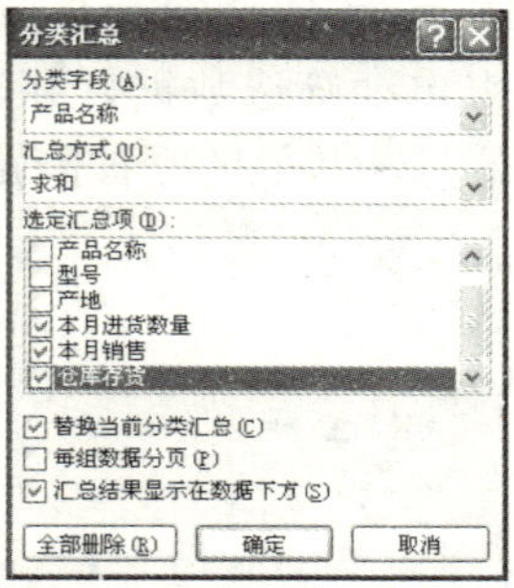

4 单击“确定”按钮，Excel 就开始进行分类汇总，并显示结果。

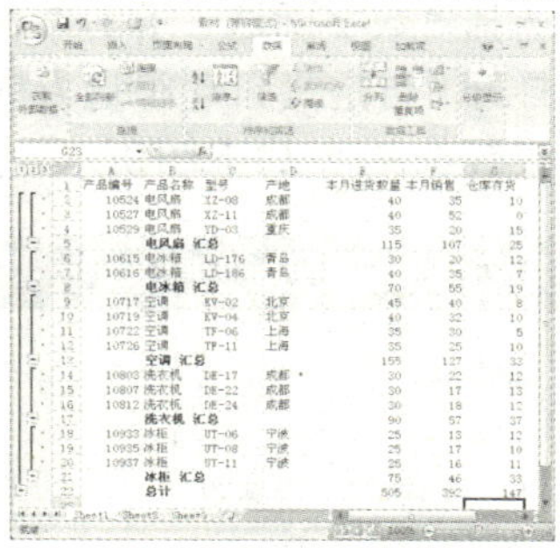

7.4 图表的应用

为使工作表中的各种数据之间的关系更加直观，Excel 提供了将数据以图形方式进行显示的功能，即图表。在 Excel 中可以创建多种类型的图表，通过图表可以更加清楚地了解各数据之间关系以及数据的变化情况，方便对数据进行分析和总结。

7.4.1 创建图表

如何在 Excel 2007 中创建图表呢？

单击“插入”选项卡，在“图表”选项组中选择适当的图表类型即可创建图表。

在 Excel 2007 中，可以使用选项组上的功能按钮来创建图表。不过在创建图表之前，需要有一个结构合理的数据内容，即表格的结构中要包括表头和数据内容，而且表头的数据必须是文字型的，满足这两个条件的表格模型就可以将其创建成图表进行分析了。

1 在下载的文件夹中，打开“第 7 章”文件夹中的“素材 4.xls”文件。

万达食品有限责任公司员工工资表

序号	姓名	基本工资	加班工资	奖金	考勤	合计
1	谢树芬	1000	0	0	0	1000
2	张晓	1000	200	300	0	1500
3	李兰	1100	200	350	-40	1610
4	罗曼丽	1100	300	230	-55	1575
5	王一	1200	200	200	-18	1582
6	周丽	1200	400	300	-15	1885
7	梅雨晴	1200	400	400	0	2000
合计		7800	1700	1780	-128	11152

2 选择所需的数据区域，将“A1：F8”组成的单元格区域选中。

万达食品有限责任公司员工工资表

序号	姓名	基本工资	加班工资	奖金	考勤	合计
1	谢树芬	1000	0	0	0	1000
2	张晓	1000	200	300	0	1500
3	李兰	1100	200	350	-40	1610
4	罗曼丽	1100	300	230	-55	1575
5	王一	1200	200	200	-18	1582
6	周丽	1200	400	300	-15	1885
7	梅雨晴	1200	400	400	0	2000
合计		7800	1700	1780	-128	11152

3 单击“插入”选项卡，在“图表”选项组中，单击“柱形图”按钮，在弹出的下拉列表框中选择“二维簇状柱形图”选项。

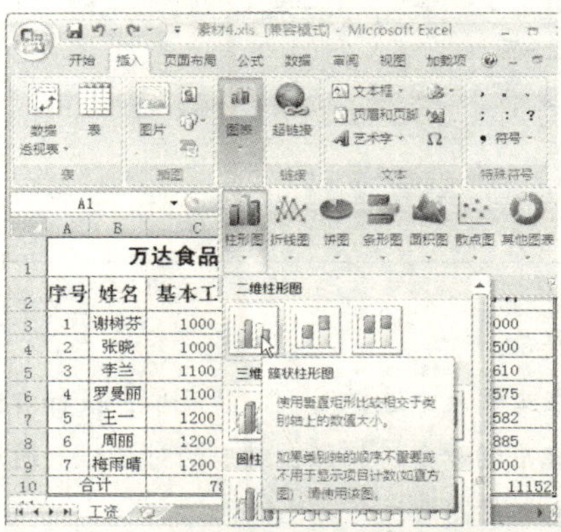

4 此时将在工作表中自动创建一张图表，如下图所示。

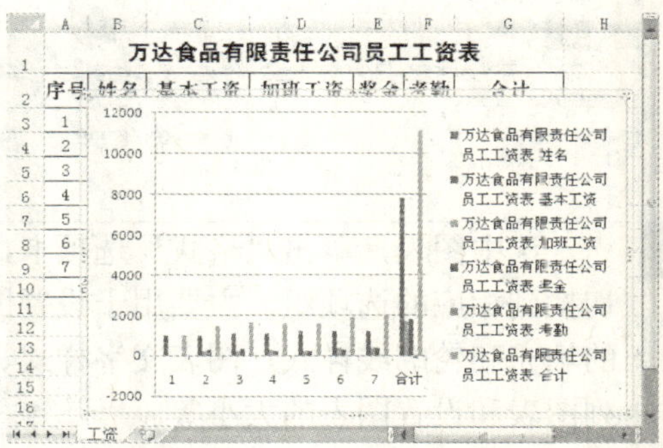

7.4.2 美化图表

如何才能让图表更加美观呢？
选中图表，将出现“设计”、“布局”和“格式”三个选项卡，使用选项卡中的各按钮即可美化图表。

由于自动生成的图表并不是很美观，可对图表格式进行进一步的设置。一个图表中包含图

例、图表标题、坐标轴、网格线、数据标志、数据系统等多种对象，在每个对象各自的格式设置选项中可以进行设置。

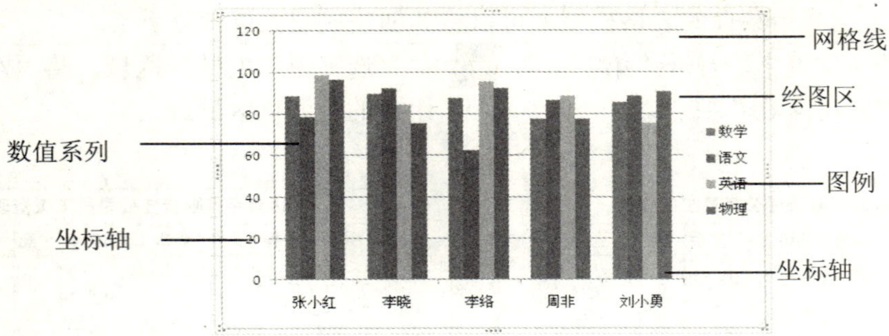

在工作表中选中图表时，细心的用户会发现窗口上方将多出三个选项卡，即“设计”、“布局”和“格式”选项卡，通过这三个选项卡可对图表进行美化操作。

1 选中图表，单击“设计”选项卡，将切换到相应的选项组，主要用于设置图表的类型、数据、图表布局、图表样式等。

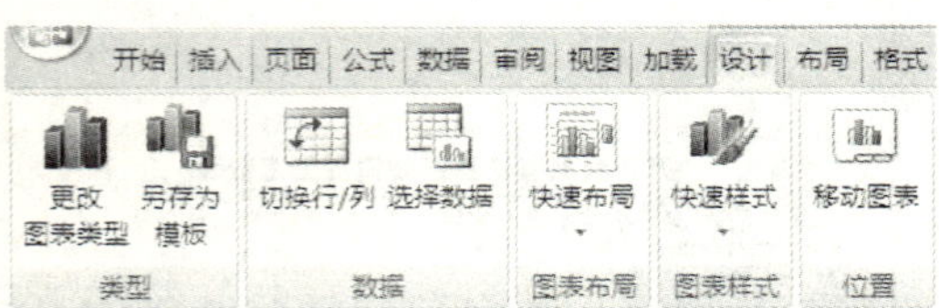

2 选中图表，单击“布局”选项卡，将切换到相应的选项组，主要用于设置图表内容格式、在图表中插入对象、图表标签、坐标轴、背景和分析图表等。

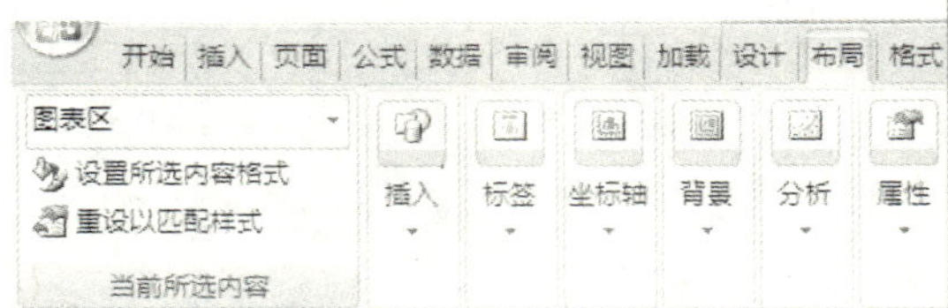

3 选中图表，单击“格式”选项卡，将切换到相应的选项组，主要用于设置图表的填充和轮廓线样式、图表文字样式、排列图表和设置图表的大小等。

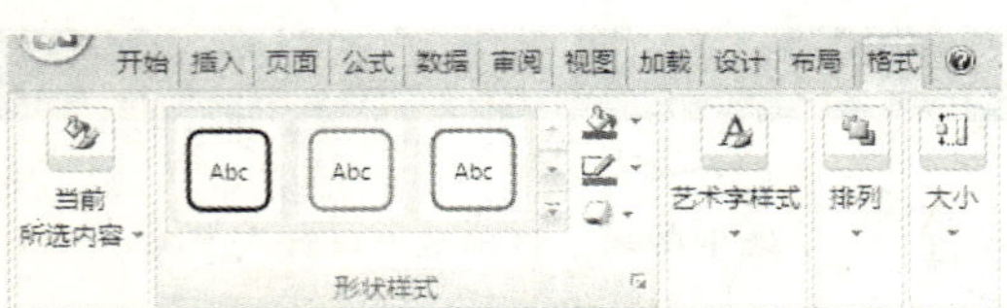

提示：

在工作表中选择图表，然后单击鼠标右键，从中单击相应的命令，将弹出对应的对话框，通过这些对话框也可对图表进行美化操作。

电脑即学即用

教你学电脑

第 8 章 PowerPoint 2007 的入门与进阶

本 章 要 点：

- 初识 PowerPoint 2007
- 幻灯片的基本操作
- 设计演示文稿
- 制作动画
- 放映幻灯片

电脑博士，老师讲课时使用的电子课件是怎么做出来的呢？

小丽，这是使用 PowerPoint 做出来的，该软件主要用于制作和编辑演示文稿，目前最新版本为 PowerPoint 2007，本章将介绍具体的使用方法，从而制作出漂亮的演示文稿。

8.1 初识 PowerPoint 2007

PowerPoint 2007 是 Office 2007 的组件之一，它是一种操作简单、集文字和图形于一体的，专门用于制作演示文稿的软件，通过它可以制作出形象生动、图文并茂的幻灯片，被广泛应用于演讲、作报告和授课等各种场合。

8.1.1 PowerPoint 2007 工作界面

PowerPoint 2007 的工作界面主要包括哪些内容呢？
PowerPoint 2007 的工作界面与其他 Office 组件基本相似，本小节将对一些新的内容进行讲解。

PowerPoint2007 的工作界面较之以前的版本则焕然一新，全新的工作界面取消了以前版本中的菜单栏，取而代之的是各个命令选项卡，下拉菜单则由各个命令按钮组成的功能区取代。

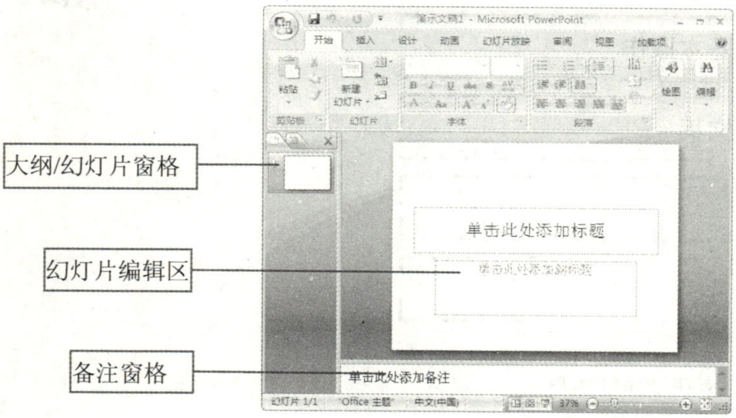
大纲/幻灯片窗格
幻灯片编辑区
备注窗格
单击此处添加标题
单击此处添加备注

大纲/幻灯片窗格：该窗格包含“大纲”和“幻灯片”两个选项卡。“大纲”选项卡用于显示当前演示文稿中所有幻灯片中的文本内容；“幻灯片”选项卡用于显示当前演示文稿中所有幻灯片的缩略图。

幻灯片编辑区：是编辑每一张幻灯片的工作台，在其中可以直观地看到幻灯片的外观效果，并可在其中编辑文本、添加图形、动画或声音等。

备注窗格：用于给幻灯片添加说明，如提供幻灯片展示内容的背景和细节等，以使放映者能够更好地掌握和了解幻灯片展示的内容。

8.1.2 PowerPoint 的视图方式

PowerPoint 2007 主要包括哪些视图方式呢？

PowerPoint 2007 的视图方式主要有普通视图、幻灯片浏览视图、备注页视图和幻灯片放映视图。

视图即为幻灯片在计算机显示器上的显示方式，PowerPoint2007 主要提供了以下四种视图方式：

1 **普通视图**：普通视图可以同时观察幻灯片的内容、显示效果和备注的内容，且整个幻灯片的创建和编辑工作都在该视图中完成。该视图为 PowerPoint 2007 的默认视图。

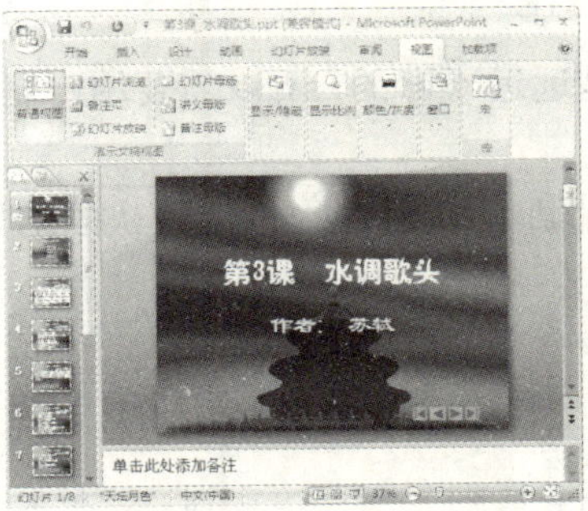

2 **幻灯片浏览视图**：幻灯片浏览视图是将当前所有的幻灯片以缩略图的方式显示在窗口中。所有幻灯片呈纵横排列，因此可以对幻灯片进行排序操作，当然也可以对幻灯片进行编辑。

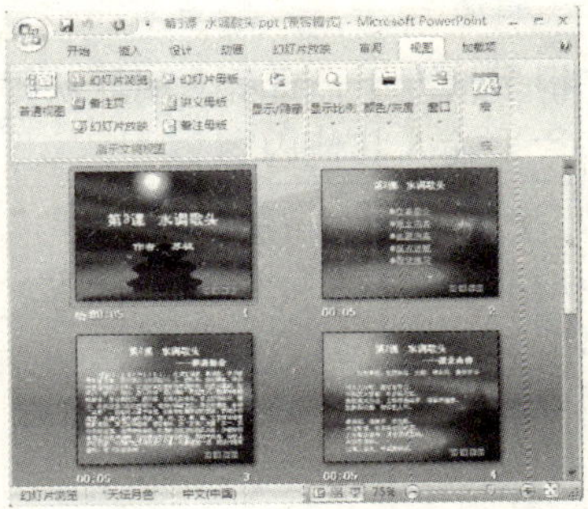

3 **备注页视图**：备注页视图是显示缩小版本的幻灯片和完全版本的备注。在该视图中，可以使用图表、图片或插入其他图形来修饰备注。

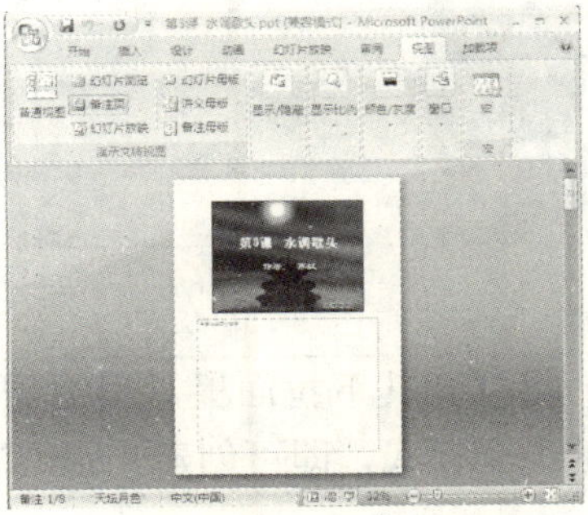

4 **幻灯片放映视图**：幻灯片放映视图是以全屏显示，可以从这种视图方式中查看每张幻灯片的内容。

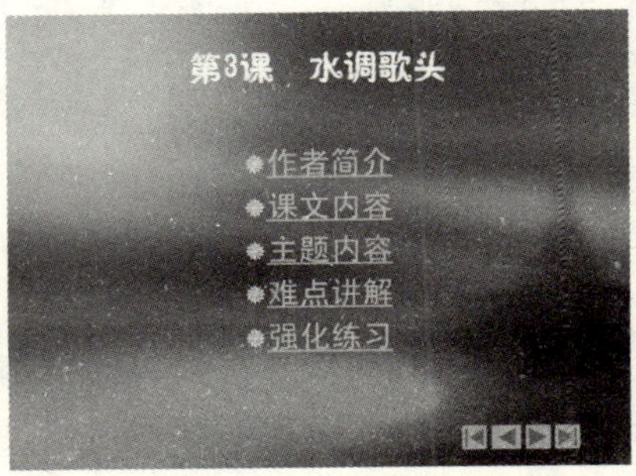

8.2 幻灯片的基本操作

演示文稿是由一系列组织在一起的幻灯片构成的，它们之间的关系如同 Excel 中工作表与工作簿的关系，因此制作演示文稿就是对幻灯片的制作，对幻灯片的操作主要有新建、移动、复制和删除等。

8.2.1 新建幻灯片

在很多情况下，演示文稿默认提供的一张幻灯片是远远不够的，所以需要用户自己新建其他幻灯片来输入其他内容。

1 单击“开始”选项卡，在“幻灯片”选项组中单击“新建”按钮 。

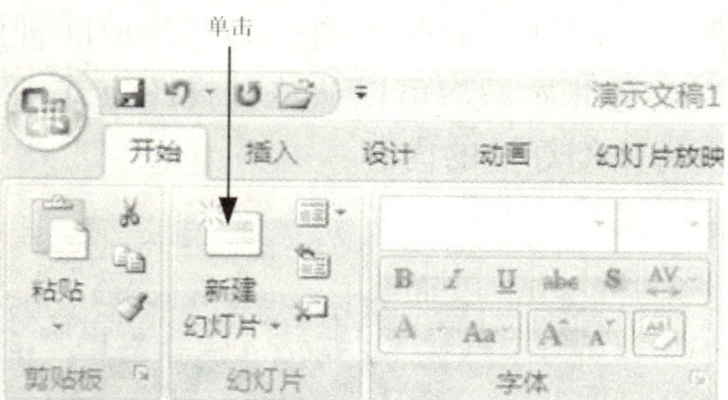

2 即可新建一张系统默认的幻灯片。

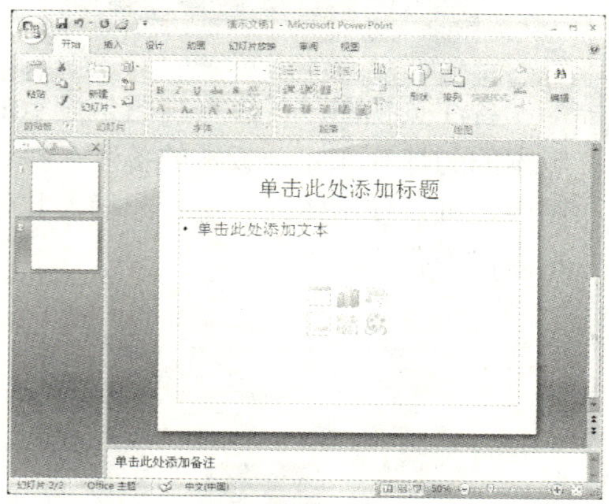

3 单击“开始”选项卡，在“幻灯片”选项组中单击“新建幻灯片”按钮 。

4 将打开其下拉面板，根据需要单击其中的一个样式，即可创建一张幻灯片。

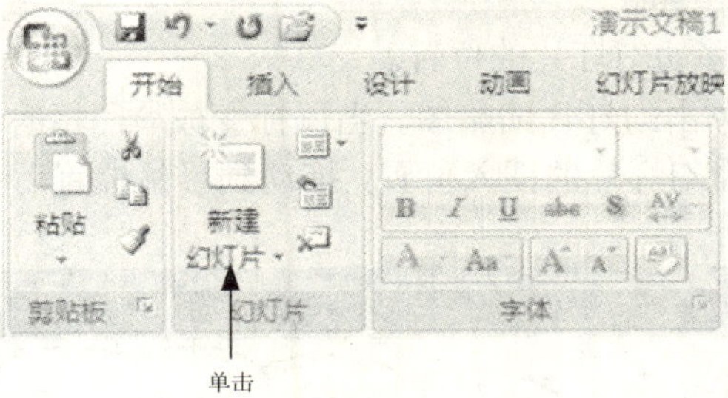

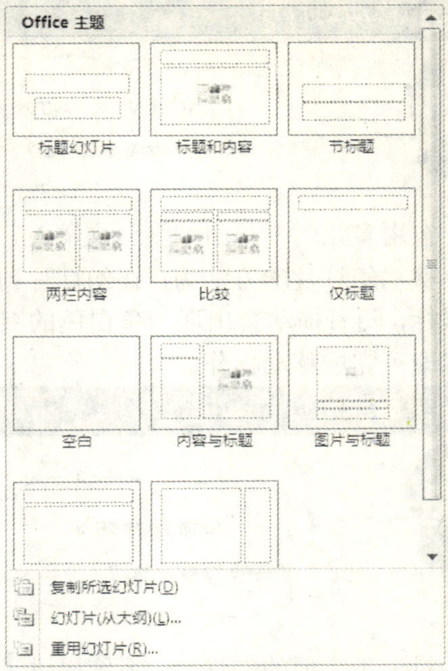

技巧：在 PowerPoint 2007 中还可通过以下两种方法创建幻灯片。

（1）按快捷键“Ctrl+M”，即可新建幻灯片。

（2）右击幻灯片列表框中的幻灯片缩略图，在弹出的快捷菜单中选择“新建幻灯片”命令。

8.2.2 复制幻灯片

如果要创建的幻灯片与已有的某张幻灯片相近，则可对该幻灯片进行复制，从而减少用户的工作时间，提高工作效率。

在 PowerPoint 2007 中可通过以下几种方法复制幻灯片：

方法一：选择幻灯片，单击“开始”选项卡，在“剪贴板”选项组中单击“复制”按钮 ，然后在“剪贴板”选项组中单击“粘贴”按钮 即可复制幻灯片。

方法二：选择幻灯片，在幻灯片列表框中，右击幻灯片缩略图，在弹出的快捷菜单中选择“复制”命令，然后再次单击鼠标右键，从快捷菜单中选择“粘贴”命令即可。

方法三：选择幻灯片，在幻灯片列表框中，右击幻灯片缩略图，在弹出的快捷菜单中选择“复制幻灯片”命令即可。

8.2.3 移动幻灯片

在用多张幻灯片组织演示文稿时，经常需要移动幻灯片的位置。

移动幻灯片的方法为：在幻灯片列表框中，单击幻灯片缩略图，当鼠标变成图标时，拖动鼠标，随着拖动会出现一条白色的细线，该线为幻灯片的插入位置，拖动到目标位置后释放鼠标即可完成移动操作。

8.2.4 删除幻灯片

对于不需要的幻灯片，系统提供了“删除”功能来删除幻灯片。删除幻灯片主要有以下两种方法：

1 单击“开始”选项卡，在“幻灯片”选项组中单击“删除”按钮 。

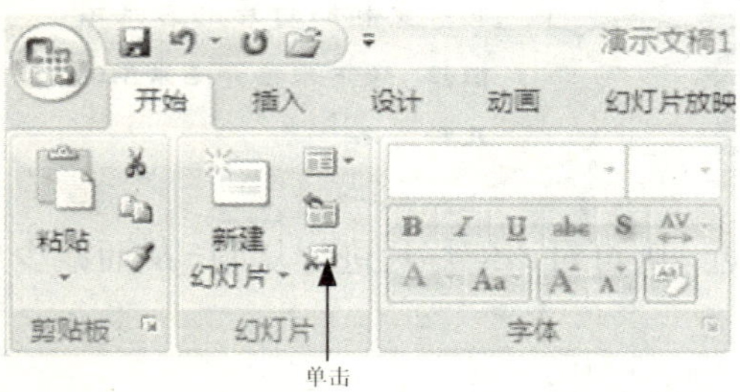

2 在幻灯片列表框中，右击幻灯片缩略图，在弹出的快捷菜单中选择“删除幻灯片”命令。

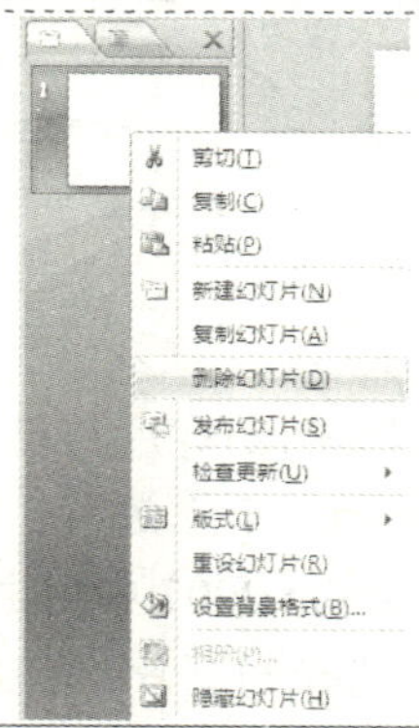

8.3 设计演示文稿

如果要使制作的幻灯片更加美观，就需要对幻灯片进行设计。对幻灯片进行设计包括应用幻灯片版式、添加文本、插入对象等操作。

8.3.1 幻灯片版式

幻灯片版式是指一张幻灯片中文本、图像等元素的布局方式。PowerPoint 2007 中提供了多种预设的版式，用户只需为不同的幻灯片选择所需的版式即可。

1 启动 PowerPoint 2007，系统将自动新建一个“演示文稿 1”。

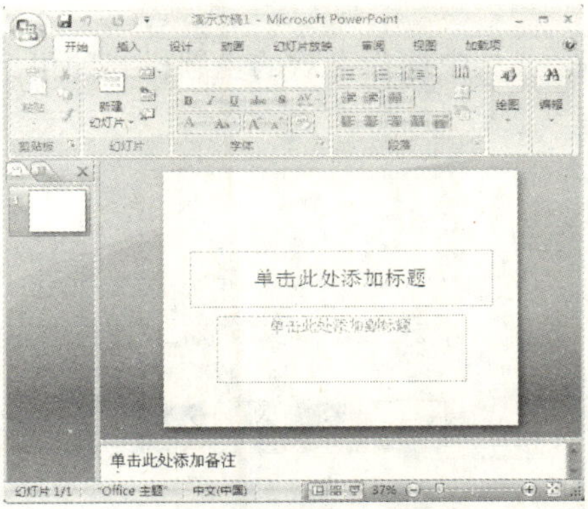

2 演示文稿默认的第一张幻灯片为标题幻灯片，在此新建一张正文幻灯片。

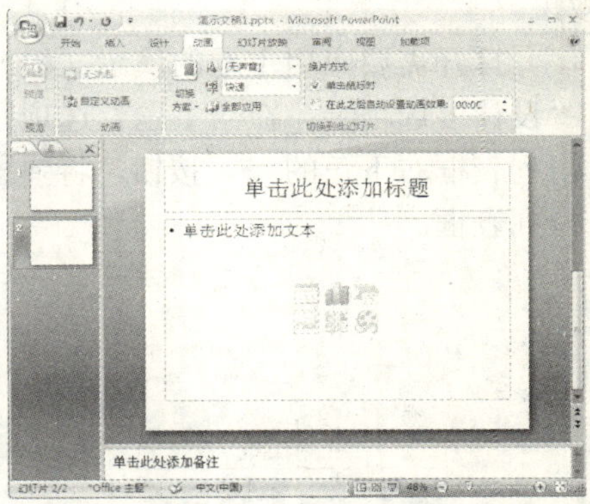

3 如果对默认的版式不满意，单击“开始”选项卡，在“幻灯片”选项组中单击“版式”按钮，此时将弹出一下拉列表框。

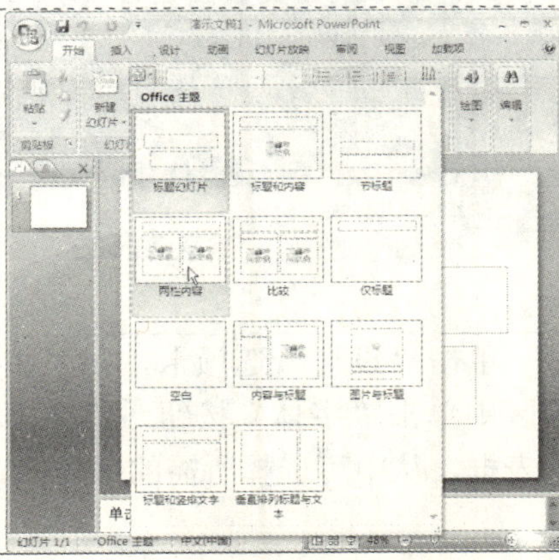

4 从该列表框中选择所需的版式即可。下图所示为选择“两栏内容”后的版式效果。

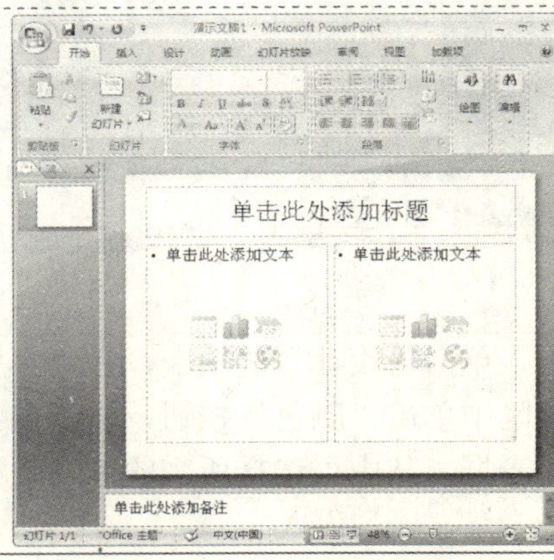

8.3.2 应用主题

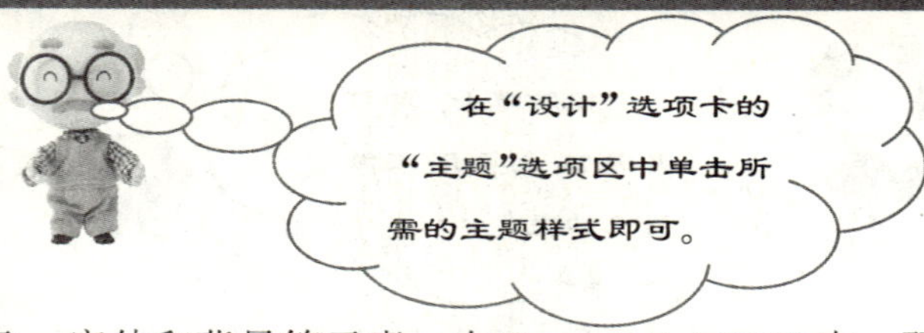

主题是一组统一的设计元素，包括颜色、字体和背景等元素。在 PowerPoint 2007 中，预置了许多漂亮的主题样式，单击“设计”选项卡，在“主题”选项区中单击列表框右下角的 按钮，将弹出一下拉列表框，即可查看到全部的主题样式。

应用主题后，还可通过“主题”选项区中的“颜色”、“字体”、“效果”按钮更改预置的主题效果。

1 打开需要应用主题的演示文稿。单击“设计”选项卡，在“主题”选项区中单击列表框右下角的 按钮，将弹出一下拉列表框。

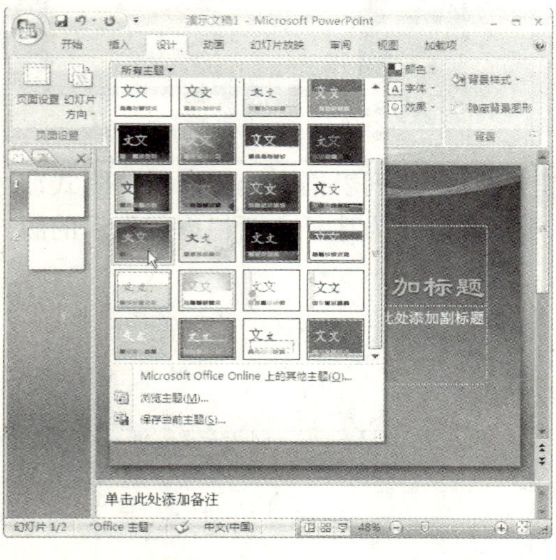

2 从中选择喜欢的主题样式即可。

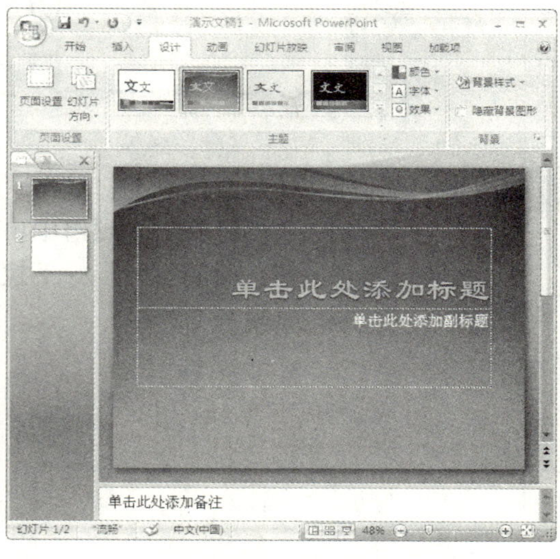

3 单击“设计”选项卡，在“主题”选项区中单击“颜色”按钮，将弹出一下拉列表框，从中可选择所需的主题颜色。

4 单击“设计”选项卡，在“主题”选项区中单击“字体”按钮，将弹出一下拉列表框，从中可选择所需的字体样式。

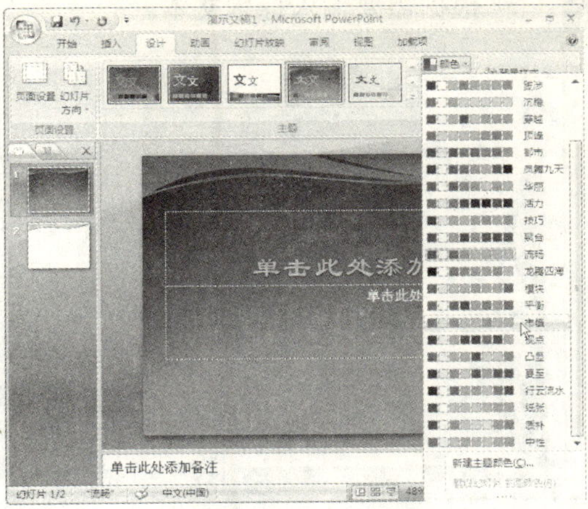

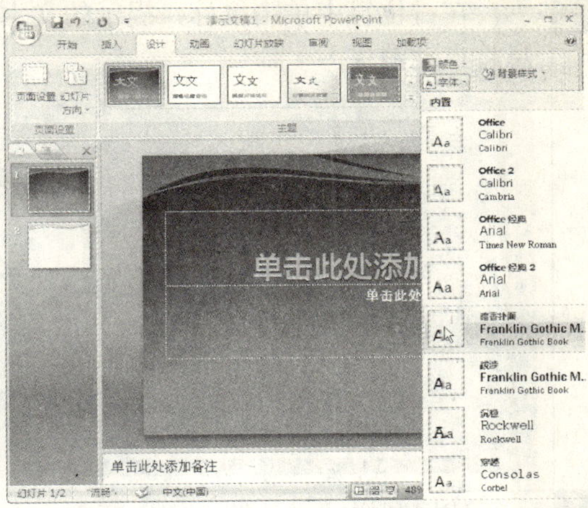

5 单击“设计”选项卡，在“主题”选项区中单击“效果”按钮，将弹出一下拉列表框，从中可选择所需的效果样式。

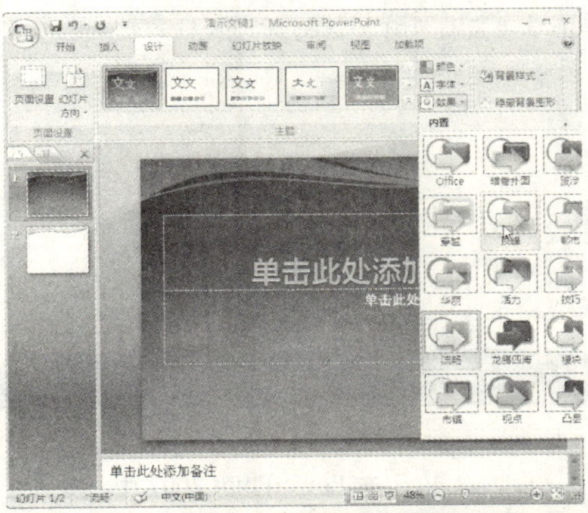

6 单击“设计”选项卡，在“背景”选项区中单击“背景样式”按钮，将弹出一下拉列表框，从中可选择所需的背景样式。

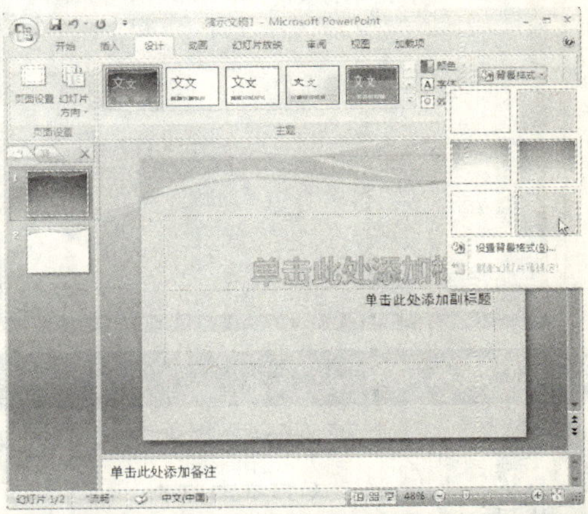

8.3.3 添加文本

如何为幻灯片添加文本呢？

除了可以在占位符中输入文本外，还可切换到“大纲”窗格中输入文本。

创建一张幻灯片后，占位符中显示的文本是具有提示信息的文本，用户可以根据需要输入文字后替换占位符中的文本。

1 在占位符中单击鼠标，提示的文本信息将自动消失。

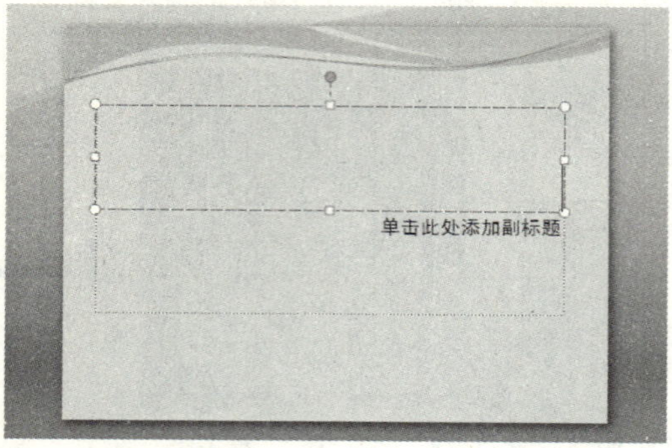

2 根据需要输入标题文本。

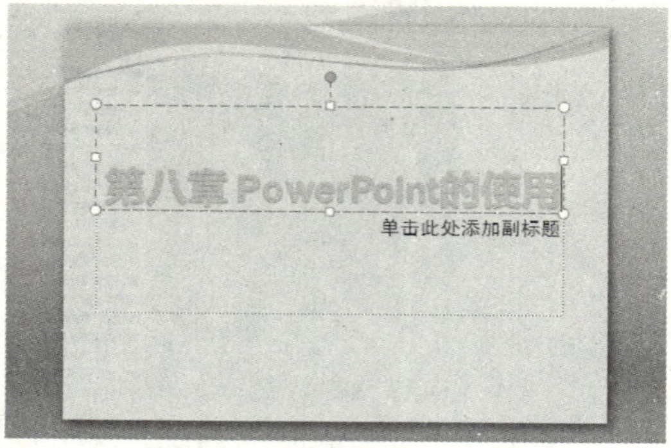

3 使用同样的方法输入副标题文本。

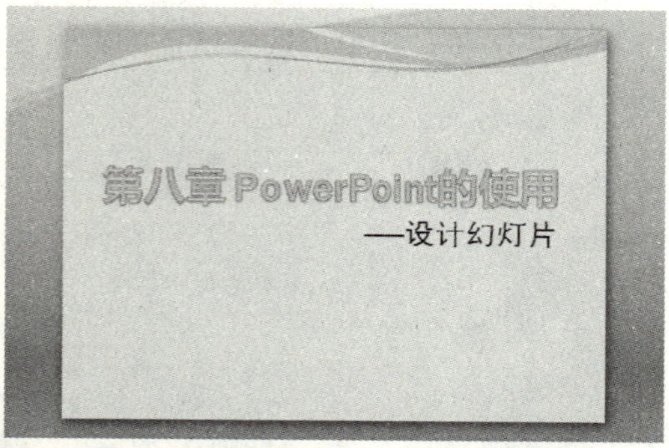

提示：

在“幻灯片/大纲”窗格中单击“大纲”选项卡，即可切换到“大纲”窗格，然后在幻灯片缩略图后面单击鼠标也可为该幻灯片添加文本内容。

8.3.4 插入对象

在幻灯片中插入图片、剪贴画、表格、图表、图示、艺术字及媒体文件等对象可以使其更加生动形象，更具说服力和感染力。

在 PowerPoint 2007 中可通过以下两种方法插入对象：

方法一：单击“插入”选项卡，然后在打开的选项组中单击需要插入的对象按钮即可插入相应的对象。

方法二：在幻灯片中，单击项目占位符，也可插入相应的对象。

1 选择需要插入对象的幻灯片，如果幻灯片中有项目占位符，单击相应的图标即可插入对象，在此单击“插入表格”图标。

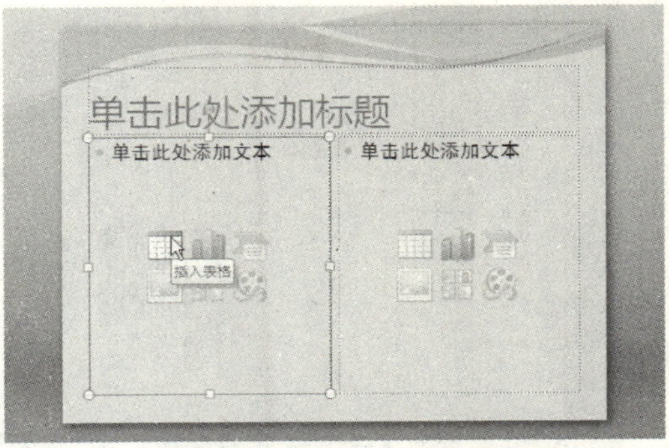

2 将弹出“插入表格”对话框，在该对话框中输入表格的列数和行数。

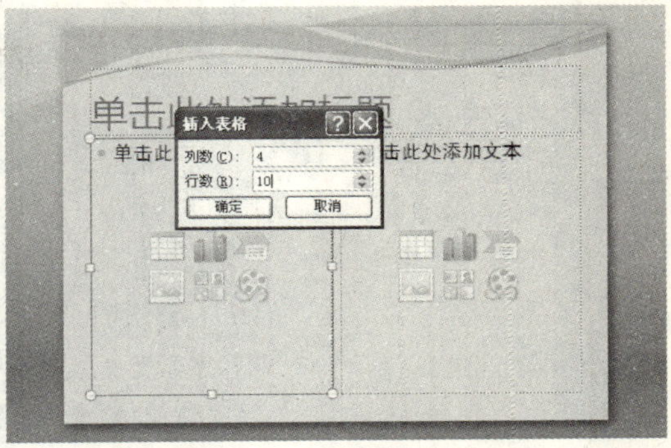

3 然后单击“确定”按钮即可插入表格。

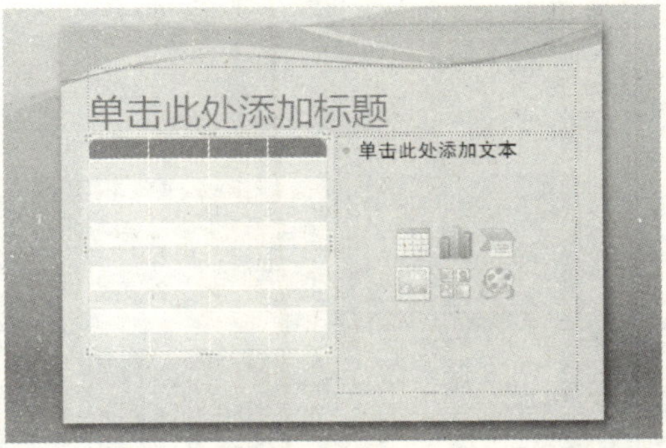

4 在表格中输入文本内容。

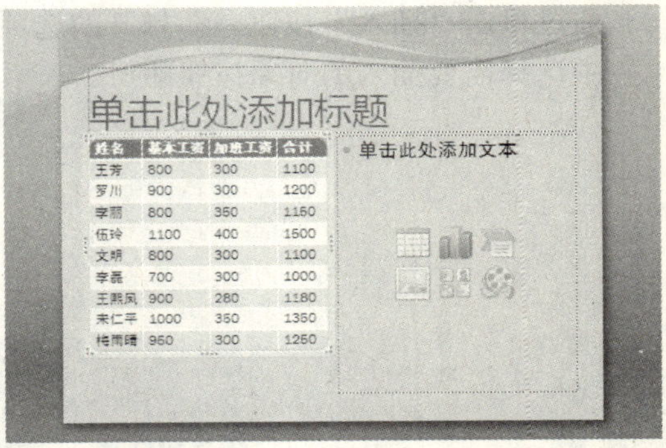

5 在项目占位符中单击“插入图表”图标。

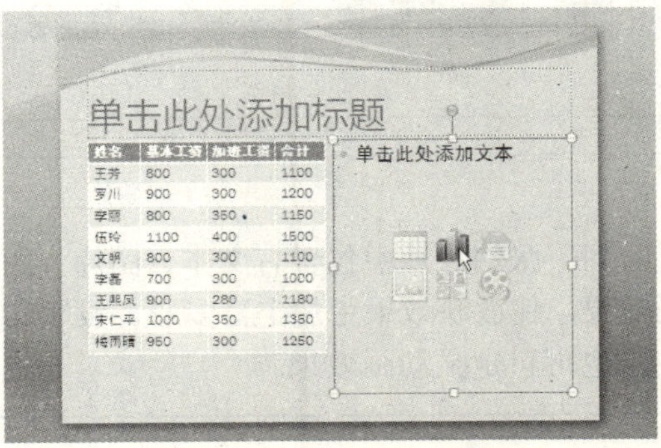

6 此时将弹出“插入图表”对话框，在该对话框中选择图表类型。

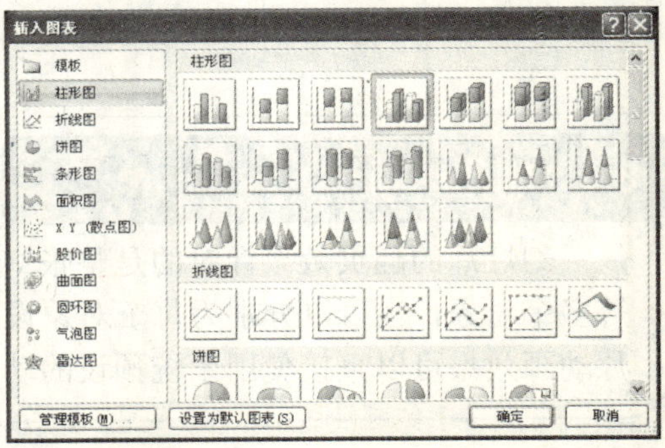

7 单击“确定”按钮，将自动创建一个图表，并打开源数据表。

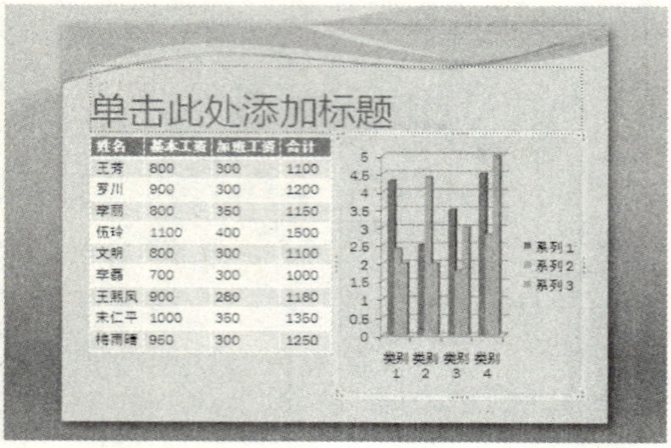

8 在数据表中输入需要的数据后，图表也将随之而发生变化，然后关闭数据表。

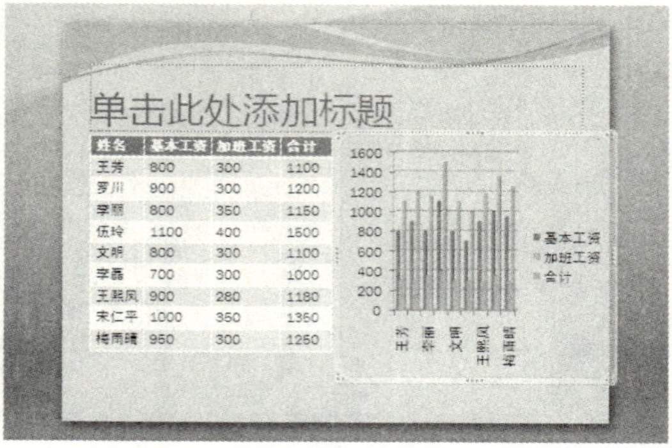

9 如果当前幻灯片没有项目占位符，可通过单击“插入”按钮，在打开的选项组中选择需要插入的对象按钮即可。

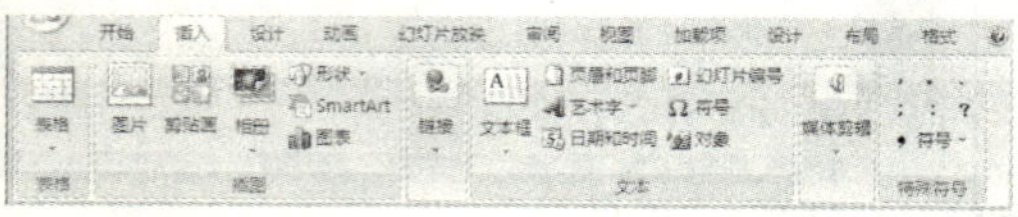

10 如下图所示为插入“心形”形状后的效果。

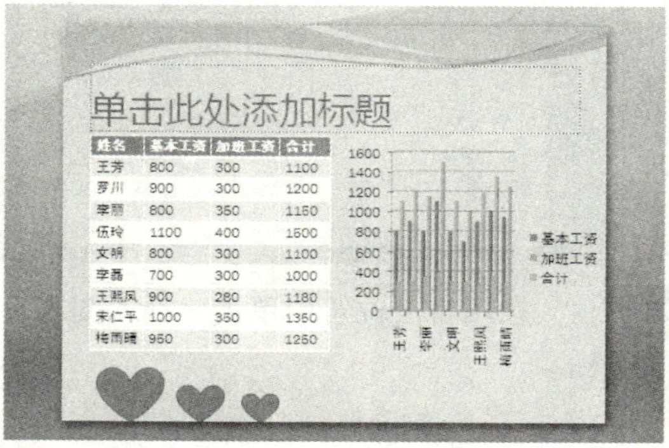

8.4 制作动画

幻灯片的翻页效果针对的是整张幻灯片，若同一张幻灯片中包含有文本、图片、图表等多个对象，也可以分别为每个对象设置动画效果，使放映效果更加丰富多彩。设置幻灯片动画效果可以直接使用系统预设的动画方案，也可自定义动画效果。

8.4.1 添加切换动画

如果在演示文稿中添加切换动画呢？
在“动画”选项卡中的“切换到此幻灯片”选项组中根据需要进行选择即可。

在幻灯片上制作动画，需要先选择进入画面的动画效果，不同的效果给人不同感觉。切换动画的效果有淡出和溶解、插入、推进和覆盖等。

1 单击“动画”选项卡，在“切换到此幻灯片”选项组中，列出了一些常用的幻灯片切换效果。

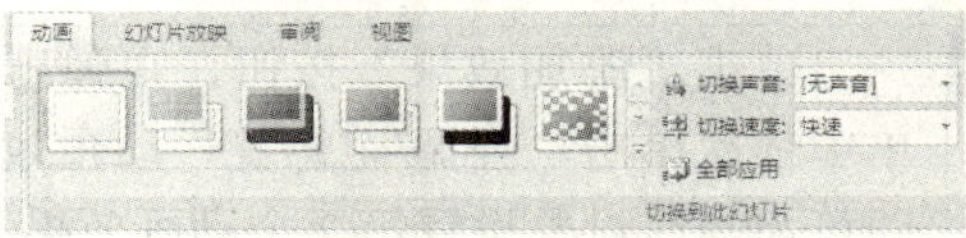
动画
幻灯片放映
审阅
视图
切换声音: [无声音]
切换速度: 快速
全部应用
切换到此幻灯片

2 如果需要更多选项进行选择，单击列表框右下角的 ▾ 按钮，则会打开一下拉面板，然后选择适当的切换动画即可。

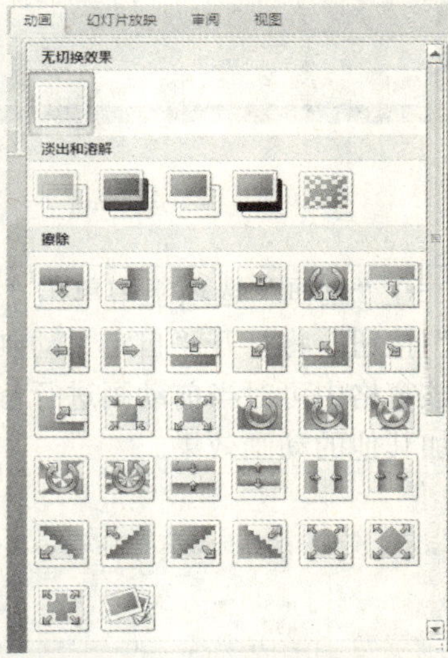
动画
幻灯片放映
审阅
视图
无切换效果
淡出和溶解
擦除

8.4.2 给幻灯片对象添加动画

如何给幻灯片对象添加动画呢？
使用“动画”选项卡的“动画”选项组中的相应按钮即可为幻灯片对象添加动画。

给幻灯片添加动画最基本的操作就是给幻灯片对象添加动画。在 PowerPoint 2007 中，可以给单个对象添加多个动画效果，还可同时给多个对象添加相同的动画。用户只需选中需要添加动画的对象，然后添加动画即可。

1 在幻灯片中选择需要添加动画的对象。

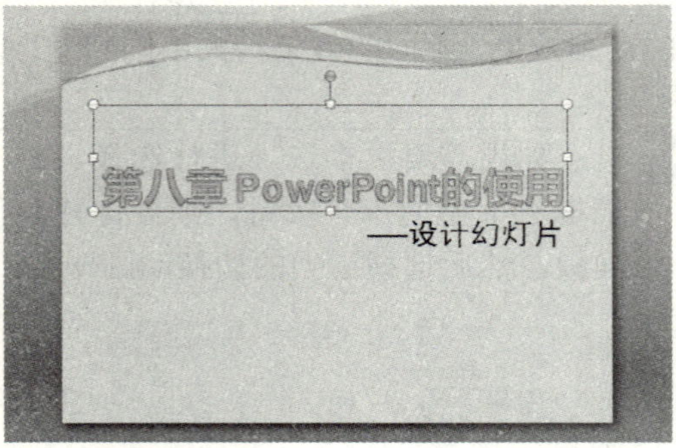

2 单击“动画”选项卡，在“动画”选项组的“动画”下拉列表框中，选择“淡出”选项。

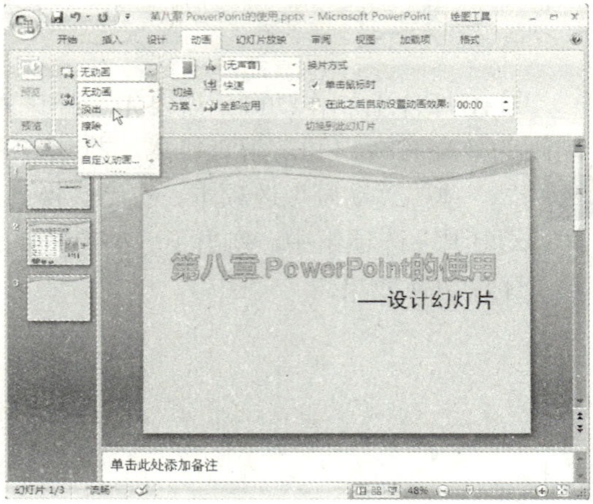

3 在“动画”选项组中单击“自定义动画”按钮，将打开“自定义动画”窗格，在该窗格中可对当前动画进行修改，还可添加其他的动画效果。

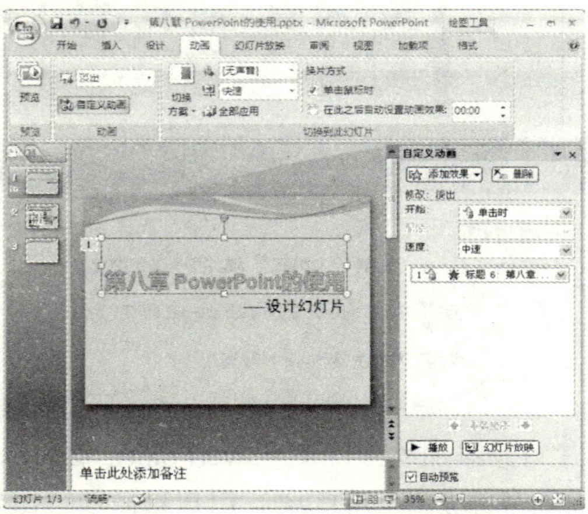

4 单击“添加效果”按钮，在弹出的菜单中依次单击“强调/陀螺旋”动画效果，即可为当前对象设置第 2 个动画效果。

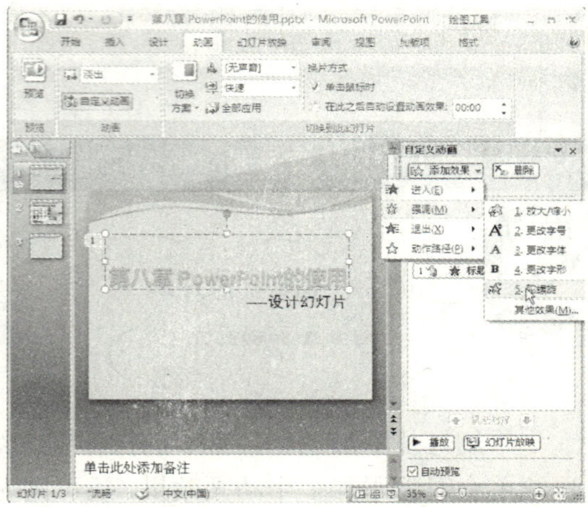

5 单击“动画”选项卡，在“预览”选项组中单击“预览”按钮，可以观看设置的动画。

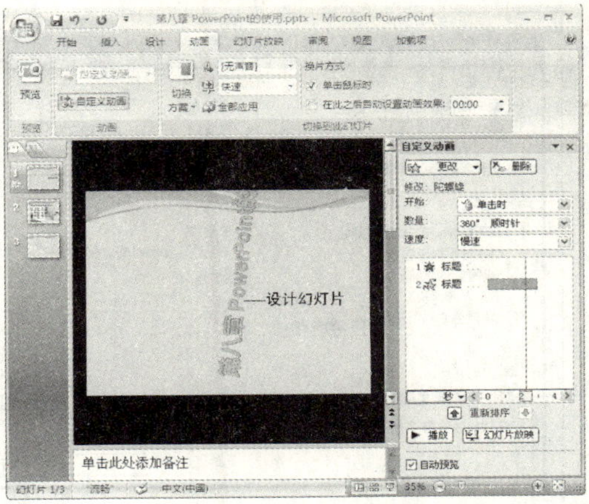

提示：

在“自定义动画”窗格中，还有更多的动画，提供给用户较多的选择机会。

8.5 放映幻灯片

设置好幻灯片的切换方式与动画效果之后，便可放映幻灯片了。根据幻灯片放映场合的不同，还需设置其放映方式。

8.5.1 设置放映方式

为了适应不同的放映场合，PowerPoint 提供了多种不同的幻灯片放映方式。

在 PowerPoint 2007 中，专程为幻灯片的放映提供了一个“幻灯片放映”选项卡，单击该选项卡，将出现 3 个选项组，即“开始放映幻灯片”、“设置”和“监视器”。在“开始放映幻灯片”选项组中可以设置放映的方式；“设置”选项组中的各按钮主要用于对幻灯片放映进行设置，如隐藏幻灯片、录制旁白、排练计时等；“监视器”选项组主要用于设置放映时的分辨率和使用演示者视图等。

1 单击“幻灯片放映”选项卡，在“设置”选项组中单击“设置幻灯片放映”按钮。

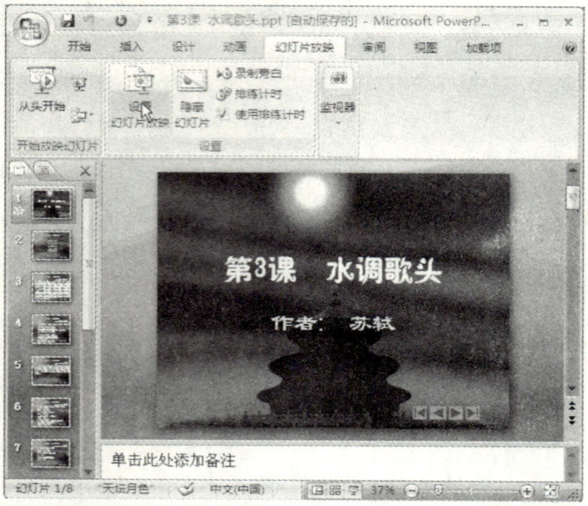

2 此时将打开“设置放映方式”对话框，根据需要可在“放映类型”栏中选择放映类型，然后再设置放映选项，设置完毕后，单击“确定”按钮即可。

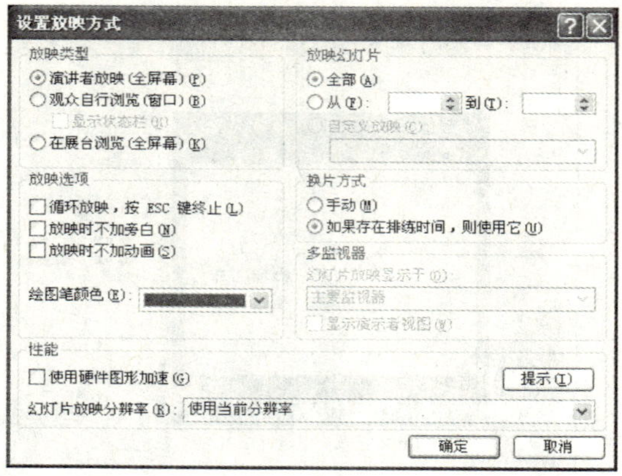

8.5.2 放映幻灯片

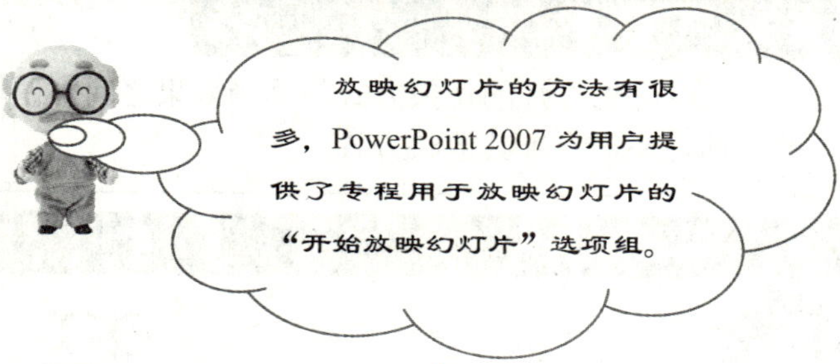

设置好幻灯片的放映方式后，单击“幻灯片放映”选项卡，在“开始放映幻灯片”选项组中有 3 个按钮，即“从头开始”、“从当前幻灯片开始”和“自定义幻灯片放映”。根据自己的需要进行选择即可放映幻灯片。

电脑即学即用

教你学电脑

第9章 网上办公

本章要点：

- 使用局域网
- 使用互联网
- 收发邮件
- 下载资料

电脑博士，网上办公可以实现哪些操作呢？

小丽，网络已经成为世界上最大的信息资源宝库，它所包含的信息从政策、法规、经济、教育、科技到娱乐、商业等无所不有，而且分布于世界各地中。使用它可以实现邮件的收发、资料的收集和信息的传递等功能。

9.1 使用局域网

局域网又称局部网，它的特点是组网方便、传输速度快、效率高和维护简单，因此常被运用于政府、公司、企业或学校等。局域网中的各台电脑可以互相访问、互通信息、实现资源共享。

9.1.1 共享资源

如何共享
资源呢？
在需要共享的文件夹上单击鼠标右键，在弹出的快捷菜单中选择“共享和安全”命令即可共享资源。

在局域网中可以访问其他电脑中的共享资源，可以将需要让别人访问的内容保存到一个文件夹中，然后将文件夹进行共享，这样其他用户就可以访问这些资料了。

1 打开“我的电脑”，在需要共享的文件夹上单击鼠标右键，在弹出的快捷菜单中选择“共享和安全”命令。

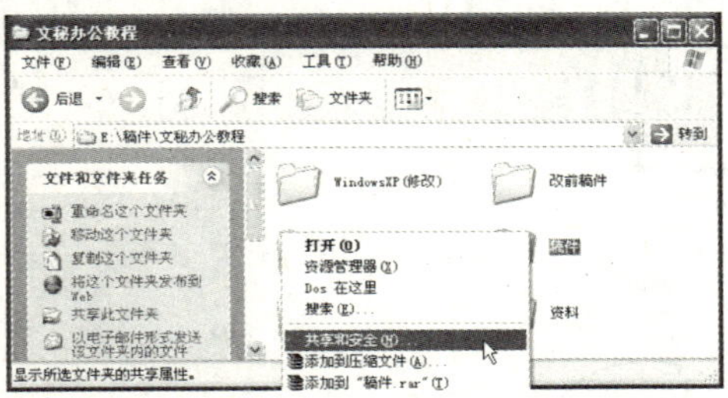

2 此时将弹出一对话框，在该对话框中选择“共享此文件夹”选项，并根据需要设置其他选项。

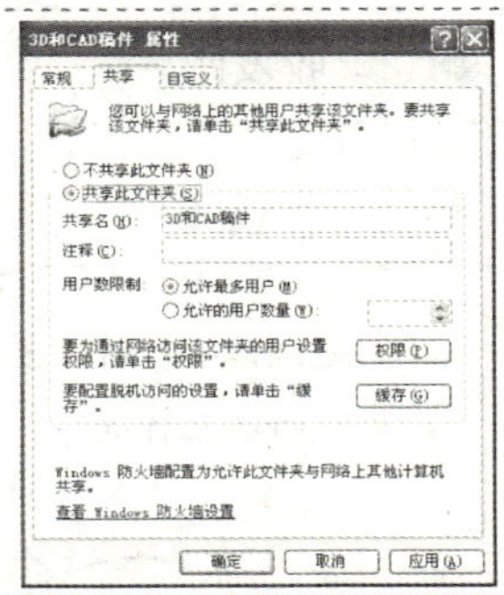

3 设置完毕后，单击“确定”按钮，此时将会发现选择的文件夹下方有一个手形，表示已共享此文件夹。

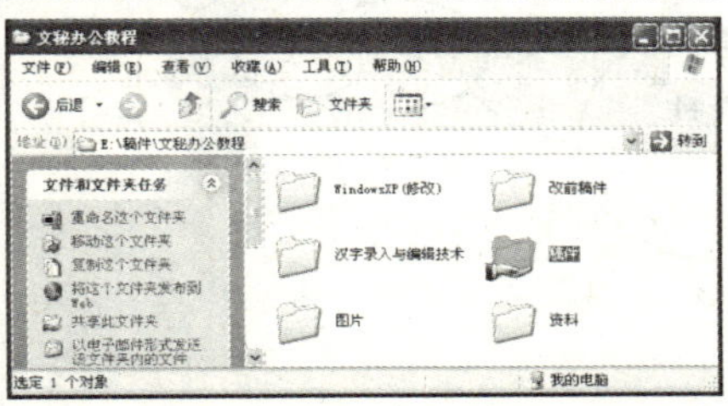

提示：

在“……属性”对话框中单击“权限”按钮，将弹出一对话框，在该对话框中可设置其他用户的访问权限。

9.1.2 访问共享资源

如何访问局域网
中的共享资源呢？
通过“网上邻居”
窗口即可访问局域网
中的共享资源。

当局域网中有共享资源时，便可进行互访，双击桌面上的“网上邻居”，在打开的“网上邻居”对话框中可以访问这些共享的资源。

1 双击桌面上的“网上邻居”图标打开“网上邻居”窗口，在其中可以看到允许访问的共享资源的快捷方式。

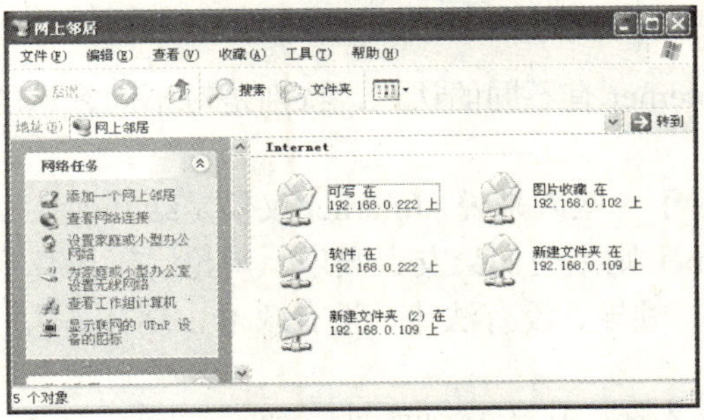

2 单击“网络任务”栏中的“查看工作组计算机”链接，可以打开当前电脑所在的工作组窗口，在此可以看到该工作组中的所有电脑名称。

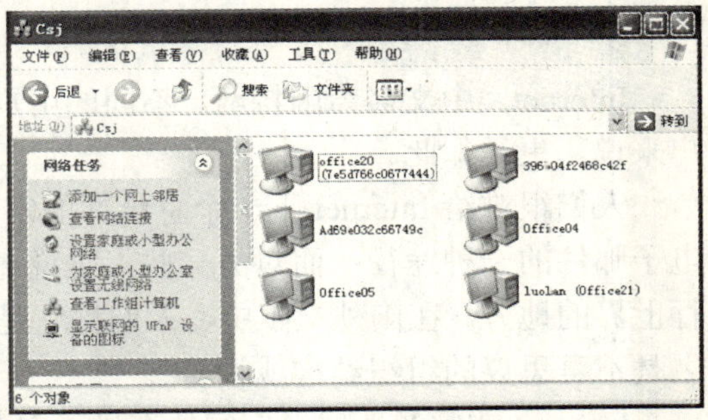

3 双击要访问的电脑图标，在打开的窗口中可查看到该电脑上的所有共享资源。

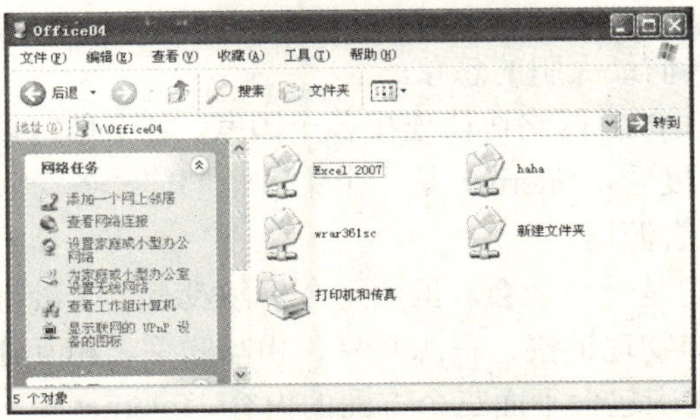

4 双击要访问的共享资源可查看其中包含的内容。

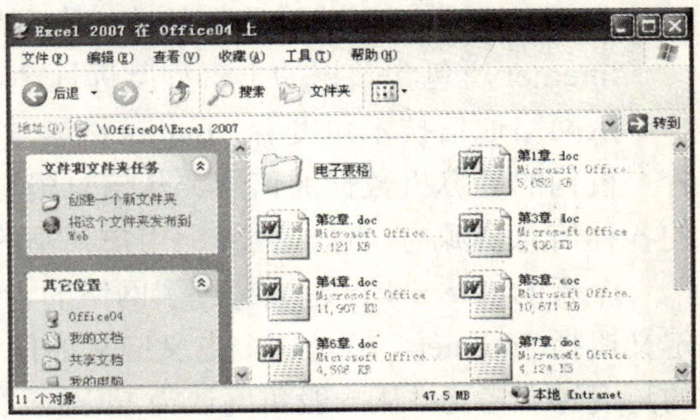

9.2 使用互联网

Internet 即互联网，又叫因特网，它是一个信息资源的海洋，蕴藏着极其丰富的图书文献和技术资源。通过 Internet 可以进行世界范围内的信息浏览、信息查询、资源下载、网上通信等操作。

9.2.1 Internet 概述

Internet 是什么意思呢？
Internet 的中文名为因特网，是一个以 TCP/IP 网络协议连接各个国家、各个地区以及各个机构的计算机数据通信网。

Internet，中文名为因特网。不同的用户对 Internet 有不同的认识，特别是对不同领域的用户来说，更是如此。

人们很难给 Internet 下一个总结性的定义。对于一些人来说，Internet 仅仅是给其他人发送电子邮件的一种途径；而对另一些人来说，Internet 则是他们会友、娱乐、辩论、工作甚至旅行世界的地方。在国外文献中，人们称它是“没有领导、没有法律、没有政治、没有军队，总之是不可思议的组织结构或社会”。

Internet 非常像地球上广阔的海洋，它覆盖了全球，从美国到欧洲、亚洲、非洲、南美洲，最后再返回美国。

由数以千计的小网络构造出了 Internet 这个世界上最大、最流行的计算机网际网，它连接了上千万台计算机和数亿用户。由于设备规模、统计数字、使用方式、发展方向上的明显优势，Internet 正以一种令人难以置信的速度在发展。

Internet 所包含数据的丰富程度远远超过了人们最大胆的想象。

从网络通信技术角度看，Internet 是一个以 TCP/IP 网络协议连接各个国家、各个地区以及各个机构的计算机数据通信网。从信息资源的角度看，Internet 是一个集各个部门、各个领域的各种信息资源为一体，供网上用户共享的信息资源网。

今天的 Internet 已远远超过了网络的含义，它是一个社会。虽然至今仍然没有一个准确的定义概括 Internet，但是这个定义应从通信协议、物理链接、资源共享、相互联系、相互通信的角度综合考虑。从一般角度认为 Internet 的定义应包含下面三个方面的内容：Internet 是一个基于 TCP/IP 协议集的网络；Internet 是一个网络用户集团，各用户既可以使用网络资源，也可以贡献资源；Internet 是所有可被访问和利用的信息资源的集合。

9.2.2 认识 IE 浏览器

如果用户要使用 IE 浏览器在网上畅游，必须在电脑上安装 IE 浏览器。由于微软公司的 Windows 操作系统自带有 IE 浏览器，所以只要安装了 Windows 操作系统即可启动 IE 浏览器。

要启动 IE 浏览器，可以通过以下任意一种方法：

（1）在系统的任务栏中，单击快速启动栏内的 IE 图标 。

（2）在系统的桌面上，双击 IE 图标 。

（3）依次执行"开始 / 程序 / Internet Explorer"命令。

当通过以上任意一种方法启动 IE 浏览器后，系统自动打开 IE 浏览器窗口，显示 IE 的默认主页，如下图所示。

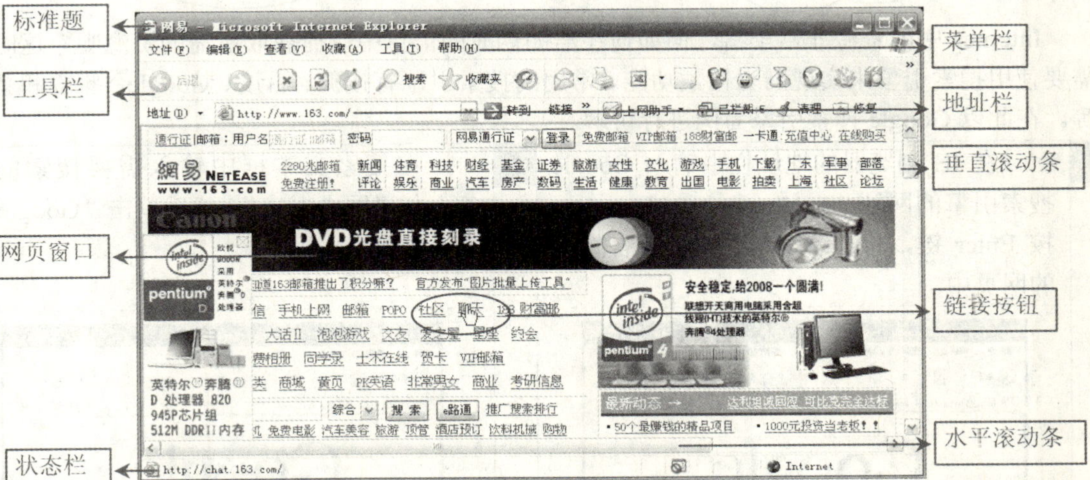

Internet Explorer 的窗口界面

利用 IE 浏览器浏览时，在地址栏框中输入地址后，按回车键就可以打开任何 Web 页。查看 Web 页时，将鼠标指针移动到链接上面时，鼠标指针就变成了一只手形图标，单击链接就会出现其他的 Web 页。

还可以利用工具栏按钮在 Web 页之间移动、搜索 Internet 或刷新 Web 页内容。

在表 9-1 所示的表格中，描述了 IE 浏览器工具栏中各个按钮的说明。

表 9-1　IE 工具按钮说明

按　钮	功能及说明	按　钮	功能及说明
后退	移到上次查看过的网页	收藏夹	显示常用的网页列表
	移到下一个网页	媒体	在浏览器左侧打开媒体播放器
	停止网页下载		在浏览器左侧显示最近访问过的站点
	更新当前显示的网页		阅读电子邮件与网络新闻
	回到所设置的默认主页		将目前链接的网页打印出来
搜索	利用默认的搜索工具搜索网站		

9.2.3　搜索资料

Internet 中的资源非常丰富，但如何在浩如烟海的信息中快捷获取所需的资源呢？这时就需要使用搜索引擎来实现网上搜索功能。常用的搜索引擎有搜狐、百度、Google、雅虎和新浪等。在此以 Google 搜索引擎为例进行讲解。

1　在 IE 浏览器的地址栏中输入 Google 搜索引擎的网址 http://www.google.com，按 Enter 键，将自动跳转到相应语言版本的网页中。

2　在搜索文本框中输入需要搜索的内容，如“网上书店”，然后单击“Google 搜索”按钮。

3　Google 将搜索出大量与“网上书店”相关的网页，并显示网页名称、主要内容和网址等信息。

4　根据需要单击相应的网页链接，将打开对应的网页。

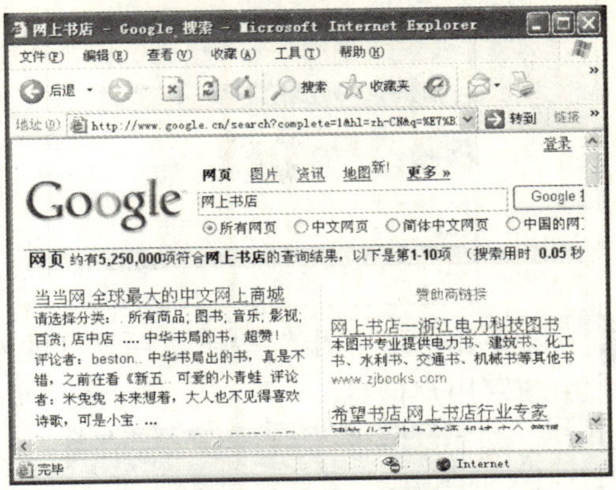

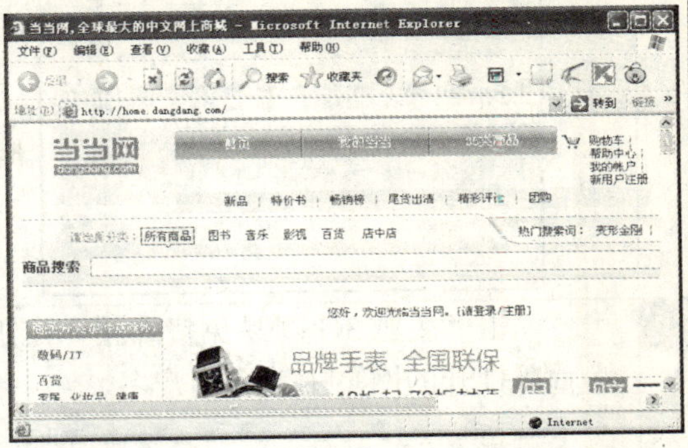

9.3 收发邮件

在过去电视中所看到的“飞鸽传书”，也就是足不出户就把信传递出去了。现在，也可以实现这种功能，那就是电子邮件——E-mail。

E-mail 是 Internet 最常用的功能，是计算机与通信相结合的产物，主要用于计算机用户之间交换电子信件。电子信件的内容既可以是文字，也可以是图像、声音等多媒体信息。

9.3.1 申请邮箱

要收发电子邮件，首先必须申请一个电子邮箱。目前在许多大型网站都为用户提供了大容量的免费电子邮箱功能，如在网易和新浪网站都可申请免费邮箱。下面以在网易申请免费邮箱为例讲解具体的申请方法。

1	在 IE 地址栏中输入网易的地址（http://www.163.com），并按 Ente”键。	2	单击“免费邮箱”链接，将打开下图所示的网页。

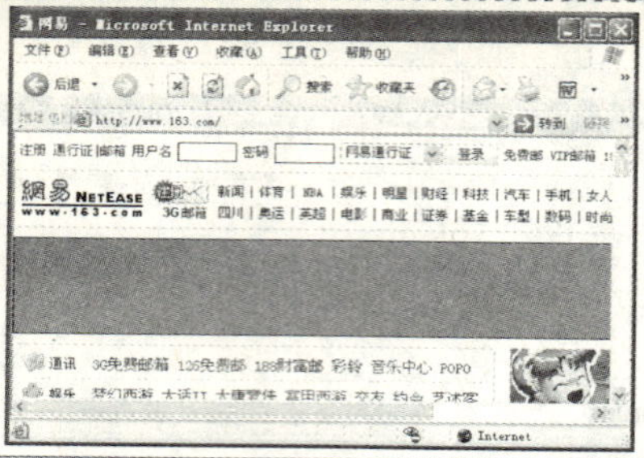

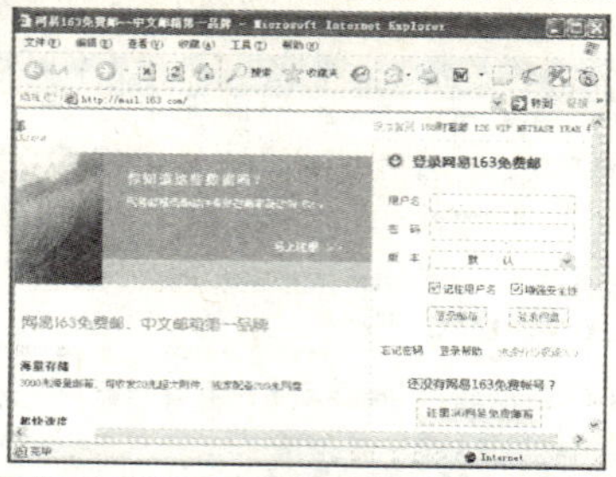

3 单击“注册 3G 网易免费邮箱”按钮，然后在打开的网页中输入用户名。

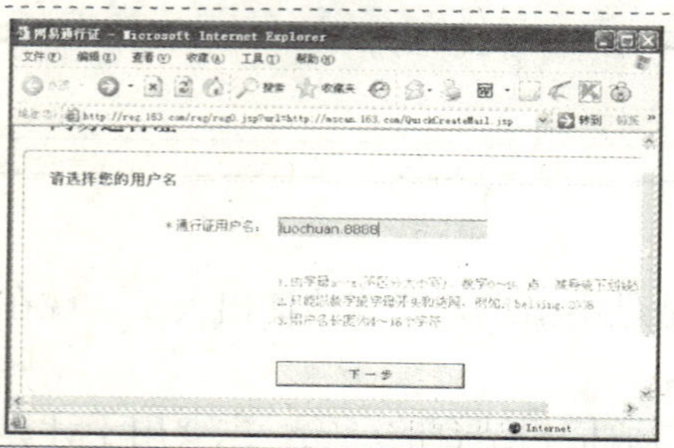

4 单击“下一步”按钮，在打开的网页中填写用户信息。

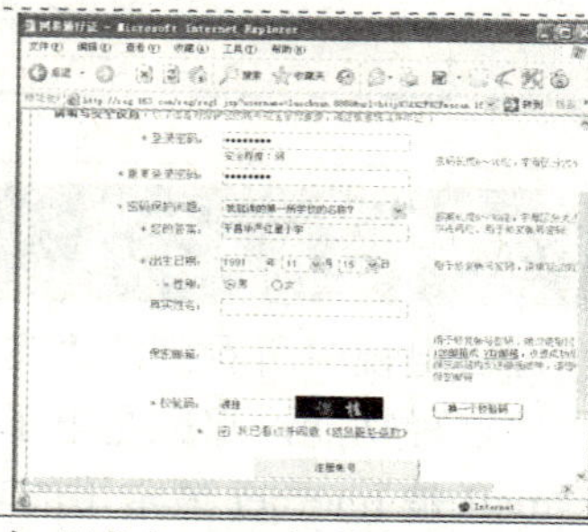

5 填写完毕后单击“注册账号”按钮将打开“申请成功”页面。

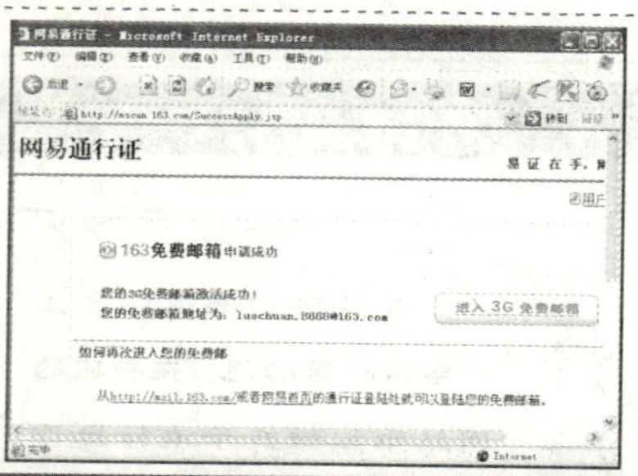

6 单击“进入 3G 免费邮箱”按钮，即可进入到才申请的邮箱中。

9.3.2 登录邮箱

如何登录邮箱呢？
通常网站的首页都提供有邮箱的用户名和密码输入框，输入正确的信息后单击“登录”按钮即可。

在申请邮箱成功的网页中，单击“进入 3G 免费邮箱”按钮即可登录邮箱。以后要登录邮箱，可以直接在网易的首页进行登录。

1　打开网易首页，输入用户名和密码并单击“登录”按钮。

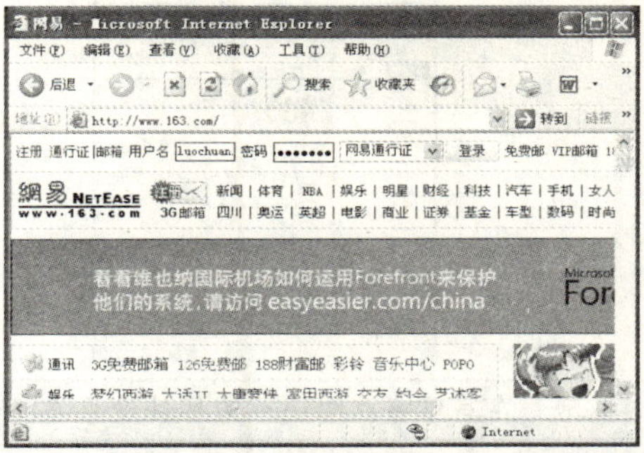

2　打开“网易通行证”页面，在页面中单击“免费邮箱”链接，即可登录到邮箱。

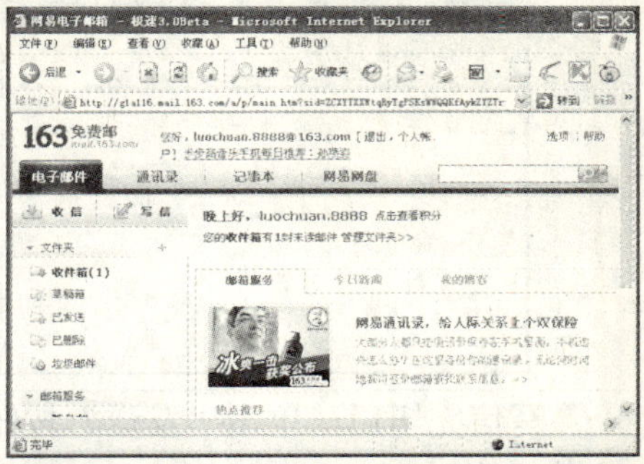

9.3.3 接收和查看邮件

如何接收和查看邮件呢？
单击“收信”按钮即可查看到所有邮件，单击“主题”名称即可查看到邮件内容。

1　登录邮箱后，单击“收信”按钮，即可查看到邮箱中的所有邮件。

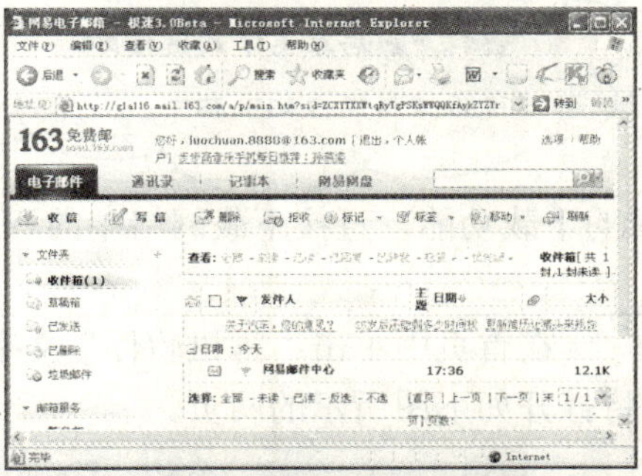

2　单击邮件“主题”名称即可查看该邮件内容。

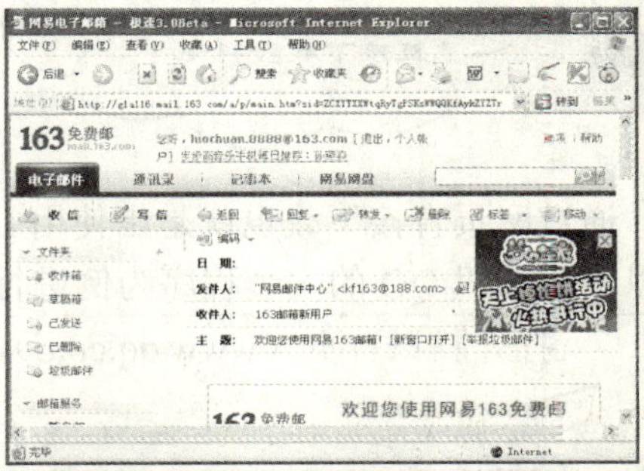

9.3.4 撰写和发送邮件

如何撰写和发送邮件呢？
撰写和发送邮件的方法很简单，接下来就让我们一起来学习吧！

1 单击“写信”按钮，将打开写信窗口。

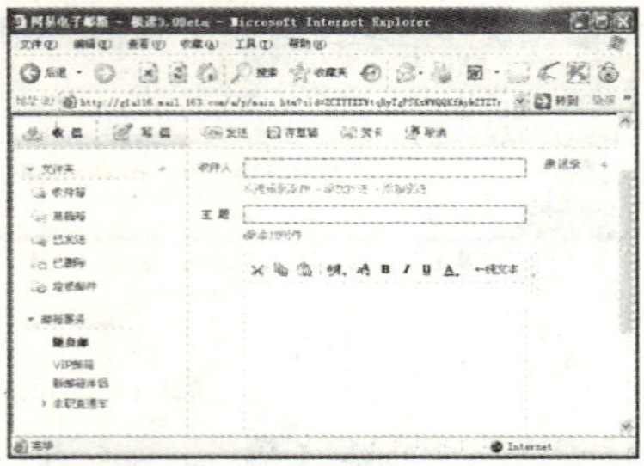

2 在打开的写信窗口中，输入收件人的邮箱地址、主题、内容等。

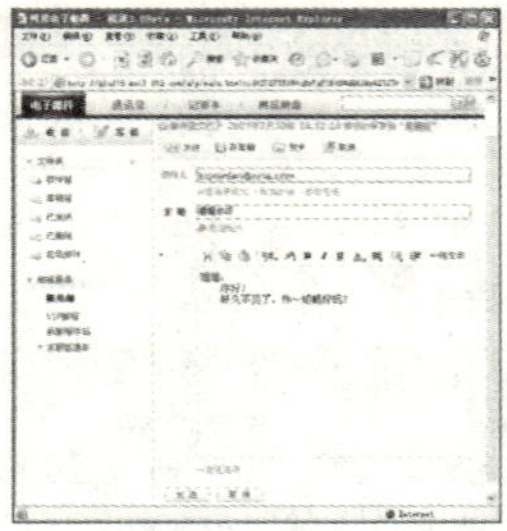

3 写信完毕后，单击“发送”按钮即可发送邮件。

提示：在写信窗口中还可为邮件设置漂亮的文字和信纸。

9.4 下载资料

Internet 上提供的资源不仅可以浏览，还可以将其下载到电脑中，以供用户随时查看和使用。下载网络资料的方法有直接下载和通过专业下载工具下载两种。

9.4.1 通过网页直接下载

如何在网页中
直接下载资料呢？
在网页中找到所需的
资料，然后单击下载链接即
可将资料保存到电脑中。

通过网页直接下载也就是指使用 IE 浏览器自带的下载功能，直接下载网络中的资源，下面以下载腾讯 QQ 的安装程序为例进行讲解。

1 打开腾讯首页（www.qq.com）。

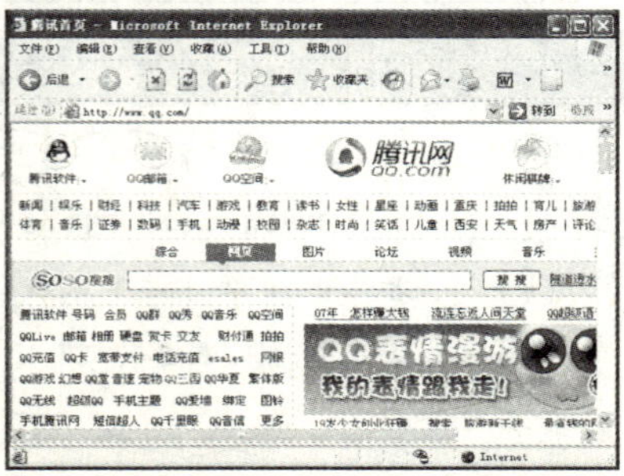

2 在首页中单击“腾讯软件”文字链接，将打开如下图所示的网页。

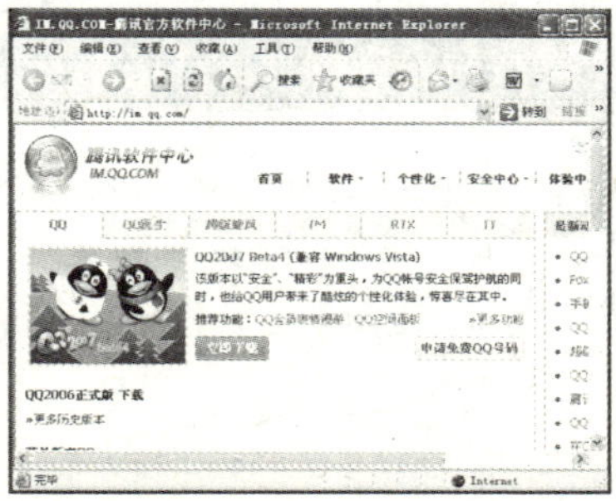

3 单击“立即下载”按钮，将打开如下图所示的页面。

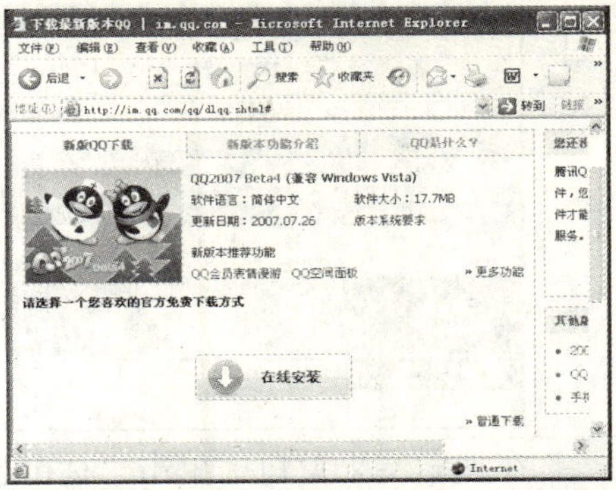

4 在该页面中单击“普通下载”文字链接，将打开如下图所示的对话框。

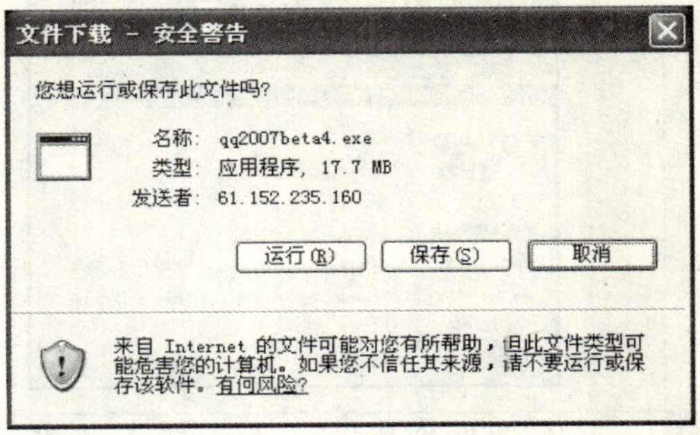

5 在此对话框中单击“保存”按钮，并在弹出的“另存为”对话框中指定文件保存路径及文件名，然后单击“保存”按钮，即可将文件保存在计算机指定的位置。

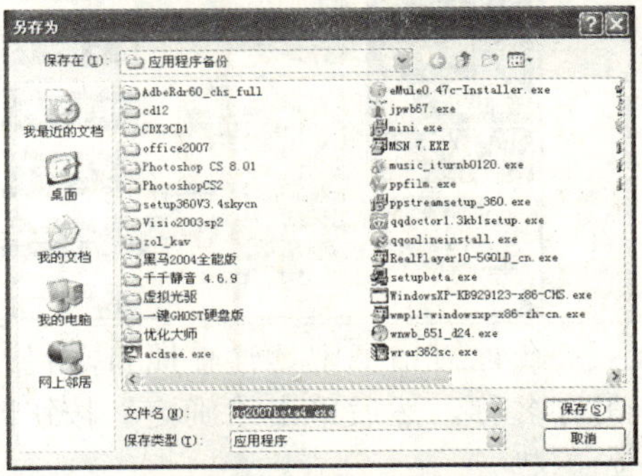

6 单击“保存”按钮后，会弹出下图所示的下载对话框，在该对话框中显示下载文件的进度，然后勾选“下载完毕后关闭该对话框”复选框，即可使文件下载完毕后，自动关闭此对话框。

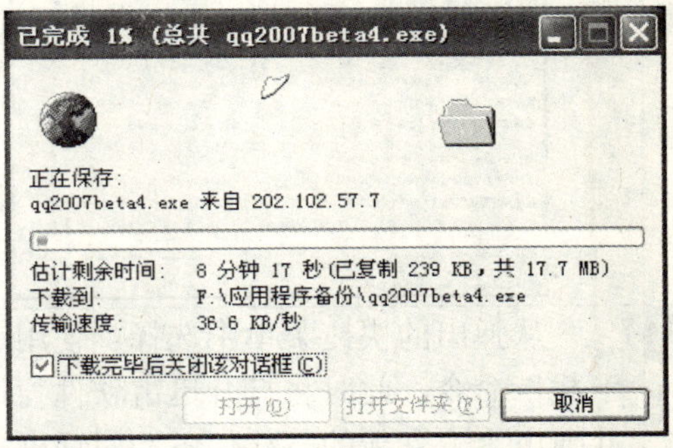

9.4.2 其他下载工具

在网络上下载资料，除了前面所讲的通过 IE 浏览器直接下载外，还可通过专业的下载工具下载，下载工具具有操作简单、下载速度快等特点。目前，常用的下载工具有迅雷、BT、网络蚂蚁、网极快车等。接下来以使用迅雷下载“指法练习”软件为例进行讲解。

1 打开天空软件网（WWW.Skycn.com），在该页面中选择镜像站点。

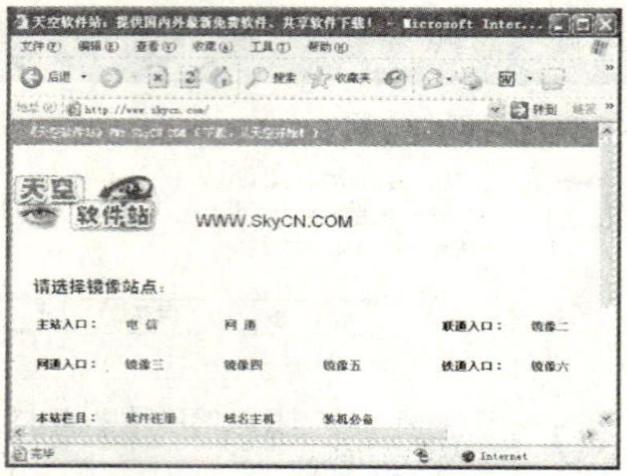

2 在此选择电信站点，此时将打开天空软件首页。

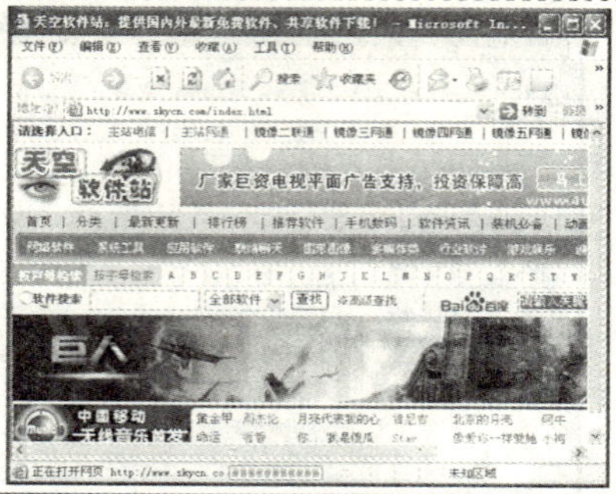

3 在软件搜索文本框中输入“指法练习”，然后单击“查找”按钮，将打开如下图所示的搜索结果窗口。

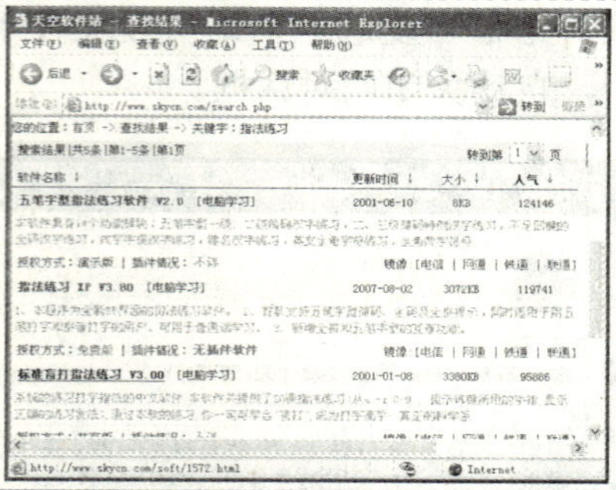

4 在搜索结果窗口中单击“标准盲打指法练习”文字链接，将打开下图所示的页面窗口，并在下载地址文字链接上单击鼠标右键。

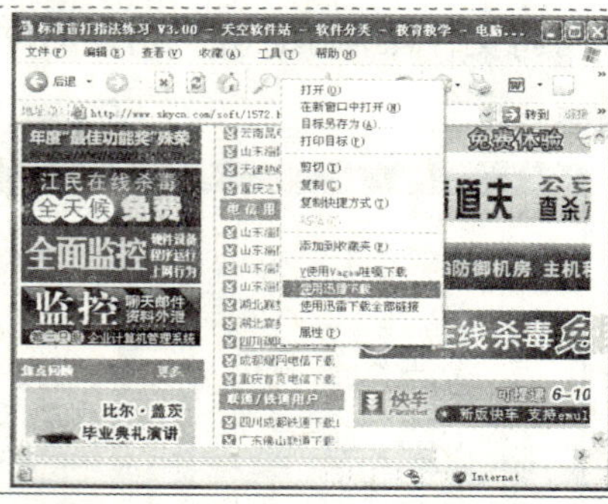

5 从弹出的快捷菜单中选择“使用迅雷下载”命令，此时将打开迅雷软件窗口，并弹出“建立新的下载任务”对话框。

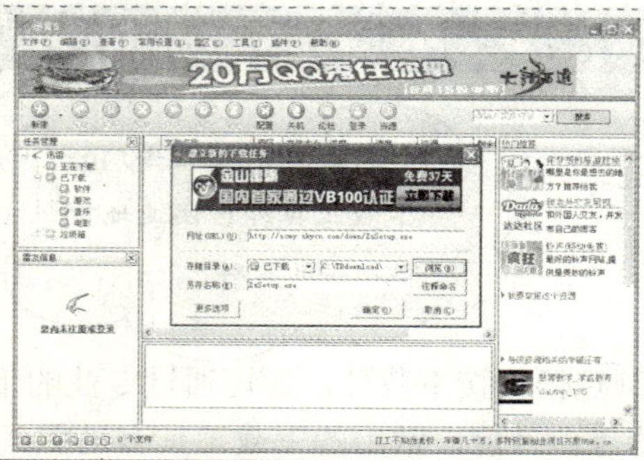

6 在该对话框中选择存储目录，并输入另存名称，然后单击“确定”按钮即可开始下载。

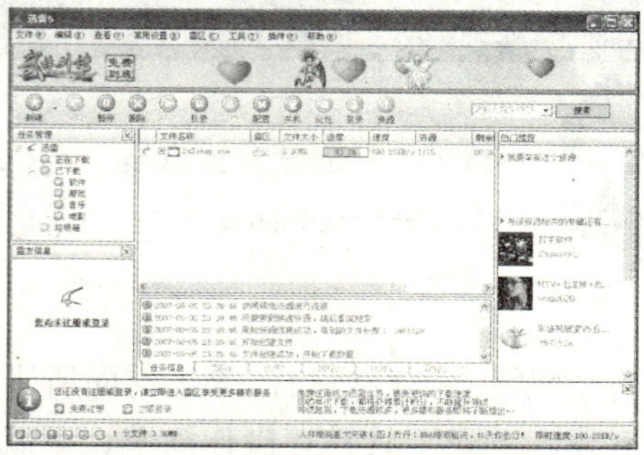